普 通 高 等 教 育 规 划 教 材

HECHENGAN
SHENGCHAN JISHU

合成氨生产技术

第二版

张子锋　主编　　郝启刚　主审

化学工业出版社
·北京·

本书是在合成氨工艺发生重大变革的背景下，根据我国合成氨行业的发展状况，以及高等院校教学改革的要求编写的，用以作为高等院校的教材。

本书主要阐述合成氨的生产方法、基本原理、工艺条件的选取、工艺流程及主要设备，并对各工序的操作要点、生产中经常出现的问题及处理方法作了简单介绍。力求做到层次清楚，重点突出，理论联系实际和通俗易懂。为了提高学生的安全意识，本书在第九章详细讲述了安全知识和预防措施。

为了培养有创新能力的，高素质、应用型化工人才，本书作为高等院校化学工程及工艺专业课教材，与传统教材最大的区别在于加入了更多实践的内容，同时也可作为高职高专化工类专业以及从事合成氨生产、管理的一线技术人员和技术工人培训教材。

图书在版编目（CIP）数据

合成氨生产技术/张子锋主编. —2版. —北京：
化学工业出版社，2011.8
普通高等教育规划教材
ISBN 978-7-122-11916-2

Ⅰ. 合… Ⅱ. 张… Ⅲ. 合成氨生产-生产工艺-
高等学校-教材 Ⅳ. TQ113.26

中国版本图书馆 CIP 数据核字（2011）第 144840 号

责任编辑：张双进 装帧设计：张 辉
责任校对：陈 静

出版发行：化学工业出版社（北京市东城区青年湖南街 13 号 邮政编码 100011）
印 装：大厂聚鑫印刷有限责任公司
787mm×1092mm 1/16 印张 16½ 字数 411 千字 2011 年 8 月北京第 2 版第 1 次印刷

购书咨询：010-64518888（传真：010-64519686） 售后服务：010-64518899
网 址：http://www.cip.com.cn
凡购买本书，如有缺损质量问题，本社销售中心负责调换。

定 价：32.00 元

前　言

本书是在合成氨工艺发生重大变革的背景下，根据我国合成氨行业的发展状况，以及高等院校教学改革的要求编写的，用以作为高等院校的教材。

本书主要阐述合成氨的生产方法、基本原理、工艺条件的选取、工艺流程及主要设备，并对各工序的操作要点、生产中经常出现的问题及处理方法作了简单介绍。力求做到层次清楚，重点突出，理论联系实际和通俗易懂。

近几年由于石油日趋紧张，合成氨又重新回到以固体为原料的生产方法上来，出现了以节能降耗减排为目的的双甲替代铜洗的新工艺。因此本书对此内容介绍比较详细。为了提高学生和职工的安全意识，本书在第九章详细讲述了安全知识和预防措施。

为了培养有创新能力的，高素质、应用型化工人才，本书作为化学工程及工艺专业的授课教材，与传统教材最大的区别在于加入了更多实践的内容。建议富有经验的任课教师，根据自身的教学实践，妥善利用本教材安排教学。

本书由张子锋编写绪论，山西天泽煤化工集团股份公司张泉林编写第一章，兰花科创一化分公司李虎、陈志伟、王维兵共同编写第二章和第三章，山西兰花集团化肥公司二甲醚分公司杨国祥编写第四章，吕梁学院薛淑平编写第五章和第六章，吕梁学院王丽芳和薛月圆共同编写第七章、第八章和第九章，全书由张子锋统稿并任主编，杨国祥、李虎任副主编，由山西省化工设计院总工郝启刚主审。

此外在编写过程中曾得到兰花科创、吉林长山化肥厂、山西化肥厂、山西煤化研究所、中国化学工业第二设计院、山西省化工设计院、山西焦化厂合成氨分厂等单位和同志热情支持与大力帮助，在此表示衷心的感谢。

由于编者的水平有限，加之时间仓促，书中难免存在不妥之处，希望使用本书的读者和同行批评指正。

编者

2011 年 6 月

目　　录

绪　　论

一、氨和二氧化碳的性质

1. 氨

氨（NH_3）为无色，有刺激性辛辣味的恶臭气体，相对分子质量 17.03，相对密度 0.597，沸点 $-33.33℃$，熔点 $-77.7℃$，爆炸极限为 $15.7\% \sim 27\%$（体积分数），氨的主要物理性质见表 0-1。氨在常温下加压易液化，称为液氨。与水形成水合氨（$NH_3 + H_2O \Longrightarrow NH_3 \cdot H_2O$）简称氨水，呈弱碱性。氨水极不稳定，遇热分解，氨含量为 1% 的水溶液 pH 为 11.7。浓氨水氨含量为 $28\% \sim 29\%$。氨在常温下呈气体，比空气轻，易溢出，具有强烈的刺激性和腐蚀性，故易造成急性中毒和灼伤。空气中氨含量达 3% 时，5min 可引起化学性灼伤和水疱。因此环保要求空气中的氨含量应在 $0.5mg/m^3$ 以下。

表 0-1　氨的主要物理性质

项　目	数　据	项　目	数　据
相对分子质量	17.03	临界密度/(g/cm^3)	0.235
氨含量/%	82.2	临界压缩系数 $pV=ZRT$	0.242
摩尔体积(0℃,0.1MPa)/(L/mol)	22.08	临界热导率/$[kJ/(K \cdot h \cdot m)]$	0.522
气体密度(0℃,0.1MPa)/(g/L)	0.7714	沸点(0.1MPa)/℃	-33.35
液体密度($-33.4℃$,0.1MPa)/(g/cm^3)	0.6818	蒸发热($-33.4℃$)/(kJ/kg)	1368.02
临界温度/℃	132.4	冰点/℃	-77.70
临界压力/MPa	11.30	熔化热($-77.7℃$)/(kJ/kg)	332.42
临界比体积/(L/kg)	4.257		

20℃下将氨气加压到 0.87MPa 时，液化为无色的液体。

2. 一氧化碳

性状：无色无臭气体，微溶于水，溶于乙醇、苯等多数有机溶剂。危险性类别：第 2.1 类易燃气体。

理化性质：熔点 $-199.1℃$；沸点 $-191.4℃$；相对密度 0.79（水为 1）、0.97（空气为 1）；临界温度 $-140.2℃$；临界压力 3.50MPa。引燃温度 610℃；爆炸极限 $12.5\% \sim 74.2\%$，最大爆炸压力 0.72MPa。

危险特性：是一种易燃易爆气体；与空气混合能形成爆炸性混合物；遇明火、高热能引起燃烧爆炸。

健康危害：一氧化碳在血中与血红蛋白结合而造成组织缺氧。

根据《职业性接触毒物危害程度分级》（GB 5044—85）和《工作场所有害因素职业接触限值》（GBZ 2—2002），一氧化碳危害级别属 II 级（高度危害）；工作场所空气中一氧化碳容许浓度 PC-TWA：$20mg/m^3$；PC-STEL：$30mg/m^3$（平原地区）。

3. 二氧化碳

相对分子质量 44.009，熔点在 0.52MPa 下为 $-78.5℃$，临界温度 31.0℃，临界压力 7.29MPa，密度在标准状况下 1.9768g/L，对空气的密度 1.5290g/L，CO_2 气体在 18℃ 时溶于水中的溶解热 $\Delta H = -19.895kJ/mol$。吸入人体后在低浓度时对呼吸中枢呈兴奋；高浓度时则还会引起麻醉作用。吸入含量为 8％～10％的二氧化碳除头晕、头痛、眼花和耳鸣外，还有气急、脉搏加快、无力、肌肉痉挛、昏迷、大小便失禁等。严重者出现呼吸停止及休克。

4. 空气

空气无色无味无嗅，气态。在 0℃ 及 1.013×10^5 Pa（1atm）下空气密度为 1.293g/L。把气体在 0℃、1.013×10^5 Pa 下的状态称为标准状态，空气在标准状态下可视为理想气体，其摩尔体积为 22.4L/mol。

空气的比热容与温度有关，温度为 250K 时，空气的定压比热容 $C_p = 1.003$kJ/(kg·K)，300K 时，空气的定压比热容 $C_p = 1.005$kJ/(kg·K)。

空气的相对分子质量是 29。常温下的空气是无色无味的气体，大气层中因有臭氧（O_3）存在，而呈现天蓝色。在 1.013×10^5 Pa，空气的液化温度为 -191.35℃（81.8K），气化温度为 -194.35℃（78.8K）。在 1.013×10^5 Pa 下，将空气冷却到 -213℃（60.15K）时，则变成固体。液态空气则是一种易流动的浅蓝色液体。

1atm 时氧的沸点 90.17K（-182.98℃），氮的沸点 77.35K（-195.80℃），两者的沸点相差的 13℃。氩的沸点为 87.291K（-185.86℃），它介于氧和氮沸点中间。低温液化精馏法就是利用氧、氮沸点不同把空气分离为氧气和氮气。显然氩气在精馏中，将会影响氧和氮的纯度。一般当空气被液化时二氧化碳已经清除掉，因而液态空气的组成是 20.95％氧、78.12％氮和 0.93％氩，其他组分含量甚微，可以略而不计。

空气作为混合气体，在定压下冷凝时温度连续降低，如在标准大气压（101.3kPa）下，空气于 81.7K（露点）开始冷凝，温度降低到 78.9K（泡点）时全部转变为饱和液体。这是由于高沸点组分（氧、氩）开始冷凝较多，而低沸点组分（氮）到过程终了才较多地冷凝。地球的正常空气成分（体积分数计算）是：氮占 78.08％，氧占 20.95％，氩占 0.93％，二氧化碳占 0.03％，还有微量的稀有气体，如氦、氖、氪、氙、臭氧、氧化氮、二氧化氮。

5. 甲醇

外观与性状：无色澄清液体，有刺激性气味。溶解性：溶于水，可混溶于醇、醚等多数有机溶剂。危险性类别：第 3.2 类中闪点易燃液体。

化学式 CH_3OH；相对分子质量 32.04；熔点 -97.8℃；沸点 64.8℃；相对密度 0.79（水为 1）；闪点 11℃；引燃温度 385℃；爆炸极限 5.5％～44.0％；火灾危险类别甲。

危险特性：易燃，其蒸气与空气可形成爆炸性混合物。遇明火、高热能引起燃烧爆炸，与氧化剂接触发生化学反应或引起燃烧。

健康危害：对中枢神经系统有麻醉作用；对视神经和视网膜有特殊选择作用，引起病变；可致代谢性酸中毒。长期接触可引起神经衰弱综合征，植物神经功能失调，黏膜刺激、视力减退等。

根据《职业性接触毒物危害程度分级》（GB 5044—85）和《工作场所有害因素职业接触限值》（GBZ 2—2002），甲醇危害级别属Ⅲ级（中度危害），工作场所空气中甲醇（皮）容许浓度（GBZ 2—2002）：PC-TWA（8h 时间加权平均容许浓度）：25mg/m³；PC-STEL［在符合 8h 时间加权平均容许浓度的情况下，任何一次短时间（15min）接触的浓度均不应超过的 PC-TWA 的倍数值］：50mg/m³。

6. 硫黄

硫黄别名硫、胶体硫、硫黄块。外观为淡黄色脆性结晶或粉末，有特殊臭味。相对分子质量 32.06，蒸气压 0.13kPa，闪点 207℃，熔点 119℃，沸点 444.6℃，相对密度 2.0（水为 1)。硫黄不溶于水，微溶于乙醇、醚，易溶于二硫化碳。作为易燃固体，硫黄主要用于制造染料、农药、火柴、火药、橡胶、人造丝等。

硫黄为黄色晶体。有多种同素异形体，斜方硫又叫菱形硫或 α-硫，在 95.5℃ 以下最稳定，密度 2.1g/cm³，熔点 112.8℃，沸点 445℃，质脆，不易传热导电，难溶于水，微溶于乙醇，易溶于二硫化碳；单斜硫又称 β-硫，在 95.5℃ 以上时稳定，密度 1.96g/cm³；弹性硫又称 γ-硫是无定形的，不稳定，易转变为 α-硫。斜方硫和单斜硫都是由 S_8 环状分子组成，液态时为链状分子组成，蒸气中有 S_8、S_4、S_2 等分子，1000℃ 以上时蒸气由 S_2 组成。化学性质比较活泼，能与氧、氢、卤素（除碘外）、金属等大多数元素化合，生成离子型化合物或共价型化合物。硫单质既有氧化性又有还原性。如硫与铁共热生成硫化亚铁，与碳在高温下生成二硫化碳，常温下与氟化合生成六氟化硫，加热时与氯化合生成 S_2Cl_2。

硫黄属低毒危化品，但其蒸气及硫黄燃烧后产生的二氧化硫对人体有剧毒。它与卤素、金属粉末等接触后会发生剧烈反应。硫黄为不良导体，在储运过程中易产生静电荷，可导致硫尘起火。粉尘或蒸气与空气或氧化剂混合后就会形成爆炸性混合物。硫黄发生事故后，一般会出现吸入、食入、经皮肤吸收等几种情况。因其能在肠内部分转化为硫化氢而被吸收，故大量口服可导致硫化氢中毒。急性硫化氢中毒的全身毒作用表现为中枢神经系统症状，有头痛、头晕、乏力、呕吐、昏迷等。硫黄还可引起眼结膜炎、皮肤湿疹。对皮肤有弱刺激性。在发生硫黄泄漏事故时，应隔离泄漏污染区，限制出入，同时切断火源。

二、合成氨的历史

1. 合成氨的历史背景——氨气的发现

1727 年英国的牧师、化学家 S. 哈尔斯（HaLes，1677～1761），用氯化铵与石灰的混合物在以水封闭的曲颈瓶中加热，只见水被吸入瓶中而不见气体放出。1774 年化学家普利斯德里重做此实验，采用汞代替水来密闭曲颈瓶，制得了碱空气（氨）。他还研究了氨的性质，发现氨易溶于水、可以燃烧，还发现在该气体中通以电火花时，其容积增加很多，而且分解为两种气体：一种是可燃的氢气；另一种是不能助燃的氮气。从而证实了氨是氮和氢的化合物。其后 H. 戴维（Davy，1778～1829）等化学家继续研究，进一步证实了 2 体积的氨通过火花放电之后，分解为 1 体积的氮气和 3 体积的氢气。

2. 合成氨的发现

19 世纪以前，农业生产所需氮肥的来源，主要是有机物的副产物和动植物的废物，如粪便、种子饼、腐鱼、屠宰废料、腐烂动植物等。随着农业的发展和军工生产的需要，迫切要求建立规模巨大的探索性的研究。他们设想，能不能把空气中大量的氮气固定下来，而开始设计以氮和氢为原料的合成氨流程。

1900 年法国化学家勒夏特利（Henri Le ChateLier，1850～1936）是最先研究氢气和氮气在高压下直接合成氨的反应。很可惜，由于他所用的氢气和氮气的混合物中混进了空气，在实验过程中发生了爆炸。在没有查明发生事故的原因的情况下，就放弃了这项实验。德国化学家 W. 能斯特（Nernst，1864～1941），对于研究具有重大工艺价值的气体反应有兴趣，研究了氮、氢、氨的气体反应体系，但是由于他在计算时，用了一个错误的热力学数据，以致得出不正确的理论，因而认为研究这一反应没有前途，停止了研究工作。

虽然在合成氨的研究中化学家遇到的困难不少，但是，德国的物理学家、化工专家 F. 哈伯（Haber，1868～1934）和他的学生仍然坚持系统的研究。起初他们想在常温下使氮和氢反应，但没有氨气产生。又在氮、氢混合气中通以电火花，只生成了极少量的氨气，而且耗电量很大。后来才把注意力集中在高压这个问题上，他们认为高压是最有可能实现合成反应的。根据理论计算，表明让氢气和氮气在600℃和20MPa下进行反应，大约可能生成6％的氨气。如果在高压下将反应进行循环加工，同时还要不断地分离出生成的氨气，势必需要很有效的催化剂。为了探索有效的催化剂，他们进行了大量的实验，发现锇和铀具有良好的催化性能。如果在17.5～20MPa和500～600℃的条件下使用催化剂，氮、氢反应能产生高于6％的氨。

哈伯把他们取得的成果介绍给他的同行和巴登苯胺纯碱公司，并在他的实验室做了示范表演。尽管事先对反应设备做了细致的准备工作，可是实验开始不久，有一个密封处就经受不住内部的压力，于是混合气体立即冲了出来，发出惊人的呼啸声。他们立即把损坏的地方修好，又进行了几小时的反应后，公司的经理和化工专家们亲眼看见清澈透明的液氨从分离器的旋塞里一滴滴地流出来。但是，实验开始时发生的现象确实是一个严重的警告，说明在设计这套装置时，必须采取各种措施，以避免不幸事故发生。哈伯的那套装置，在示范表演后的第二天发生了爆炸。随后，刚刚安装好的盛有催化剂锇的圆柱装置也爆炸了。这时金属锇粉遇到空气又燃烧起来，结果，把积存备用的价值极贵的金属锇几乎全部变成了没有大用处的氧化锇。

尽管连续出现了一些爆炸事故，但巴登公司的经理布隆克和专家们还是一致认为这种合成氨方法具有很高的经济价值。于是该公司不惜耗费巨资，还投入强大的技术力量、并委任德国化学工程专家C.波施（Bosch，1874～1940）将哈伯研究的成果设计付诸生产。波施整整花了5年的时间主要做了三项工作：第一，从大量的金属和它们的化合物中筛选出合成氨反应的最适合的催化剂，在这项研究中波施和他的同事做了两万多次实验，才肯定由铁和碱金属的化合物组成的体系是合成氨生产最有效、最实用的催化剂，用以代替哈伯所用的锇和铀；第二，建造了能够进行高温和高压的合成氨装置，最初，他采用外部加热的合成塔，但是反应连续几小时后，钢中的碳与氢发生反应而变脆，合成塔很快地报废了，后来，将合成塔衬以低碳钢，使合成塔能够耐氢气的腐蚀；第三，解决了原料气氮和氢的提纯以及从未转化完全的气体中分离出氨等技术问题。经波施等化工专家的努力，终于设计成功能长期使用和操作的合成氨装置。

1910年巴登苯胺纯碱公司建立了世界上第一座合成氨试验工厂，1913年建立了大型工业规模的合成氨工厂。这个工厂在第一次世界大战期间开始为德国提供当时极其缺少的氮化合物，以生产炸药和肥料。以后在全世界范围内合成氨的工厂像雨后春笋般地建立起来。

三、世界合成氨生产及市场分析

合成氨是生产尿素、磷酸铵、硝酸铵等化学肥料的主要原料，以天然气或煤炭为原料，通过水蒸气重整工艺制得氢气，然后与氮气进行高压合成制得合成氨。

按终端用途来分，约85％～90％的合成氨用作化肥：液态氨、尿素、硝酸铵或其他衍生物；仅13％用于其他商品市场。

目前世界上合成氨主要专利供应商有丹麦哈德尔-托普索公司、美国凯洛格布朗路特公司和德国伍德公司。

1. 世界合成氨产能和需求分析

据统计，2009年世界合成氨产能已超过1.92亿吨/年，主要分布情况：美国1000万吨/年、加拿大520万吨/年、墨西哥298万吨/年、南美地区920万吨/年、西欧1218万吨/年、东欧3334万吨/年。表0-2列出2009年世界主要合成氨产能。

表 0-2　2009 年世界主要合成氨产能

地区、国家	产能/(万吨/年)	地区、国家	产能/(万吨/年)
北美		德国	336.8
美国	1000	希腊	16.5
加拿大	520	意大利	61.5
墨西哥	291	荷兰	254.1
南美		挪威	29.6
阿根廷	88.4	西班牙	60
巴西	153.5	瑞士	7
哥伦比亚	21.5	英国	131.1
特立尼达	453	东欧	3334
委内瑞拉	204	中东/非洲	1610
西欧		亚太地区	
奥地利	59.5	澳大利亚	160
比利时	91.7	亚洲	8960
法国	170.3	总计	17498.7

表 0-3 中列出了 2005～2009 年世界部分地区合成氨产量统计，近年来世界合成氨供需基本趋于平衡，合成氨生产逐渐转向低价天然气生产区。

表 0-3　2005～2009 年世界部分地区合成氨、尿素产量统计　　　　　　　　/万吨

项　　目	2005 年	2006 年	2007 年	2008 年	2009 年
美国					
合成氨	1014.1	1035.9	1042.5	1036.4	1041
尿素	308.6	228.4	234	231	231.1
加拿大					
合成氨	460.4	462.3	463.8	462.4	462.3
欧洲					
尿素	282.2	255	263	254.5	254
日本					
合成氨	131.8	132.8	133.2	131	131

据国际肥料工业协会（IFA）对全球合成氨产量的调查显示，2008 年全球合成氨产量接近 1.528 亿吨，比 2007 年减少了 1%。其中中国、澳大利亚、欧洲、俄罗斯、特立尼达和多巴哥、印度、沙特阿拉伯等国由于市场需求疲软而减少，伊朗、加拿大、印度尼西亚、墨西哥、委内瑞拉等需求继续增加。2008 年全球合成氨产能达到 1.809 亿吨，比 2007 年增加 500 万吨，增加的产能主要来自中国、非洲、西亚等地区。

2009 年美国合成氨总需求量约为 1400 万吨，其用途为：尿素占 22.5%、直接用作化肥占 20.4%、磷酸铵占 17.5%、硝酸占 10.9%、硝酸铵占 7.3%、化学用途占 5.1%、硫酸铵占 3.6%、其他用途占 12.7%。

挪威 Yara 国际公司是全球领先的化肥生产商，该公司于 2010 年，以 41 亿美元收购美国 Terra 工业公司。新的 Yara 国际公司拥有合成氨总能力近 1200 万吨/年和尿素、硝酸铵能力 500 万吨/年。其全球业务包括欧洲、美国、中东（通过卡塔尔的 Qafco）、巴西、俄罗斯、澳大利亚和其他亚洲国家，以及特立尼达和多巴哥。在特立尼达和多巴哥，Yara 国际

公司已拥有 3 套合成氨装置，并于 4 年前就规划再建设一套联合装置，但新的联合装置的气源有待保证。

2. 前景预测

从项目建设情况来看，2010～2013 年全球将有 55 套大型合成氨装置投产，新增装置将使全球合成氨产能增加 2400 万吨。原料结构方面，新增的 2400 万吨合成氨中将有 73％以天然气为原料，27％以煤炭为原料。金融危机对产能释放带来一些影响，因此一些地区项目实施有延缓，但国际肥料工业协会（IFA）表示，调查数据已经排除了一些不能投产或受各种因素影响延缓的产能，因此，全球合成氨总体产能将在未来保持平稳增长，2009～2013 年平均年增长 700 万吨。产能增长主要来自东亚（1350 万吨）、西亚（750 万吨）、拉美（500 万吨）、非洲（450 万吨）。而欧洲和大洋洲将保持平稳。

据英国 Fertecon 公司预测，未来 9 年世界合成氨产量将以每年 3.5％的增速继续增长，2012 年将达到 2.23 亿吨。表 0-4 列出的是 2010 年之后世界主要新建合成氨项目。

表 0-4　2010 年之后世界主要新建合成氨项目

国家/公司	能力/(万吨/年)	投产时间
印度 Matix 化肥和化学品公司	130	2010
印度 Matix 化肥和化学品公司	79	2012
阿尔及利亚 Sonatrach 公司	70	2010
委内瑞拉 Pequiven 公司	65	2010
沙特阿拉伯矿业公司	120	2010
阿尔及利亚 Sorfert 公司	79	2011
卡塔尔化肥公司	166	2011
阿尔及利亚阿曼化肥公司	72	2012
俄罗斯天然气工业公司	25	2013
澳大利亚 Perdaman 化学品化肥公司	126	2013
阿塞拜疆甲醇公司	36	2012-2013
Ruwais 化肥工业公司	72	2013

据悉，全球新建合成氨装置中有 1/3 来自中国，其余来自阿尔及利亚、特立尼达、委内瑞拉、沙特阿拉伯、巴基斯坦、印度等国家。随着新建合成氨装置的投产，区域合成氨贸易将继续增加，全球合成氨生产和海运贸易都将迎来新的增长期。

国际肥料工业协会（IFA）预计全球合成氨产量将由 2008 年的 1.809 亿吨，增长至 2013 年的 2.178 亿吨，届时全球合成氨海运贸易总量将达到 2060 万吨，合成氨生产量和贸易量都将迎来新的增长期。

合成氨海运贸易方面，IFA 估计全球 2008 年合成氨海运贸易量达到 1620 万吨，占贸易总量的 89％，基于当前各国发展尿素、磷酸铵、硝酸铵等产品的预期，2013 年全球合成氨海运贸易能力将达到 2060 万吨，增长主要来自东苏伊士地区。受印度、墨西哥西海岸、泰国以及越南需求增长驱动，东苏伊士地区合成氨海运贸易量将由现在的 250 万吨增长至 2013 年的 800 万吨，以 6.5％的速度增长，出口主要为埃及、伊朗、沙特阿拉伯、卡塔尔等国；而西苏伊士地区合成氨进口将继续增长，其中美国、摩洛哥、土耳其、巴西、智利、西欧等国家和地区需求继续增长，预计西苏伊士合成氨进口量将保持 2.5％的增长，合成氨海运贸易量 2013 年将达到 1360 万吨，比 2008 年增长 140 万吨。

主要新建项目详情如下。

（1）印度 Matix 化肥和化学品公司（MFCL）

在印度的最大合成氨/尿素（130 万吨/年）生产装置于 2010 年初投产。

2010 年，印度 Matix 化肥和化学品公司（MFCL）与美国 KBR 公司签约，在印度西 Bengal 建设 2200t/d（79 万吨/年）合成氨装置，提供技术转让和工程服务。该合成氨装置将成为 130 万吨/年合成氨-尿素联合装置的组成部分，该装置是印度最大的装置。KBR 公司将为 Matix 合成氨装置提供其 Purifier 合成氨技术转让，该装置将以煤层甲烷为原料，在氨合成过程中使用煤层甲烷为原料是相对较新的技术，它为在煤炭丰富的地区使用天然气提供了替代方案。

（2）澳大利亚 Perdaman 化学品和化肥公司

于 2009 年，投资 35 亿澳元（28 亿美元）建设以煤为原料的大型合成氨/尿素装置，该项目建在澳大利亚西部 Shotts 工业区。Perdaman 公司将使该项目成为世界最大的合成氨和尿素联合装置，壳牌公司提供其煤气化和气体处理技术；哈尔德托普索公司提供其氨合成工艺；Stamicarbon 公司提供熔融技术和流化床造粒工艺。该合成氨装置设计生产能力 3500t/d，尿素装置能力为 6200t/d。Perdaman 公司与三星工程公司和 IntiKaryaPersadaTehnik 公司签约工程、设备采购和建设合同。该装置每年将为澳大利亚西部创造 8.5 亿澳元的出口效益。项目计划于 2013 年建成。

（3）卡塔尔化肥公司（Qafco）

与 Snamprogetti 和现代公司的财团签约，在卡塔尔 Mesaieed 建设第 5 套化肥联合装置。该联合装置称之为 Qafco-5，投资约为 32 亿美元。Snamprogetti 公司和现代公司将承建两套合成氨装置，总能力为 4600t/d，以及一套尿素装置，能力为 3850t/d。建设工程于 2008 年开始，计划于 2011 年一季度建成投产。伍德公司和芝加哥桥梁与钢铁公司负责该项目前期工程和设计以及辅助和公用工程建设。Qafco-5 化肥装置的建设将使卡塔尔化肥公司（Qafco）的合成氨总能力提高 73%，达到 380 万吨/年，尿素能力提高 43%，达到 430 万吨/年。该项目将使 Qafco 成为最大的合成氨单一地点生产商，并增强其作为尿素最大单一地点生产商的地位。该装置尿素主要出口市场是澳大利亚、南非、泰国和美国，合成氨主要出口市场是印度、约旦、韩国和美国。

（4）韩国三星工程公司

于 2009 年，承揽阿布扎比 Ruwais 化肥工业公司新建大型化肥联合装置的技术转让、工程和供应服务合同。三星工程公司设计和建设新的合成氨和尿素装置，其造价约为 12 亿美元。该化肥联合装置生产能力为 2000t/d 合成氨和 3500t/d 尿素，定于 2013 年投产。该合成氨装置将采用伍德公司专有的合成氨工艺，而尿素装置采用荷兰 Stamicarbon 合成工艺。伍德合同范围涉及工艺技术转让、大量设备的设计工程、特种设备的供应和装置建设与开工支持。来自新装置的尿素生产将使化肥联合装置的年产能力超过 100 万吨/年，并将服务于出口市场。该化肥联合装置将采用天然气为原料。这是该国第二套化肥联合装置建设项目，由三星工程公司和伍德公司总揽该项目。这一项目建在离沙特阿拉伯首都利雅特东北约 400km 的 Ras Az Zawr。

四、中国合成氨工业生产发展概况

中国合成氨工业经过 50 多年的发展，产量已跃居世界第 1 位，已掌握了以焦炭、无烟煤、褐煤、焦炉气、天然气及油田伴生气和液态烃等气固液多种原料生产合成氨的技术，形成中国大陆特有的煤、石油、天然气原料并存和大、中、小生产规模并存的合成氨生产格局。

1. 生产能力现状

近年来，我国化肥工业稳步发展，产量逐年增加，国内自给率迅速提高。据国家统计局统计，2009 年，我国共有合成氨生产企业 496 家，合成氨产量 5135.5 万吨。2009 年进口液氨 28.1 万吨，出口量很少，表观消费量 5163.6 万吨，国内自给率 99.5%。总体上，我国合成氨工业能够满足氮肥工业生产需求，基本满足了农业生产需要。

2000～2009 年，我国氮肥产量由 2398 万吨增至 4331 万吨，年均增长 7.7%；合成氨产量由 3364 万吨增至 5135.5 万吨，年均增长 5.1%。氮肥实现了自给有余。

2008 年中国不同规模合成氨产量比例见表 0-5。

表 0-5 2008 年中国不同规模合成氨产量比例

单厂产量/万吨	企业数	总产量	占全国比例/%
≥50	7	462.72	9.16
≥30	33	1486.97	29.45
≥18	80	2584.88	51.19
≥8	201	3954.67	78.32
<8	321	1094.84	21.68
总计	522	5049.51	100

我国合成氨产能分布较广，除北京、上海、青海、西藏等省区没有生产厂外，其他省市均有多家合成氨生产厂，主要集中在华东、中南、西南及华北地区，以山东、河南、山西、四川、河北、湖北、江苏等省为主。华北、华东和中南地区氮肥消费量大，靠近无烟煤产地山西晋城的省市有很多以无烟煤为原料的中小氮肥企业，产量较大。西南地区天然气丰富，价格低廉，集中了我国多套大型合成氨生产装置。未来合成氨产能分布的走势将是向资源地转移，尤其是向煤炭资源地转移。

中国合成氨年生产能力 2009 年已达 5135 万吨，但合成氨一直是化工产业的耗能大户。2005 年 6 月 7～8 日，全国合成氨节能改造项目技术交流会在北京召开，明确了"十一五"期间合成氨节能工程在降耗、环保等方面要达到的具体目标。合成氨节能改造项目的具体实施由中国化工节能技术协会负责。

根据《合成氨能量优化节能工程实施方案》规划，这一重点节能工程的目标是：大型合成氨装置采用先进节能工艺、新型催化剂和高效节能设备，提高转化效率，加强余热回收利用；以天然气为原料的合成氨推广一段炉烟气余热回收技术，并改造蒸汽系统；以石油为原料的合成氨加快以洁净煤或天然气替代原料油改造；中小型合成氨采用节能设备和变压吸附回收技术，降低能源消耗。煤造气采用水煤浆或先进粉煤气化技术替代传统的固定床造气技术。到 2010 年，合成氨行业单位能耗由 2005 年的 1700kg 标煤/t 下降到 1570kg 标煤/t；能源利用效率由目前的 42.0% 提高到 45.5%；实现节能 (570～585)×10^4t 标煤，减少排放二氧化碳 (1377～1413)×10^4t。

十多年来，合成氨装置先后经过油改煤、煤改油、油改气和无烟煤改粉煤等多次反复的原料路线改造和节能改造。但由于装置原料路线、资源供应、运输、资金与技术成熟度等诸多方面原因，合成氨节能技术改造的效果始终未能达到预期目标。到 2010 年底，合成氨单位能耗平均为 1570kg 标煤/t，吨氨平均水平与国际先进水平相差 300～400kg

标煤。

2. 市场供需情况分析及预测

化肥是粮食的"粮食"，以世界不到9%的耕地解决世界22%人口的吃饭问题，是国民经济发展的头等大事。60年间，国家给予氮肥工业一系列优惠扶持政策，氮肥工业得以迅速发展。60年来，氮肥工业的建设投资占化肥工业总投资的80%以上；我国合成氨、氮肥、尿素产量和消费量已全部跃居世界首位，改变了长期大量依赖进口的局面，从1998年尿素最高进口量的793万吨，到2007年出口525万吨，实现了自给有余的跨越；2008年，全国尿素年产能已达5900万吨（实物），尿素产量已占到全球产量的1/3。

国内氮肥消费量经过了近二十年的高速增长，目前已进入平稳发展阶段，我国化肥产业"十二五"发展重点已初步确定，其中企业整合和重组将成为重中之重。2005～2009年，国内粮食连续5年稳产高产，我国化肥利用效率逐步提高。预计未来每年增幅不超过0.25%，主要任务放在节能降耗和新技术的应用上。

3. 原料构成变化

氮和氢是生产合成氨的原料，氮来源于空气，氢来源于水，空气和水是取之不尽的。传统的制氨方法是在低温下将空气液化并分离制取氮，而氢气是由电解水制取。由于电解制氢法电能消耗大，成本高，因此，未能在工业中得到应用。传统的另一种方法是在高温下将各种燃料与水蒸气反应制造氢。合成氨生产的初始原料有焦炭、煤、焦炉气、天然气、石脑油、重油（渣油）等，60多年来世界合成氨原料构成产能的比例见表0-6。

表 0-6 世界合成氨原料构成产能的比例/%

原料	2000	2008	2013
天然气	72	66	68
煤焦	20	28	28
石脑油(燃油)	8	6	5

由表0-6可知，合成氨原料在20世纪末是以气体燃料和液体燃料为主。但是近年来以油为原料的企业纷纷转成以煤为原料，因此，固体原料（焦炭、无烟煤）的比重大幅度上涨，在中国占了六成以上，并有继续增长的势头。

（1）以固体燃料为原料生产氨

合成氨刚刚工业化时是以焦炭为原料的，当时为了避免采用昂贵的焦炭，对煤的连续气化进行了大量的研究，并成功开发了流化床粉煤气化工艺。一直到第二次世界大战结束，它们始终是生产合成氨的主要原料，可以说20世纪前30年是合成氨以固体原料造气的时期。

（2）以气体燃料或液体燃料为原料生产合成氨

20世纪50年代，由于北美成功开发了天然气资源，从此天然气作为制氨的原料开始盛行。由于天然气能以管道输送，因此不仅工艺路线简单而且投资少、能耗低。到了20世纪60年代末，国外主要产氨国都已先后停止用焦炭、煤为原料，取而代之的是以天然气、重油等为原料，天然气所占的比重不断上升。一些没有天然气资源的国家，如日本、英国在解决石脑油蒸汽转化过程的析炭问题后，1962年开发成功以石脑油为原料生产合成氨的方法。石脑油经脱硫、气化后，可采用与天然气为原料的相同生产装置制氨。

表0-7为各种原料的日产1043.3t（1150st；st为短吨）合成氨厂相对投资和能量消耗比较。由表可见，虽然各国资源不同，但采用原料的基本方向相同。只要资源条件具备，作为合成氨的原料首先应考虑天然气和油天气，其次采用石脑油和重油。

表 0-7　氨厂采用的各种原料的相对投资和能量消耗

原　　料	天然气	重油（渣油）	煤
相对投资费用	1.0	1.5	2.0
能量消耗/(GJ/t)	28	38	48

4. 生产规模

20 世纪 50 年代以前，氨合成塔的最大能力为日产 200t，到 20 世纪 60 年代初期为 400t。单系列装置（各主要设备和机器只有一台）的生产能力很低。要想扩大合成氨厂规模，就需设置若干平行的系列装置，若能提高单系列装置的生产能力，就可减少平行的系列装置数。这样，既便于操作管理，又有利于提高经济性。

随着蒸汽透平驱动的高压离心式压缩机的研制成功，美国凯洛格（Kellogg）公司运用建设单系列大型炼油厂的经验，首先选用工艺过程的余热副产高压蒸汽作为动力，于 1963 年和 1966 年相继建成日产 544.31t（600st）和 907.19t（1000st）的氨厂，实现了单系列合成氨装置的大型化，这是合成氨工业发展史上第一次突破。大型化的优点是投资费用低，能量利用率高，占地少，劳动生产率高。从 20 世纪 60 年代中期开始，新建氨厂大都采用单系列的大型装置。

但是，大型的单系列合成氨装置要求能够长周期运行，对机器和设备质量要求很高，而且在超过一定规模以后，优越性并不十分明显了。因此，大型氨厂通常是指日产 600t（年产量为 $20 \times 10^4 t$）级，日产 1000t（年产量为 $30 \times 10^4 t$）级和日产 1500t（年产量为 $50 \times 10^4 t$）级的三种。现在世界上规模最大的合成氨装置为日产 2200t 氨，2010 年 KBR 已在澳大利亚的合成氨厂投料生产。

5. 低能耗新工艺的开发

合成氨，除原料为天然气、石油、煤炭等一次能源外，整个生产过程还需消耗电力、蒸汽二次能源，且用量又很大。现在合成氨能耗约占世界能源消耗总量的 2.5%，中国合成氨生产能耗约占全国能耗的 3.5%。由于吨氨生产成本中能源费用占 60% 以上，因而能耗是衡量合成氨技术水平和经济效益的重要标志。

（1）理论能耗

工业上一般用热值计算合成氨生产过程的理论能耗。根据 0.1MPa、25℃状态下氨合成反应的化学计量式，通过反应物和生成物的低热值计算，利用热力学第二定律以"可用能"来计算。由于物质的热值数据易得，而且与可用数据值相似，所以文献中时常用热值作为化工产品的理论能耗。表 0-8 为计算液氨（或气氨）的标准热值、标准可用能有关数据。

表 0-8　有关物质标准热值和标准可用能数据

物质	空气	水	CO_2	氩气	C（石墨）	CH_4	$NH_3(l)$	$NH_3(g)$
标准热值/(kJ/mol)	0	0	0	0	393769	890955	362124	383902
标准可用能/(kJ/mol)	0	0	0	0	390754	810755	342434	337037

注：状态参数温度 25℃，压力 0.1MPa。

各种原料，如煤、天然气和渣油生产 1t 液氨的理论能耗均为 20.15GJ（即 4.813×10^6 kal）。例如，以煤为原料生产合成氨。设产品为液氨，煤的成分用 C（碳）代表，计算条件为常压、常温。

从煤制氨的总反应式可以写成

$$0.885C + 1.5H_2O(l) + 0.641(0.78N_2 + 0.21O_2 + 0.01Ar) = NH_3 + 0.885CO_2 + 0.0064Ar$$

将有关物质的标准热值代入上式，可得此反应的热量变化为

$$58.823(362124-0.885\times393769)=0.80\times10^6\,kJ/tNH_3$$

所以生成液氨的反应为吸热反应，而 1t 氨需要原料煤折算成热值为

$$58.823\times0.885\times393769=20.50\times10^6\,kJ/tNH_3$$

因而生产液氨的理论能耗为

$$(0.80+20.50)\times10^6=21.30\times10^6\,kJ/tNH_3$$

若用可用能计算理论功耗，将有关物质的可用能代入式得

$$58.823(342434-0.885\times390754)=-0.19\times10^6\,kJ/tNH_3$$

即理论上可以向外做功，虽然生产液氨需要外供热量。工业上合成氨的实际能耗随原料、生产方法及企业的管理水平而异。

（2）节能的进展

由于能耗在合成氨成本中占的比例很大，在天然气、石油价格不断上涨的情况下国内外合成氨工业都致力于开发新的技术工艺，因此近年吨氨设计能耗有大幅度的下降。

① 以天然气为原料的大型氨厂，日产 1000t 的合成氨装置能耗目前已从 20 世纪 80 年代的 40.19GJ 下降到 29.31GJ 左右。其中有竞争能力的是美国 S.F. 布朗（Braun）公司深冷净化工艺，英国帝国化学工业 AM-V 工业和美国凯洛格公司 MEAP 工艺。虽然流程各有特点，但是吨氨能耗大致相近，近年开发的低能耗合成氨工艺比较见表 0-9。

表 0-9　近年开发的低能耗合成氨工艺比较

项　　目	20 世纪 70 年代 凯洛格工艺	美国凯洛格公司 MEAP 工艺	英国帝国化学工业 AM-V 工艺	布朗公司深 冷净化工艺
合成氨压力/MPa	14.48	14.27	10.20	13.37
能耗/(GJ/t)	40.19	29.68	29.17	28.95
按相同条件的能耗/(GJ/t)①	40.19	29.89	28.81	29.08
相对能耗	100	74.37	71.68	72.34

① 指没有采用燃气透平时的能耗。

② 以天然气为原料的中型合成氨厂。日产 450t 的 LCA 工艺吨氨能耗 29.13GJ。

③ 以煤为原料的小型氨厂。生产规模为年产 25kt 氨的中国小型氨厂，近年在加强管理、提高操作水平的同时蒸汽消耗大幅度减少、充分和合理利用各工段工艺余热，已经做到生产蒸汽自给。每吨氨耗原料标煤 1000kg，耗电 1000kW·h，总能耗为 42.28GJ。中国合成氨 2005 年和 2010 年能耗状况比对见表 0-10。

表 0-10　中国合成氨 2005 年和 2010 年能耗状况比对

类型	2005 年吨氨耗标煤/kg	2010 年吨氨耗标煤/kg
大型	1370	1140
中型	1900	1600
小型	1800	1700
全国平均	1700	1570

6. 生产自动化

合成氨生产特点之一是工序多、设备多、连续性强。20 世纪 60 年代以前的过程控制多采用分散方式，即在独立的几个车间控制室中进行操作。自从出现单系列装置的大型合成氨厂，除泵类有备用设备外，其他设备和机器都是一台，因此，只要是任一环节出现问题均会

影响整个系统的正常生产。为了保证能够长周期的安全运行，对过程控制提出了更高的要求，从而发展到把全流程的温度、压力、流量、液位和成分五大参数的模拟仪表、报警、联锁系统全部集中在控制室并能显示和实时监控。

自从 20 世纪 70 年代计算机技术应用到合成氨生产以后，操作控制上产生了大的进步。1975 年美国霍尼威尔（Honeywell）公司开发成功的 TDC-2000 总体分散型控制系统，简称集散控制系统（DCS）。

DCS 系统采用分布式结构，在开放式的冗余通讯网络上分布了多台现场程控站（FCS），这些现场程控站都带有独立的功能处理器，每个功能处理器都可为了完成特定的任务而进行组态和编程。用于现场控制的程控单元其物理位置分散、控制功能分散，系统功能分散，而用于过程监视及管理的人-机接口单元，其显示、操作、记录、管理功能集中。该系统在生产现场经过现场调试、配上电源、接上输入输出信号就可满足生产监视、程控、操作画面、参数报警、资料记录及趋势等项的功能要求，并能安全可靠运行。

与此同时，报警、联锁系统、程序控制系统，采用了微机技术的可编程序逻辑控制器（Programmable Logic Controller，简称 PLC）代替过去的继电器，采用由用户编写的程序，实现自动或手动的"开"、"停"和复杂程序不同的各种逻辑控制，计时、计数、模拟控制等。近年由于机电一体化需要逻辑控制和模拟控制计时、计数、运算等功能相结合，各仪表厂家的产品从单一的逻辑控制，趋向多种控制功能结合为一体。因此，用"可编程序控制器"（Programmable Controller，简称 PC）这一名称较为合适。

7. 合成氨的生产方法及经典流程

以焦炭（无烟煤）为原料的制氨流程见图 0-1，以天然气为原料的制氨流程见图 0-2。

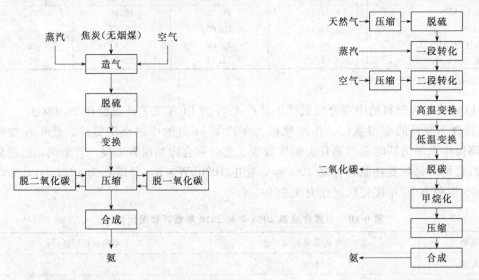

图 0-1 以焦炭（无烟煤）为原料的制氨流程　　图 0-2 以天然气为原料的制氨流程

合成氨的生产方法，一般包括三个基本过程。

第一步，原料气的制取与净化；

第二步，氨的合成；

第三步，氨的分离。

（1）原料气的制取

制备合成氨需要纯净的氢、氮混合气体，氢、氮体积比约为 3（3∶1）。

以煤、焦炭为原料制备原料气分两个阶段：第一阶段是生产半水煤气，也叫制气阶段，其计量方程式如下

$$2C+O_2+3.76N_2 = 2CO+3.76N_2 \qquad \Delta H=-221.19kJ/mol \qquad (0-1)$$

$$C+H_2O(g) = CO+H_2 \qquad \Delta H=+131.39kJ/mol \qquad (0-2)$$

如果仅仅考虑热平衡的话，则 1mol 氧气的反应热可以供碳和水蒸气反应的物质的量是 221.19/131.39＝1.68mol。

从以上的计算不难看出要想使得半水煤气的 $\varphi(H_2+CO)/\varphi(N_2)=3$ 是不可能的。因此，连续生产制取半水煤气必须是在一定含量以上的富氧空气（37.3%以上）。否则只能是间歇生产。

第二阶段是 CO 的变换。

$$CO+H_2O(g) = CO_2+H_2 \qquad \Delta H=-41.49kJ/mol \qquad (0-3)$$

CO 的变换既是半水煤气的净化又是原料气制取的继续。变换时用铁铬或铁镁做催化剂。前者的活性温度低（350～520℃），但对 H_2S 等抗中毒能力差；后者的活性温度高（400～550℃），但对 H_2S 等抗中毒能力较强。

（2）原料气的净化

原料气需要经过净化后才能满足合成氨的要求。净化任务是清除变换后生成的 CO_2（约含 28%）、残余的 CO（含 2%～6%）以及微量的 O_2、H_2S 等。此外，还有一些气体，如 CH_4、Ar 虽然对催化剂无毒，但会影响合成氨的反应速率和转化率，在可能条件下，最好也要除去。

清除杂质的方法如下。

① 吸收法。利用聚乙醇二甲醚（或碳酸丙烯酯）、K_2CO_3、低温甲醇或氯仿等吸收 CO_2、CO、H_2S 等气体。

② 转化法。使 CO 在较低温度下再次变换成 CH_4。

$$CO+3H_2 = CH_4+H_2O \qquad \Delta H=-206.27kJ/mol \qquad (0-4)$$

③ 液氮洗涤法。让气体在低温下，使杂质气体逐一液化，最后用液氮洗涤，这样可以比较彻底地清除有害气体。

④ 甲醇化法。将变换后的 CO 在催化剂的作用下转化成甲醇。

$$CO+2H_2 = CH_3OH \qquad \Delta H=-90.84kJ/mol \qquad (0-5)$$

（3）氨的合成

氨的合成是一个放热、气体体积缩小的可逆反应

$$N_2+3H_2 = 2NH_3 \qquad \Delta H=-46.22kJ/mol \qquad (0-6)$$

用以铁为主的催化剂，在 32MPa、450℃、催化剂粒度为 1.2～2.5mm，原料气体的氢氮体积比为 3，循环气的氢氮体积比为 2.8 左右时，出口气体中氨的含量较小。压力越大，反应速率也越大。过去常采用 32MPa 的压力进行生产，后来由于能源费用增加，压力才逐渐降下来。目前许多新建的大型工厂采用 15～20MPa 的压力，有的甚至用 7～8.1MPa 的压力。根据催化剂的活性温度，合成氨的温度一般控制在 400～500℃ 范围内。

（4）氨的分离

分离氨时，先用合成气来预热冷的原料气而后再用冷水冷却，使绝大部分氨液化而分离出来。再在较低温度下，用氨冷器使剩余的氨进一步冷凝分离。分离氨后的混合气体，作为循环气，再导入合成塔。

五、氨的用途

氨在国民经济中有着重要意义，目前，我国农业用氨主要用于生产尿素和碳酸铵，其消

费量约占合成氨总消费量的 75%，用于生产硝酸铵、氯化铵等其他肥料的合成氨约占合成氨总消费量的 15%，工业用氨量约占合成氨总消费量的 10%，氨在工业生产中主要用来制造炸药和各种化学纤维及塑料，从而制造硝酸，进而制造硝酸铵、硝酸甘油等。

氮肥工业市场化改革激发出巨大潜能，促进了氮肥工业的发展、开放和繁荣，也满足了我国农业生产的需求。近十年间，我国氮肥产量以年均增长 6.7% 的速度发展，最终氮肥供应由极度匮乏向部分自给有余转变。以氮肥中所占比例最大的尿素为例，2009 年尿素产量合计（折 N 含量 100%）2932.5 万吨充足的肥料供给，为我国粮食连年增产丰收奠定了坚实基础。

六、本课程的学习方法

首先应具备扎实的理论基础，学好化工原理、物理化学、化工热力学、机械基础与设备、反应工程、化工仪表与自动化六大主要专业基础课。

化工原理要了解：流体输送中的能耗以及输送的设备；传热设备以及传热的计算。掌握非均相物系分离的基本原理以及分离设备的构造等。

物理化学、化工热力学要学会物流从一种状态变化成另一种状态的热能交换。为换热器的设计提供理论依据。

机械设备与基础要学会材料的选用，管道的计算（包括直径和壁厚），材料的防腐以及设备的计算等。

反应工程主要是要求学会反应器的计算以及催化剂装填量的计算，学会选用合理的反应器。

化工仪表自动化要求掌握常用压力计、热电偶、热电阻、液位计、流量计等使用与安装。学会气动执行器的工作原理。

要树立正确的工艺思想，除了前面的五个方面外还要做到以下几点。

① 掌握工艺条件选择三要素，即以工艺要求为原则；以基本原理为指导；以基建投资和生产成本最低为约束。

② 经常分析各种工艺流程图，从中积累出规律性的经验为学习新的工艺提供必要知识。

③ 经常从事实践活动，将理论与实践紧密相结合。

第一章 造 气

第一节 概 述

中国合成氨生产原料比较复杂，目前已经形成以煤为主，油气并存的局面，以煤为原料的合成氨产品处于中国合成氨工业的主导地位，2006年统计中国的合成氨原料中煤占76.3%、天然气占21.7%、重油占2%。从成本上看，以天然气为原料的合成氨，普遍生产成本较低，短时间仍然有一定的优势，但是油、天然气是重要的能源和战略物资，随着可开采量的日益减少而引发的价格上涨，注定以油和天然气为原料制取合成氨会转变成以煤为原料，因此煤炭的优势逐渐显示出来。中国煤炭资源具有储量丰富，分布范围广，价格低廉，供应稳定等特点。虽然煤炭价格也有随石油、天然气价格联动上涨的可能，但涨价幅度小，不会影响到煤炭作为合成氨原料的局面。因此，本书主要以煤、焦炭为原料介绍合成氨的工艺路线。

一、对固体原料性能的要求

1. 水分

固体原料中水分以三种形式存在：游离水、吸附水、化合水。游离水是在开采、运输和储存时带入的水分；吸附水是以吸附的方式与原料结合的水分；化合水是指原料中的结晶水。工业生产中只分析游离水和吸附水，两者之和为总水分。

原料中水含量高，不仅降低有效成分，而且水分汽化带走大量热量，直接影响炉温，降低打气量，增加烧渣中碳含量。因此，工业生产中要求水分含量<5%。

2. 挥发分

挥发分是煤或半焦在隔绝空气的条件下加热而挥发出来的碳氢化合物，在炭化过程中能分解变成氢气、甲烷和焦油蒸气等。原料中挥发分含量高，则制出的半水煤气中甲烷和焦油含量高。

① 甲烷存在直接影响原料消耗定额和氨的合成能力。

② 焦油含量高，煤粒相互黏结成焦拱，破坏透气性，增大床层阻力。妨碍气化剂均匀分布。

③ 焦油含量高，因易沉积在管道和罗茨鼓风机转子和机内壳上，更严重的会沉积在一段压缩机入口管道和活门上，给生产带来极大不利。因此，要求挥发分含量<6%（固定床）。

3. 灰分

灰分是固体燃料完全燃烧后所剩余的残留物。

① 灰分高则相对降低碳含量，降低煤气发生炉的生产能力；

② 灰分太高会增加排灰次数，增加运费和管理费；

③ 灰分太高会因排灰次数增加，而增加排灰设备磨损；

④ 灰分太高会使除灰排出碳损增大，碳耗会提高。故要求灰分含量<15%。

4. 硫含量

指煤、焦炭中硫化物的总和。煤中硫含量约50%～70%进入半水煤气中，20%～30%

的由烧渣排出炉外。其中煤气中 90% 左右呈 H_2S 存在，10% 左右呈有机硫存在。硫化氢存在不仅腐蚀设备管道，而且会使后序工段的催化剂中毒，因此要求硫含量 <1%。

5. 灰熔点

由于灰渣没有均匀组成，因而不可能有固定的灰熔点，只有熔化范围。通常灰熔点用三种温度表示，即 t_1 为变形温度，t_2 为软化温度，t_3 为熔融温度，生产中灰熔点是决定炉温的重要指标，灰熔点低，容易结疤，挂炉时会严重影响正常生产。灰分中，$m(SiO_2 + Al_2O_3)/m(Fe_3O_4 + CaO + MgO) =$ 酸/碱，比值越大，灰熔点越高，硫含量越高，灰熔点越低，一般灰熔点指软化温度约为 1250℃。

6. 粒度

固体原料粒度大小和均匀性也是影响气化指标的重要指标的重要因素之一。

① 粒度小，与气化剂（蒸汽、空气）接触面积大，气化效率和煤气质量好。但粒度太小，会增加床层阻力，不仅增加电耗，而且煤气带走灰渣也相应增多，这样会使上行煤气管道、分离器和换热器受到的机械磨损大，同时煤耗也会增大。

② 粒度大，则气化不完全，灰渣中碳含量增加，消耗定额增加，易使火层上移，严重时煤气中氧含量会增高。

③ 粒度不均匀，由于气流分布不均匀，发生燃料局部过热、结疤或形成风洞等不良影响，无烟煤不超过 120mm，焦炭不超过 75mm，生产中最好将煤、焦炭分成三挡，小 15～30mm，中 30～50mm；大 50～120mm，分别投料，并根据不同粒度调节吹风量。

7. 机械强度

固体原料的机械强度指原料抗破碎能力。机械强度差的燃料，在运输、装卸和入炉后易破碎成小粒和煤屑，造成床层阻力增加，而且因上行煤气夹带固体颗粒增多，加重管道和设备磨损，降低了设备的使用寿命，也影响废热的正常回收，因此应选用机械强度高的固体燃料。要求煤的抗碎强度 ≥65。

8. 热稳定性

固体原料热稳定性是指燃料在高温作用下，是否容易破碎的性质。热稳定性差，碳损大，设备磨损增大。

二、半水煤气的组成

在造气炉内，以空气和水蒸气为气化剂，与焦炭进行"气化"反应，生成含有 CO、CO_2、H_2、N_2 等的混合气体。其过程的主要反应可用化学方程式表示如下

$$2C + O_2 === 2CO + Q \tag{1-1}$$

$$H_2O(蒸汽) + C(炽热) === H_2 + CO - Q \tag{1-2}$$

$$CO_2 + C === 2CO - Q \tag{1-3}$$

在以空气、水蒸气为气化剂制造合成氨所需原料气的生产中，对其中各组分含量有一定的要求。碳和空气发生反应，生成的煤气叫空气煤气；碳和蒸汽发生反应，所生成的煤气叫水煤气；空气煤气和水煤气按一定比例混合所得到的煤气，叫做混合煤气。

在混合煤气中 $n(H_2 + CO)/n(N_2) = 3.1～3.2$ 称之为半水煤气。

1. 有效成分的含量

在半水煤气组成中，对制取合成氨来说，虽然氮是必不可少的一种有用气体。但由于氮在半水煤气制造过程中比较容易获得，以及它不与碳发生反应，又不具备煤气的可燃烧性质。因此，半水煤气的有效成分不是指氢和氮，而是指氢和一氧化碳。生产上要求有效成分

的含量尽可能的高，并要求 $\varphi(CO+H_2)/\varphi(N_2)=3.1\sim3.2$。

一氧化碳之所以成为有效成分，是因为在变换工序时，一氧化碳与水蒸气在催化剂的作用下，能够转化为氢。

2. 氧含量

在生产过程中，当氧与碳作用时，由于不能完全反应，半水煤气中必然会残存部分氧。尤其当炉内炭层过薄或结疤形成风洞，以及炉温过低时，氧含量会增高。

氧是合成氨生产中的无用气体。氧的存在会使后序脱硫剂及催化剂炉温升高，使其活性受到影响，缩短使用寿命；氧含量过大，会与氢、一氧化碳等发生爆炸反应，影响安全生产，因此氧含量越低越好。

3. 硫含量

由于煤焦中含有一定硫化物，在制气过程中会生成有机硫和无机硫，随着煤中硫含量的增加而增加。硫的存在对催化剂有毒害，同时也会影响吸收液组成的稳定。

4. 甲烷

在用焦炭（或白煤）做原料造气时，当炉温较低时，少量的碳会与氢发生反应，生成甲烷，甲烷是合成氨反应中的无用气体。甲烷含量越低越好，一方面可提高有效气体的含量；另一方面，甲烷在送往后工序时，难以除去，而带入合成氨系统，在此系统中由于循环积累而增高，以致影响合成氨产量。另外，甲烷含量高，会使合成系统压力憋高，从而使部分循环气被迫放空，这时有用的氮、氢、氨也会随甲烷放空而造成损失。

氩气是空气中惰性气体含量最大一个（约占空气体积含量的 0.93%），它随着吹风气一起进入煤气中。它和甲烷一样对催化剂虽然没有毒害，但是影响氨合成速率。

第二节　间歇式固定床煤气的制取

一、煤气制取的基本原理

1. 煤气发生炉构造及气化反应的分区

煤气发生炉是以煤为原料生产煤气，供燃气设备使用的装置。固体原料煤从炉顶部加入，随煤气炉的运行向下移动，在与从炉底进入的气化剂（空气、蒸汽）逆流接触的同时，受炉底燃料层高温气体加热，发生物理、化学反应，产生粗煤气。

在一般的煤气发生炉中，煤是由上而下、气化剂则是由下而上地进行逆流运动，它们之间发生化学反应和热量交换。这样在煤气发生炉中形成了几个区域，一般称为"层"。

按照煤气发生炉内气化过程进行的程序，由图1-1可知，加煤后发生炉内部分为六层：灰渣层、氧化层（又称火层）、还原层、干馏层、干燥层、空层；其中氧化层和还原层又统称为反应层，干馏层和干燥层又统称为煤料准备层。

（1）灰渣层

煤燃烧后产生灰渣，形成灰渣层，它在发生炉的最下部，覆盖在炉箅子之上。其主要作用如下。

① 保护炉箅和风帽，使它们不被氧化层的高温烧坏。

② 预热气化剂，气化剂从炉底进入后，首先经过灰渣层进行热交换，使灰渣层温度降低，气化剂温度升高。一般气化剂能预热达 $300\sim450℃$。

③ 灰渣层还起了布风作用，使进入的气化剂在炉膛内尽量均匀分布。

（2）氧化层

也称为燃烧层（火层）。从灰渣中升上来的气化剂中的氧与碳发生剧烈的燃烧而生成二氧化碳，并放出大量的热量。它是气化过程中的主要区域之一，氧化层的高度一般为所有燃料块度的3~4倍，一般为100~200mm。气化层的温度一般要小于煤的灰熔点，控制在1200℃左右。

（3）还原层

在氧化层的上面是还原层。赤热的炭具有很强的夺取氧化物中的氧而与之化合的本领，所以在还原层中，二氧化碳和水蒸气被碳还原成一氧化碳和氢气。这一层也因此而得名，称为还原层。由于还原层位于氧化层之上，从上升的气体中得到大量热量，因此还原层有较高的温度约800~1100℃，这就为需要吸收热量的还原反应提供了条件。而严格地讲，还原层还有第一层、第二层之分，下部温度较高的地方称第一还原层，温度达950~1100℃，其厚度为300~400mm；第二层为700~950℃之间，其厚度为第一还原层1.5倍，约在450mm左右。

（4）干馏层

干馏层位于还原层的上部，由还原层上升的气体随着热量的被消耗，其温度逐渐下降，故干馏层温度在150~700℃之间，在此区段基本上不再产生上述的小分子间的气化反应，而是进行煤的低温干馏，生成热值较高的干馏煤气（气体组成有 H_2、CH_4、C_2H_6、C_3、C_4 组分和气态焦油成分）、低温干馏焦油和半焦（半焦中的挥发分为7%~10%），干馏煤气和雾状焦油同气化段产生的贫煤气一起从煤气炉的顶部出口引出。生成的半焦下移到气化段后进行还原与氧化反应。干馏层的高度随燃料中挥发分含量及煤气炉操作情况而变化，一般＞100mm。

（5）干燥层

干燥层位于干馏层上面，也即是燃料的面层，上升的热煤气与刚入炉的燃料在这层相遇，进行热交换，燃料中的水分受热蒸发。一般认为干燥温度在室温~150℃之间，这一层的高度也随各种不同的操作情况而异，没有相对稳定之层高。

（6）空层

空层即燃料层上部，炉体内的自由区，其主要作用是汇集煤气。也有的学者认为：煤气在空层停留瞬间，在炉内温度较高时还有一些副反应发生，如CO分解、放出一些炭黑以及 $2H_2O + CO \longrightarrow CO_2 + H_2$。

从上面六层简单叙述，可以看出煤气发生炉内进行的气化过程是比较复杂的，既有气化反应，也有干馏和干燥过程。

煤气炉的结构如图1-2所示。

对于固定床煤气炉有多种结构形式，按不同部位分述如下。

① 加煤装置：间歇式加煤罩；双料钟；振动给煤机；拨齿加煤机。

② 炉体结构：带压力全水套；半水套；无水套（耐火材料炉衬）；常压全水套。

③ 炉箅：宝塔型；型钢焊接型。

④ 灰盘传动结构：拨齿型；蜗轮蜗杆型。

燃料区层中的不同层高度，随燃料的种类性质差别和采用的气化剂，气化条件不同而异。而且各区层之间没有明显的分界线，往往是相互交错的。

蒸汽作为气化剂通过燃料层的气化阶段，由于高温碳的作用蒸汽被分解。此时，蒸汽失去氧被还原，碳夺去氧被氧化。所以就不能分辨出那是氧化层，那是还原层，只能统称气化层。

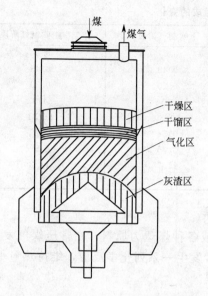

图 1-1 固定床煤气炉内燃料层分区

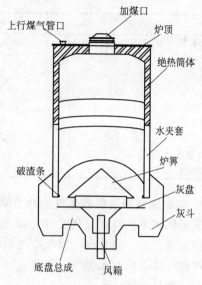

图 1-2 UGI 固定床煤气发生炉简图

2. 吹风和制气过程的化学反应

（1）碳与氧的反应

空气通过高温燃料层，碳与氧发生下列反应

$$C+O_2 == CO_2 \qquad \Delta H = -393.77kJ/mol \tag{1-4}$$

$$C+0.5O_2 == CO \qquad \Delta H = -110.59kJ/mol \tag{1-5}$$

$$CO+0.5O_2 == CO_2 \qquad \Delta H = -283.18kJ/mol \tag{1-6}$$

$$CO_2+C == 2CO \qquad \Delta H = +172.284kJ/mol \tag{1-7}$$

（2）碳与蒸汽的反应

主要是炽热的碳将氢从其气化剂（水蒸气）中还原出来，在煤气生产中，通常叫蒸汽分解，反应极为复杂，主要是还原反应。

在主还原层里反应如下

$$C+2H_2O == CO_2+2H_2 \qquad \Delta H = +90.20kJ/mol \tag{1-8}$$

$$C+H_2O == CO+H_2 \qquad \Delta H = +131.39kJ/mol \tag{1-9}$$

$$CO+H_2O == CO_2+H_2 \qquad \Delta H = -41.19kJ/mol \tag{1-10}$$

主还原层中生成的 CO_2，在次还原层中被还原成一氧化碳

$$CO_2+C == 2CO \qquad \Delta H = +172.284kJ/mol \tag{1-11}$$

但是燃料在气化时，随着条件变化，有可能发生下列副反应。

$$2H_2+O_2 == 2H_2O \qquad \Delta H = -483.67kJ/mol \tag{1-12}$$

$$C+2H_2 == CH_4 \qquad \Delta H = -74.90kJ/mol \tag{1-13}$$

$$CO_2+4H_2 == CH_4+2H_2O \qquad \Delta H = -247.27kJ/mol \tag{1-14}$$

$$CO+3H_2 == CH_4+H_2O \qquad \Delta H = -206.27kJ/mol \tag{1-15}$$

间歇法制取水煤气生产中，由于料层温度不断发生变化，因此其水煤气组成也相应发生变化，见表 1-1。在吹空气阶段，料层温度不断上升，而在制气阶段，料层温度却不断下降。随着温度的变化，吹空气阶段的二氧化碳含量愈来愈少，一氧化碳含量则增多。在制气阶段，水煤气中的二氧化碳含量不断增加，煤气质量不断下降。

表 1-1 各阶段中水煤气组成的变化

煤气的组成	一次上吹制气阶段	下吹制气阶段	二次上吹制气阶段
$\varphi(CO_2)/\%$	6.97	5.77	8.84
$\varphi(H_2O)/\%$	0.43	0.43	0.43
$\varphi(O_2)/\%$	0.20	0.20	0.20
$\varphi(CO)/\%$	38.38	39.31	34.33
$\varphi(H_2)/\%$	49.31	50.39	56.31
$\varphi(CH_4)/\%$	0.64	0.54	0.70
$\varphi(N_2)/\%$	4.07	3.36	4.99
煤气高热值/(MJ/m³)	11.5	11.7	11.2
煤气低热值/(MJ/m³)	10.5	10.7	10.3

3. 固定床间歇法制取煤气的热力学和动力学分析

固定床间歇法制水煤气是指，以无烟煤、焦炭或各种煤球为原料，在常压煤气发生炉内，高温条件下，与空气（富氧空气）和水蒸气交替发生一系列化学反应，维持热量平衡，生成可燃气体，回收水煤气，并排出残渣的生产过程。

（1）化学平衡

① 以空气为气化剂时，碳和氧之间的独立化学反应方程式有两个：

$$C+O_2 \longrightarrow CO_2 \qquad \Delta H=-393.777kJ/mol \qquad (1\text{-}16)$$

$$C+CO_2 \longrightarrow 2CO \qquad \Delta H=172.284kJ/mol \qquad (1\text{-}17)$$

这两个反应的平衡常数见表 1-2。

表 1-2 反应式(1-16)和式(1-17)的平衡常数

温度/K	$C+O_2 \longrightarrow CO_2$ $K_{p1}=p_{CO_2}/p_{O_2}$	$C+CO_2 \longrightarrow 2CO$ $K_{p2}=p_{CO}^2/p_{CO_2}$
298	1.233×10^{69}	1.101×10^{-21}
600	2.516×10^{34}	1.867×10^{-6}
700	3.182×10^{29}	2.673×10^{-4}
800	6.708×10^{25}	1.489×10^{-2}
900	9.257×10^{22}	1.925×10^{-1}
1000	4.751×10^{20}	1.898
1100	6.345×10^{18}	1.22×10
1200	1.737×10^{17}	5.696×10
1400	6.048×10^{14}	6.285×10^2
1500	1.290×10^{13}	1.622×10^3

为了计算平衡组成，设总压为 p，各组成平衡分压 p_{CO}、p_{CO_2} 及 p_{N_2}，并假定 O_2 全部转换成 CO_2，然后 CO_2 部分转换成 CO，设 CO_2 平衡转换率为 X，已知空气组成中 $n(N_2)/n(O_2)=3.76$（摩尔比），现以 1mol O_2 为基准，则 N_2 为 3.76mol，平衡时 CO_2 为 $(1-X)$ mol，CO 为 $2X$mol，气相的总量为 $(4.76+X)$mol 则：

$$p_{CO_2}=p\frac{1-X}{4.76+X} \qquad p_{CO}=p\frac{2X}{4.76+X} \qquad p_{N_2}=p\frac{3.76}{4.76+X}$$

代入 K_{p2} 得：

$$K_{p2}=\frac{p_{2CO}}{p_{CO_2}}=p\times\frac{4X^2}{(4.76+X)(1-X)} \tag{1-18}$$

将不同温度下得 K_{p2} 及总压带入上式可解 X，从而求的平衡组成，表 1-3 为 0.1MPa 下空气煤气的计算结果。

表 1-3 总压 1.01×10^5 Pa 时空气煤气的平衡组成/%（体积分数）

温度/℃	CO_2	CO	N_2	$X=n(CO)/n(CO+CO_2)$
650	10.8	16.9	72.3	61.0
800	1.6	31.9	66.5	95.2
900	0.4	34.1	65.5	98.8
1000	0.2	34.4	65.4	99.4

从表 1-3 可看出，随着温度的升高，CO 平衡含量上升，而 CO_2 平衡含量下降；当温度高于 900℃，反应气相中 CO_2 含量很少，碳与氧反应的主要产物是 CO。

② 以水蒸气为气化剂时，碳与水蒸气反应的独立化学反应方程式有三个：

$$C+H_2O(g)=CO+H_2 \qquad \Delta H=131.390kJ/mol \tag{1-19}$$
$$CO+H_2O(g)=CO_2+2H_2 \qquad \Delta H=-41.19kJ/mol \tag{1-20}$$
$$C+2H_2=CH_4 \qquad \Delta H=-74.898kJ/mol \tag{1-21}$$

各反应平衡常数见表 1-4。

表 1-4 反应式(1-19)、式(1-20) 及式(1-21) 的平衡常数

温度/K	$C+H_2O=CO+H_2$ $K_{p3}=p_{CO}p_{H_2}/p_{H_2O}$	$CO+H_2O=CO_2+H_2$ $K_{p4}=p_{CO_2}p_{H_2}/p_{H_2O}p_{CO}$	$C+2H_2=CH_4$ $K_{p5}=p_{CH_4}/p_{H_2}^2$
298	1.001×10^{-16}	9.926×10^4	7.916×10^8
600	5.05×10^{-5}	27.08	1.00×10^2
700	2.407×10^{-3}	9.017	8.972
800	4.398×10^{-2}	4.038	1.413
900	4.248×10^{-1}	2.204	3.25×10^{-1}
1000	2.619	1.374	9.829×10^{-2}
1100	1.157	0.944	3.677×10^{-2}
1200	3.994	0.697	1.608×10^{-2}
1400	2.7951×10^2	0.441	4.327×10^{-3}
1500	6.48×10^2	0.3704	2.557×10^{-3}

计算系统平衡组成时，用以下五个平衡关系式来求解。

$$K_{p3}=p_{CO}p_{H_2}/p_{H_2O} \tag{1-22}$$
$$K_{p4}=p_{CO_2}p_{H_2}/p_{CO}p_{H_2O} \tag{1-23}$$
$$K_{p5}=p_{CH_4}/p_{H_2}^2 \tag{1-24}$$

由平衡得知：气相中的 CO 和 CO_2 中的氧和氢气及甲烷中的氢均来自于 H_2O，根据水中氢氧的物料平衡及压力关系得出：

$$p_{H_2}+2p_{CH_4}=p_{CO}+2p_{CO_2} \tag{1-25}$$

根据分压定律得出：

$$p_{H_2} + p_{CH_4} + p_{H_2O} + p_{CO} + p_{CO_2} = p \qquad (1-26)$$

如果温度、压力已知，则可由上述五式求的水煤气的平衡组成。不同温度压力下计算结果如图1-3、图1-4所示。

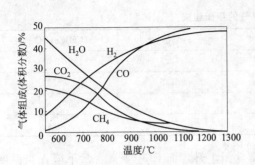

图1-3 1.01×10^5Pa（1atm）下，碳-水蒸气反应的平衡组成

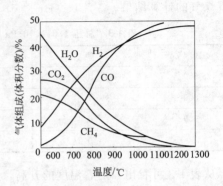

图1-4 2.03×10^6Pa（20atm）下，碳-水蒸气反应的平衡组成

由1.01×10^5Pa（1atm）下，碳-水蒸气反应的平衡组成图1-3和2.03×10^6Pa（0.2MPa）下，碳-水蒸气反应的平衡组成图1-4可得以下几点。

① 1.01×10^5Pa（1atm）下，温度高于900℃，水蒸气与碳反应的平衡中，含有等量的H_2和CO，其他组分含量则接近于0。随着温度的降低，H_2O、CO_2及CH_4等平衡的平衡含量逐渐增加，故在高温下进行水蒸气与碳的反应，平衡时残余水蒸气量较少。这说明水蒸气分解率高，水煤气中H_2和CO的含量高，水煤气质量好（低压气化法）。

② 2.03×10^6Pa（2MPa）下碳-水蒸气反应的平衡组成与上面①相似（加压气化法）。

③ 比较两图，在相同温度下，随着压力的升高，气体中H_2O、CO_2及CH_4含量增加，而H_2及CO的含量减少。所以欲制得CO和H_2含量高的优质煤气，从化学平衡的角度分析，应在高温、低压下进行；要生产CH_4含量高的高热值煤气，则应在低温、高压下进行。

（2）反应速率

① 气化剂与碳在煤气发生炉中进行的反应，属于气固相系统的多相反应。多相反应的速率不仅与碳和气化剂间的化学反应速率有关，而且还受气化剂向炭层表面扩散的速度影响。

研究表明，碳和氧按式（1-16）反应，氧气的反应速率r_c大致可表示为

$$r_c = k y_{O_2}$$

式中，y_{O_2}为氧的浓度，即气化反应可认为是O_2的一级反应。反应速率常数k与温度及活化能的关系符合阿累尼乌斯方程式。对于一定量的气化剂，反应的活化能取决于燃料的种类，同时与燃料的结构及杂质含量有关。反应活化能的数值一般按无烟煤、焦炭、褐煤的顺序递减，即燃料的反应活性按此顺序递增。

如果在高温下进行反应，k值相当大，此时反应属扩散控制，总的反应速率取决于传质速率。

$$r_c = (D/Z)F(y_0 - y_s) = k_g F \Delta y \qquad (1-27)$$

式中 D——扩散系数；

Z——气膜厚度；

F——气固相接触表面；

y_s、y_0——分别为炭表面及气流中气化剂浓度;

k_g——气膜传质系数,等于 D/Z。

凡是有利于增大传质系数、增加接触表面与提高浓度差的措施,均可增加物质的传递量,从而加快反应速率。一般来说,气流速度对 k_g 有较大的影响,所以,提高气流速度,是强化以扩散控制为主的反应的有效措施。碳氧化时,颗粒表面的厚度 Z(对颗粒表面而言)为

$$Z = adRe^{-0.8} \tag{1-28}$$

式中 a——常数;

d——颗粒摩尔直径;

Re——雷诺数。

对于颗粒组成的固体床,k_g 可表示为:

$$k_g = D/Z = 0.23Re^{0.863}D/d = 0.23v_d^{0.863}D/v^{0.863}d^{0.137} \tag{1-29}$$

式中 v_d——气体流速。

v——气体的轴向黏度。

由式(1-29)可知,在扩散控制范围内,增加气流速度与减少固体燃料的颗粒直径,可增大气膜传质系数。其中以提高气流速度最为有效。

根据对碳与氧反应的研究表明,这一反应在 775℃ 以下时,属于动力学控制。在高于 900℃ 时,属于扩散控制。在 775～900℃ 范围内,可认为处于过渡区。

根据固定层气化过程的特点,可以认为碳、氧之间首先进行式(1-16)的燃烧反应,然后产物中的 CO 与床层上部的炭进行式(1-17)的二氧化碳还原反应。一般认为,碳与二氧化碳之间的反应速率比炭的燃烧速度慢得多,在 2000℃ 以下,基本上属于动力学控制,反应速率也视为 CO_2 一级反应。不同种类的燃料反应活性的大小次序,基本上与碳-氧反应相同。

② 碳与水蒸气之间的反应式(1-19)在 400～1100℃ 反应速率较慢,是动力学控制;温度超过 1100℃,反应速率大大加快,开始为扩散控制。不同种类的燃料与水蒸气反应,其活性大小次序也与碳-氧反应基本相同。

③ 由碳与气化剂的气固相多相反应速率来看:煤气炉在温度较低时,不能采取增加风速的办法来快速提温,只得缓慢升温,当温度达到 900℃ 时,才可加大风速,投入生产;当温度达到 1100℃ 时,方可加大蒸汽用量来提高发气量,从而转入正常生产。

二、间歇法制取半水煤气的工艺条件

1. 温度

(1) 吹空气过程温度

此过程的作用是使料层温度提高,以蓄积尽可能多的热量。由于生成二氧化碳的反应能释放出很多热量,因此,为了在吹空气过程中能得到更多的热量,所以,希望尽可能按完全燃烧反应过程进行。

但料层温度的升高与二氧化碳生成量之间有矛盾,随着料层温度升高,生成一氧化碳的量增加,二氧化碳的生成量则减少。

吹空气过程的效率 η_1 为料层蓄积的热量与在该过程中所消耗的热量之比,即

$$\eta_1 = \frac{Q_A}{H_c m_A} \times 100\% \tag{1-30}$$

式中 Q_A——料层蓄积的热量，kJ；

      H_C——原料的热值，kJ/kg；

      m_A——吹空气过程中的原料消耗量，kg。

  η_1 随生成气中二氧化碳的含量和气体出口温度的变化而变化。随着料层温度的升高，吹出气的温度升高，二氧化碳的含量减少，一氧化碳含量增加，也就是说，料层温度越高，吹风气带走的化学热和显热越多。当料层温度达到 1600℃ 时，吹风气的温度也几乎达到此值。此时，吹风气中二氧化碳的含量几乎为零。当料层温度为 1700℃ 时，吹空气过程中所放出的热量几乎全部用于吹风气的加热，没有热量用于料层加热。这时吹空气过程的效率为零。由此可看出，料层温度越低，吹空气过程的效率越高，当料层温度在 700～750℃ 时，吹空气过程的效率在 62%～72% 之间。然而，料层温度越高，水蒸气的分解率越高。因此，只有综合考虑了吹空气过程和吹水蒸气过程的效率之后，才能确定料层最适宜的温度。

（2）吹水蒸气过程

此过程的作用是制造水煤气。它是利用吹空气过程蓄积在料层中的热量而进行水蒸气与碳的吸热反应的。

吹水蒸气过程的效率 η_2 为生成水煤气的总化学热与消耗于生成水煤气的原料热量和料层释放出的热量总和之比。亦可用单位体积的热量关系来表示。

$$\eta_2 = \frac{Q}{H_C \times m_C + Q_a} = \frac{H_g^h \times V_g}{H_C \times m_C + Q_A} \tag{1-31}$$

式中 Q——水煤气总化学热，kJ；

      H_g^h——水煤气高热值，kJ/m³；

      V_g——水煤气产量，m³；

      m_C——吹水蒸气过程所耗煤量，kg；

      Q_a——生产水煤气时，料层释放出的热量，kJ；设过程稳定时，$Q_a = Q_A$。

两个过程的总效率为所得水煤气热量与两个过程中原料提供的全部热量之比。

$$\eta = \frac{Q}{H_C m_C + H_C m_A} = \frac{Q}{H_C m_C + \dfrac{Q_A}{\eta_1}} \tag{1-32}$$

生产水煤气过程的效率取决于料层温度，当料层温度很低时，总效率为零，因为料层温度太低不能生产水煤气。而当料层温度高达 1700℃ 时，空气吹风阶段的效率为零，过程总效率也将为零。当吹空气过程结束时，料层温度在 850℃ 左右时，过程的总效率最高。

2. 气流速度

吹空气过程在水煤气制造过程中是非生产过程。因此，希望在尽可能短的时间内蓄积更多的热量。为此目的，需要提高鼓风速度。当发生炉的气化强度小于 500～600kg/(m² · h)，氧化反应在 1000℃ 左右时，基本上达到了扩散区，提高气流速度可以强化氧化反应。通常采用的空气速度为 0.5～1.0m/s，吹风气中一氧化碳含量为 6%～12%，二氧化碳含量大于 40%。气化强度超过 650kg/(m² · h) 时，煤气质量将变坏。吹水蒸气过程的速度减慢时，不仅对水煤气的生成有利，而且使过程的总效率有所提高。但过低的速度会降低设备的生产能力，水蒸气速度一般保持在 0.05～0.15m/s 之间。

为了提高水煤气制造过程的生产能力，缩短非生产时间，常采用高吹空气速度 1.5～1.6m/s。因此，选用的鼓风机应具有较高的鼓风压力，同时选用焦炭或热稳定性高的无烟煤为原料,具有比发生炉中更大的块度筛分组成(如 25～75mm)。在这种情况下,燃烧层温度迅速升高,而二氧化碳来不及充分还原,吹风气中的一氧化碳含量仅为 3%～6%,与此相应可采用高水蒸气速度为 0.25m/s 左右。

当吹入水蒸气的速度一定时,随着料层温度的升高,水煤气中二氧化碳的含量降低,水蒸气的分解率会增加。而当料层温度一定时,随着水蒸气速度的增加,煤气中未分解的水蒸气和二氧化碳的含量也增加。在水蒸气速度相同时,水蒸气的分解率还与原料的反应能力有关。因此,对不同的原料都有其各自最适宜的水蒸气速度。

3. 气化原料的选择

间歇法生产水煤气时,气化原料必须具有低的挥发分产率。为了避免在吹风煤气中造成大量的热量损失,以及由于焦油等在阀门座上的沉积,引起阀门关闭不严,给水煤气生产可能造成危险,所以,在最早使用焦炭为原料,后来为降低生产成本和扩大资源的利用,扩大使用无烟煤或将煤粉成型为煤球作为原料。

当使用无烟煤时,由于它的性质和焦炭不同,主要是无烟煤的反应性差,往往要求适当提高操作温度;其次,无烟煤的机械强度比焦炭差,并含有水分和有一定黏结性,容易夹带碎煤或煤沫,故入炉前应注意筛尽煤屑。尤其需要注意的是,无烟煤的热稳定性比焦炭差,入炉后,受热易爆裂,造成带出物多、吹风阻力大和气流分布不均等问题。因此,必须选用热稳定性好的无烟煤为原料,而不是任何无烟煤都适用。

用无烟煤粉制成工业用煤球,制造工艺可分为无黏结剂成型、黏结剂成型和热压成型三种,目前中国普遍采用黏结剂成型的方法。尤其用得较多的是石灰碳化煤球,即将生石灰加水消化,再按一定比例与粉煤混合,在压球机上压制成生球。将生球用二氧化碳气体处理,使氢氧化钙转化成碳酸钙,在煤球中形成坚固的网络骨架。

由于石灰碳化煤球的机械强度高、粒度均匀及反应性较好,即使这种煤球的固定碳含量较低和灰分含量较高,只要在操作上采取相应措施,足以弥补上述两个缺点,达到良好的操作效果。

三、煤气制取各过程的分配

1. 间歇法固定床制取半水煤气

分吹风和制气两个阶段,吹风作用为制气提供热量并存储在燃料层中,制气作用为制取水煤气,为了在安全前提下,制取合格半水煤气,即要求

$$\varphi(H_2+CO)/\varphi(N_2)=3.1～3.2$$

$$\varphi(H_2+CO)\geqslant68\%～72\%$$

$$\varphi(CO_2)<10\%$$

$$\varphi(O_2)<0.5\%$$

详细的半水煤气化学组成见表 1-5。

表 1-5　半水煤气的化学组成

名　称	化　学　组　成					
	$\varphi(H_2)/\%$	$\varphi(CH_4)/\%$	$\varphi(CO)/\%$	$\varphi(CO_2)/\%$	$\varphi(O_2)/\%$	$\varphi(N_2)/\%$
半水煤气	36～41	<1	29～31	7～10	<0.5	18～21
水煤气	45	0.5	38	8	<0.5	8
吹风气	2.6	0.5	10	14.7	<0.5	7.2

将工作循环分六个阶段：吹风、回收、上吹、下吹、二次上吹、空气吹净，总的时间在 2.5min 左右，其时间分配见表 1-6。

表 1-6　时间分配一览表

吹风/%	回收/%	上吹/%	下吹/%	二次上吹/%	空气吹净/%
20～22	0.5～0.8	22～24	40～42	7～9	3～4

2. 时间分配的原则

吹风时间：保证炉温达到 1100℃ 左右；回收：保证得到合格半水煤气组成；上吹：用气化剂 0.07MPa（也可用 0.12MPa 过热蒸汽）蒸汽制取出高品位水煤气；下吹：用气化剂 0.07MPa（蒸汽）不仅要制取高品质水煤气，而且使炉温恢复到正常分布，以减少煤气带走的热损失；二次上吹：保证下个循环吹风不会发生炉底爆炸；空气吹净：确保下个工作循环绝对不会发生炉底爆炸和补充煤气中氮气的含量。

在制造煤气过程中，所生成的 CO_2、H_2S、O_2、CH_4 都是无用的气体，要求含量越低越好。CO_2、CH_4 随气化温度升高而降低。但应该指出：在煤气生产中 CO_2 含量的控制，服从于适合燃料性质的工艺操作条件，片面追求降低 CO_2 含量，会引起气化条件恶化、产生相反的结果。氧含量严格控制在较低的范围内，否则会发生爆炸。如图 1-5 所示为间歇式制半水煤气各阶段操作示意（不包括回收阶段）。

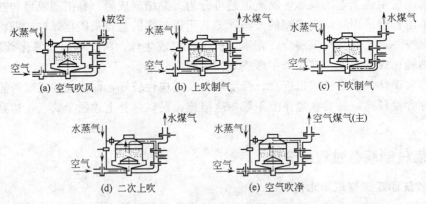

图 1-5　间歇式制半水煤气各阶段操作示意

固定床气化制煤气，首先是空气通过燃料层发生放热反应以提高炉温，随后是使蒸汽通过燃料层发生吸热反应，反复循环的生产方法，即为全部生产过程。

生产煤气的工艺及各阶段的时间分配，随着燃料的性质和工艺操作的具体要求不同而不同。在一般情况下，二次上吹和空气吹净，以排净下部空间和上部空间的残存煤气为原则。

吹风时间的分配，以燃料层具有较高的温度为原则。达到高温所用时间的长短，以提高空气流速为主要手段，即强风短吹。但是，要以不能使燃料层发生破坏为限。

当空气流速已经达到由于燃料性质使燃料层的阻力及其分布的允许范围的高限时，提高燃料层的温度，应该增加吹风时间来达到。

上吹、下吹时间的分配，以维持燃料层里气化层的稳定和保持气体的高质量为原则。一般情况下，下吹时间比上吹时间要长。如原料的机械强度大，热稳定性好，粒度均匀，那么上吹制气时间不能过长，反之，上吹制气时间应适当加长。

循环各阶段的时间总和，称为循环时间。循环时间的选定，决定于原料的性质，工艺操作等。一般情况下循环时间控制在 2.5min 左右。

四、间歇法工艺流程叙述

1. UGI 煤气发生炉的经典流程

此流程是 20 世纪 50～60 年代以煤为原料的中型合成氨采用的流程。如图 1-6 所示。

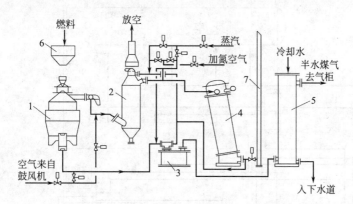

图 1-6　固定床煤气发生炉制取半水煤气的 UGI 型工艺流程
1—煤气发生炉；2—燃烧室；3—水封槽（即洗气箱）；4—废热锅炉；
5—洗涤塔；6—燃料储仓；7—烟囱

固体燃料由加料机从煤气发生炉 1 顶部间歇加入炉内。吹风时，空气经鼓风机加压自上而下经过煤气发生炉，吹风气经燃烧室 2 及废热锅炉 4 回收热量后由烟囱放空。燃烧室中加入二次空气，将吹风气中可燃气体燃烧，使室内的格子蓄热砖温度升高。燃烧室盖子具有安全阀作用，当系统发生爆炸时可以泄压，以减轻对设备的破坏。蒸汽上吹制气时，煤气经燃烧室及废热锅炉回收余热后，再经洗气箱 3 及洗涤塔 5 进入气柜。下吹制气时，蒸汽从燃烧室顶部进入，经回收余热后进入煤气发生炉自上而下流经燃料层。由于煤气温度较低，直接经洗气箱及洗涤塔进入气柜。二次上吹时，气体流向和上吹相同。空气吹净时，气体经燃烧室、废热锅炉、洗气箱和洗涤塔后进入气柜。此时燃烧室不能加二次空气。在上吹、下吹制气时，如配入加氮空气，其送入时间应滞后于水蒸气，并在水蒸气停送之前切断，以避免空气与煤气相遇而发生爆炸。燃料气化后，灰渣经旋转炉箅由刮刀刮入灰箱，定期排出炉外。

此流程虽然对吹风气的显热和潜热及上行煤气的显热加以回收，但下行煤气显热未回收，且出废热锅炉的上行煤气及烟气温度均较高，热量损失较大。

2. UGI 自动加焦造气工艺流程

UGI 自动加焦造气工段工艺流程见图 1-7。

（1）燃料流程

将生产用的煤焦运入焦场，经过磅后装入吊焦斗，再由电动葫芦提升运至煤气发生炉顶的炉口。经焦斗分布器均匀分布在炉内。灰渣由炉底排出。

（2）吹风流程

空气鼓风机送来的空气，经空气阀，从炉底风箱经过灰渣层进入炭层。空气中的氧与燃料中的碳燃烧生成空气煤气并放出热量供制气使用，由炉顶上行至除尘器除尘后，进入蒸汽过热器，与废热锅炉换热，再经吹风阀控制，进入吹风气回收工段。

（3）上吹及二次上吹流程

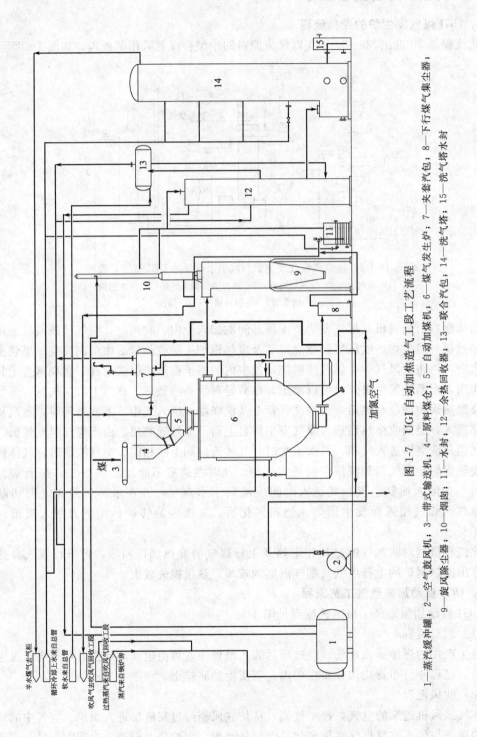

图 1-7 UGI 自动加焦造气工段工艺流程

1—蒸汽缓冲罐；2—空气鼓风机；3—带式输送机；4—原料煤仓；5—自动加煤机；6—煤气发生炉；7—夹套汽包；8—下行气集尘器；9—旋风除尘器；10—烟囱；11—水封；12—余热回收器；13—联合汽包；14—洗气塔；15—洗气塔水封

由动力送来的蒸汽，压力 1.28MPa 经减压后进入饱和蒸汽缓冲缸，与自产蒸汽混合进入蒸汽过热器，再进入过热蒸汽缓冲缸，经蒸汽总阀上吹蒸汽阀，由炉底进入炉内与炽热的碳反应后，生成的水煤气由炉顶出来，经上行除尘器除尘，蒸汽过热器，废热锅炉换热，再经煤气三通阀进入洗气塔冷却、除尘后。进入半水煤气气柜。

（4）下吹流程

由过热蒸汽缓冲缸来的蒸汽，经蒸汽总阀下吹蒸汽阀，从炉顶部吹入，与炽热的碳反应后，由炉底出来经下行集尘器，煤气三通阀进入洗气塔、冷却，除尘后进入半水煤气气柜。

（5）空气吹净流程

同上吹流程。不同的是由炉底吹入的是短时空气。

（6）高压油流程

造气油泵工作原理及工作概况如下。

动力泵站是油压系统的动力源，泵站的液压油经过齿轮泵加压，由经过集成块控制输出，通过主管道送至换向阀站的各电磁换向阀。当换向阀站在控制机的操纵下，以一定的程序及规定的时间，将高压油输送到各工艺阀门的油缸有杆腔或无杆腔时，各工艺阀即按控制机的指令信号进行换向，各工艺阀门由于压力油的流向改变启闭动作。

系统高压油的压力，由泵站的溢流阀调节，其大小一般控制在 4MPa 左右，从泵站上的压力表上可直接读出压力大小。

系统流量由泵站的节流阀来实现调节（一般调整为全开），这个变化是整个系统的流量变化，而不是指每个油缸的流量变化。当要调节每个油缸的运行速度时，可在油缸管路上加装节流阀门。

油缸是系统中的执行机构。油缸回路在系统中有两种接法。

第一种为普通接法，它的特点如下。

① 油缸上、下进油口的油压为高、低互逆，无杆腔活塞上的推力大于有杆腔的拉力。

② 空载无杆腔进油时，活塞运动速度小于有杆腔进油时活塞的速度。

第二种为差动接法，这种接法的特点是：油缸有杆腔为常高压，利用无杆腔高、低压油的变化来使油缸换向，其速度比为 1：2，油缸上、下两腔活塞上的推力与拉力基本相等。

① 差动常开：没电信号时，工艺阀门处于开启状态，烟囱阀采用这种接法，能保证突然停电时阀门打开。

② 差动常闭：没电信号时，工艺阀门处于关闭状态，只有在有电信号的情况下，工艺阀门才打开。

（7）软水流程

由软水站送来的化学软水，经软水泵泵入造气软水槽。再经造气软水泵加压至 0.6MPa 送入夹套锅炉及废热锅炉汽包。产生的蒸汽送往饱和蒸汽缓冲缸。

（8）循环水流程

凉水泵从凉水池抽水并加压后送往洗气塔（上水压力 >0.3MPa）洗涤煤气后的热水从塔底溢流水封流出，经明沟流入热水沉淀池。澄清后的热水，由热水泵打入冷却塔，冷却后的水流入凉水池。短缺部分新鲜水补入凉水池。

（9）造气系统工艺流程及吹风气余热回收流程

吹风气回收工艺流程如图 1-8 所示，为了充分回收造气在制气和吹风过程中的热量，采用了上、下行煤气余热回收锅炉来回收制气过程的热量。吹风过程中的显热、潜热回收是通过吹风气回收总管，经除尘后与合成弛放气、预热空气混合后在燃烧炉内燃烧，燃烧产生的

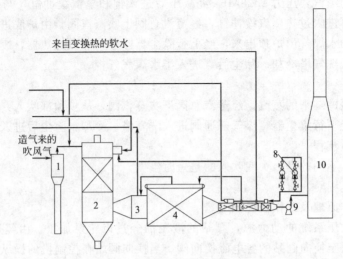

图1-8 吹风气回收工艺流程

1—旋风分离器；2—燃烧炉；3—蒸汽过热器；4—余热锅炉；5—第二空气预热器；
6—水加热器；7—第一空气预热器；8—鼓风机；9—引风机；10—烟囱

高温气体依次通过水管式余热锅炉、空气预热器、水加热器，经引风机由烟囱排出。正常情况下3台炉送风，燃烧炉蓄热层温度800～850℃，软水通过水加热器加热到120℃，送往水管式余热锅炉，每小时产蒸汽5.05t，压力在0.8MPa以上。通过一系列热量回收使排烟温度降到125～140℃。吹风气余热回收工艺参数见表1-7。

表1-7 吹风气余热回收工艺参数

工艺参数名称	参　　数	工艺参数名称	参　　数
格子砖体温度/℃	上部 850～900	入炉水压/MPa	1.5
	中部 800～850	锅炉压力/MPa	0.5～1.2
	下部 700～750	过热蒸汽温度/℃	250～300
吹风气温度/℃	250～300	排风温度/℃	125～140
入炉空气温度/℃	200～250	烟气中 $\varphi(CO+H_2)$/%	<2.5
入炉水温度/℃	128		

（10）半水煤气的储存与输送

① 煤气柜构造及工作原理。煤气柜是储存工业及民用煤气的钢制容器，有湿式煤气柜和干式煤气柜两种。湿式煤气柜为用水密封的套筒式圆柱形结构；干式煤气柜为用稀（干）油或柔膜密封的活塞式结构。煤气柜的钟罩、塔及活塞为活动式结构，承受气体压力并保证良好的密封性能，其安装精度要求较高。煤气柜柜体材质为碳素钢和低合金钢。与基础连接方式有铆接、焊接和高强度螺栓连接。焊接一般采用手工焊和CO气体保护焊。柜顶桁架和柜顶板通常借助设置的中央台架进行安装。煤气柜及其安装

湿式煤气柜安装。湿式煤气柜有螺旋升降式和垂直升降式两种。柜内容量从几千立方米到几十万立方米，气体压力通常为0.0012～0.004MPa。螺旋升降式煤气柜的钟罩及塔节外部，装有斜形轨道及导轮。当煤气进入或排出时，钟罩及各塔节沿斜形导轨呈螺旋形上升或下降。垂直升降式煤气柜（图1-9）的柜体在圆周方向设置立柱和导轨，钟罩及各塔节设有导轮。当煤气进入或排出时，导轮沿导轨上升或下降。各塔节之间形成水封装置充气后起密封作用，杜绝煤气向外泄漏。图1-9垂直升降式低压湿式煤气柜示意，湿式煤气柜的结构主要

由煤气进出管、底板、水槽、塔体、钟罩、导向装置及辊轮、配重等组成。柜体结构安装顺序如下。

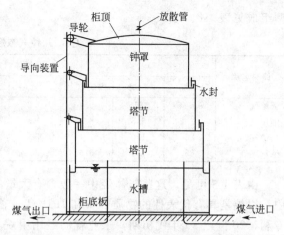

图 1-9 垂直升降式低压湿式煤气柜示意

基础测量—底板铺设—水槽支柱-水封水柱高度板装配—水槽注水基础沉降试验—各塔节安装—钟罩安装—进出口管、辊轮、配重等附件安装—升降试验—气密性试验—涂装。

基础测量时，应按设计对柜的直径、方位、支柱进行定位。根据定位轴线进行底板铺设，要控制好塔节尺寸。底板铺设前其背面要进行防腐处理。底板焊接采用跳焊法或退步反向焊分区、分段对称进行，焊缝要全部进行真空检漏。水槽壁板及支柱安装、调整定位后即行焊接，然后向水槽内注水对基础进行沉降试验并按规范规定进行观测。基础沉降完成后开始安装塔节和钟罩。塔节安装顺序为：先安靠近水槽的塔节，然后依次向内安装各塔节，直到钟罩。塔节安装，一般是在底板上铺设垫梁，调平并在其上划出各塔节及钟罩的同心圆定位线，按照下挂圈—立柱—导轨—立柱—菱形板—上挂圈的顺序依次装配，调整定位后，先内后外对称施焊；然后利用中央台架安装钟罩桁架环、主梁、次梁和顶板，同时从中心向外对称焊接顶板。最后安装煤气进出口管、放散管、斜梯和配重块。

煤气柜的升降试验是在全部安装完成、电气仪表调试合格后进行，先向水槽充水，用鼓风机从煤气进出口管向柜内鼓风，当钟罩及各塔节先后升起并上升到位后，关闭进出口管，打开放散阀，排出空气，各塔节便开始下降，依次先慢速后快速反复进行升降试验。试验的检查项目主要包括检测各塔节及钟罩的倾斜，导轮啮合情况，各塔节升降时的压力变化以及壁板焊缝泄漏等。试验后进行防腐涂装。

干式煤气柜安装完成后，要进行活塞走行试验和气密性试验。活塞行走试验是对活塞倾斜、导轮压力、密封装置、柜位计等进行综合考核。气密性试验时，先向柜内充气，充气量为柜内容量的90%左右，然后搁置7昼夜，每天当气温稳定（一般在日出前）时测量其压力、体积和温度，按照计算，其泄漏率以不超过国家标准规定为合格。

② 煤气输送。半水煤气由气柜出来经水封进入焦炭过滤器，除去煤气中的部分煤粉及水分后，进入煤气鼓风机入口（压力 4kPa）经煤气鼓风机加压后（压力 34～50kPa）送入脱硫工段。

第三节 烃 类 造 气

作为合成氨所需的原料烃类，按照物理状态分为气态烃和液态烃。

气态烃包括天然气、油田气、炼厂尾气、焦炉气及裂化气等。天然气是指藏于地层较深部位的可燃气体，而与石油共生的天然气常称为油田气，其主要成分均可由 C_mH_n 来表示。气田气中甲烷含量一般高于90%，其他高烃（乙烷、丙烷、丁烷等）含量低于3%。而油田气含高烃较多。虽然气田气和油田气均属于天然气，但是习惯上天然气是指气田气。焦炉气是煤炭高温干馏的副产品。炼厂尾气为石油加工过程的副产品。几种气态烃的典型组成见表 1-8。

表 1-8　几种气态烃的典型组成

原料名称	气体组成(体积分数)/%								
	甲烷	乙烷	丙烷以上	氢	二氧化碳	一氧化碳	氮	氧	硫化氢
天然气	96.65	1.15	0.4	0.2	0.5	—	2.0		0.09
油田气	83.2	5.8	8.9	—	0.5		1.6		—
焦炉气	26	1.0	1.1	58	2.5	6.4	5		
炼厂尾气	65	1.1	6.6	26	—		1.0	0.4	

由表 1-8 可见，这些气体烃中一般含有大量的甲烷，所以在合成氨原料的化学加工过程中，甲烷是具有代表性的物质。早在 1913 年，德国 BASF 公司就已提出了蒸汽转化的催化专利，20 世纪 30 年代初期，工业就已经用甲烷为原料与蒸汽进行催化转化反应制取氢气，它与固体原料相比显示较大的优越性，得到广泛应用。

液态烃包括原油、轻油及重油。根据沸点不同，石油可以进行分馏，得到汽油、煤油、轻油、重油等粗产品。石油是一种黏稠状的油状液体，其中溶有液体和固体，呈红棕色或黑色，可燃，有特殊气味。石油的组成因产地的不同而异。一般来说，石油含碳 83%～87%，含氢 11%～14%，含氧、硫、氮合计 2%～3%。

石油蒸馏所得 220℃ 以下的馏分称为轻油（也称石脑油），其性质见表 1-9。其中沸点在 130℃ 以下的为轻质石脑油，在 130℃ 以上的为重石脑油。合成氨所需要的原料一般终馏点低于 140℃，其中石蜡含量高于 80%，芳香烃含量低于 5%，最高不能超过 13%。

表 1-9　石脑油的性质

项　目	A	B	C	D
密度/(kg/m³)	676.5	673.5	689.8	730.0
含硫量(质量分数)/%	0.026	0.018	0.02	0.05
石蜡烃(体积分数)/%	89.4	90.7	82.0	31
环烷烃(体积分数)/%	8.4	7.5	13.7	54.3
芳香烃(体积分数)/%	2.1	1.7	4.2	14.7
烯烃(体积分数)/%	0.1	0.1	0.1	—
初馏点/℃	38.6	42.0	37.5	60
终馏点/℃	132.0	114.5	144.0	180
平均分子式	$C_5H_{13.2}$	C_6H_{13}	$C_{6.5}H_{13.5}$	C_9H_{19}

石油蒸馏所得 350℃ 以上的馏分为重油，根据炼制的方法不同，有常压重油、减压重油、裂化重油和它们的混合物等。常压重油是将石油接近大气压下，用蒸馏的方法所得的塔釜产品；减压重油是将常压重油在减压的条件下，进行再蒸馏的塔釜产品；裂化重油是将减压蒸馏的某些馏分，进行裂化加工，经裂化加工分解后，蒸馏所得塔釜产品。

以轻油为原料，制取合成氨原料气的方法一般是将轻油加热转变为气态，再采用蒸汽转化法。轻油蒸汽转化法的原理和生产过程与气态烃基本相同，本章只讨论其不同点。

以气态烃或轻油为原料，不论采用哪一种生产方法所制得的半水煤气，都应满足下列要求。

① $\varphi(CO+H_2)/\varphi(N_2)=3.1\sim3.2$；

② 甲烷残余量 $\varphi(CH_4)<0.5\%$；

③ 氧气残余量 $\varphi(O_2)<0.2\%$；

④ 炭黑含量 $<10\text{mg/m}^3$；

⑤ 不饱和碳氢化合物为痕迹量。

一、气态烃蒸汽转化制气

气态烃中一般含有大量的甲烷，所以在合成氨原料的化学加工过程中，甲烷是具有代表性的物质，下面以甲烷为例讨论气态烃的蒸汽转化过程。

1. 甲烷蒸汽转化反应特点

甲烷蒸汽的转化过程，主要包括蒸汽转化反应和一氧化碳的变换反应，即：

$$CH_4 + H_2O \Longrightarrow CO + 3H_2 \qquad \Delta H = +206kJ/mol \qquad (1\text{-}33)$$

$$CH_4 + 2H_2O \Longrightarrow CO_2 + 4H_2 \qquad \Delta H = +165.11kJ/mol \qquad (1\text{-}34)$$

$$CO + H_2O \Longrightarrow CO_2 + H_2 \qquad \Delta H = -41kJ/mol \qquad (1\text{-}35)$$

这三个反应中，反应式(1-34)可看作是反应式(1-33)和式(1-35)的叠加，所以决定甲烷蒸汽转化平衡的是式(1-33)和式(1-35)这两个独立反应。

在一定条件下，甲烷蒸汽转化过程中可能发生下列析炭反应

$$CH_4 \Longrightarrow C + 2H_2 \qquad \Delta H = +74.82kJ/mol \qquad (1\text{-}36)$$

$$2CO \Longrightarrow CO_2 + C \qquad \Delta H = -172.2kJ/mol \qquad (1\text{-}37)$$

$$CO + H_2 \Longrightarrow C + H_2O \qquad \Delta H = -131.3kJ/mol \qquad (1\text{-}38)$$

甲烷的同系物，例如乙烷（C_2H_6）、丙烷（C_3H_8）、丁烷（C_4H_{10}）等与蒸汽的转化反应可以在较低的温度下进行，反应通式为

$$C_nH_{2n+2} + nH_2O \Longrightarrow nCO + (2n+1)H_2 - Q \qquad (1\text{-}39)$$

由于气态烃中主要组分是甲烷，并且其他烃类转化反应与甲烷基本相同，因此这里只重点介绍甲烷蒸汽反应转化的基本原理，转化反应的特点。由式(1-33)可知，甲烷蒸汽转化反应具有以下特点。

（1）可逆反应

即在一定的条件下，反应可以向右进行生成一氧化碳和氢气，称为正反应；随着生成物浓度的增加，反应也可以向左进行，生成甲烷和水蒸气，称为逆反应。因此在生产中必须创造良好的工艺条件，使得反应主要向右进行，以便获得尽可能多的氢和一氧化碳。

（2）体积增大反应

1分子甲烷和1分子水蒸气反应后，可以生成1分子的一氧化碳和3分子的氢。因此，当其他条件一定时，降低压力有利于正反应的进行，从而降低转化气中甲烷的残余量。

（3）吸热反应

甲烷蒸汽的转化反应是强吸热反应，其逆反应（即甲烷化反应）为强放热反应。因此，为了使正反应进行的更快更完全，就必须由外部供给大量的热量。供给的热量越多，反应温度越高，甲烷转化反应越完全。

2. 转化反应的化学平衡和反应速率

（1）化学平衡常数

在一定的温度、压力条件下，当反应达到平衡时，反应式(1-33)的平衡常数 K_{p1} 和反应式(1-35)的平衡常数 K_{p2} 分别为

$$K_{p1} = \frac{p_{CO} \times p_{H_2}^3}{p_{CH_4} \times p_{H_2O}} \qquad (1\text{-}40)$$

$$K_{p2} = \frac{p_{CO_2} \times p_{H_2}}{p_{CO} \times p_{H_2O}} \qquad (1\text{-}41)$$

式中，p_{CO}、p_{H_2}、p_{CH_4}、p_{CO_2} 和 p_{H_2O} 分别为一氧化碳、氢、甲烷、二氧化碳和水蒸气的平衡分压。

在压力不太高的条件下，化学反应的平衡常数值仅随温度而变化。不同温度下，平衡常数 K_{p1} 和 K_{p2} 的数值如表 1-10 所示。

表 1-10 甲烷蒸汽转化和变换反应的平衡常数

温度/℃	$K_{p1}=\dfrac{p_{CO}\times p_{H_2}^3}{p_{CH_4}\times p_{H_2O}}$	$K_{p2}=\dfrac{p_{CO_2}\times p_{H_2}}{p_{CO}\times p_{H_2O}}$	温度/℃	$K_{p1}=\dfrac{p_{CO}\times p_{H_2}^3}{p_{CH_4}\times p_{H_2O}}$	$K_{p2}=\dfrac{p_{CO_2}\times p_{H_2}}{p_{CO}\times p_{H_2O}}$
250	8.397×10^{-10}	86.51	650	2.686	1.923
300	6.378×10^{-8}	39.22	700	12.14	1.519
350	2.483×10^{-6}	20.34	750	47.53	1.228
400	5.732×10^{-5}	11.70	800	1.644×10^{2}	1.015
450	8.714×10^{-4}	7.311	850	5.101×10^{2}	0.8552
500	9.442×10^{-3}	4.878	900	1.440×10^{3}	0.7328
550	7.741×10^{-2}	3.434	950	3.736×10^{3}	0.6372
600	0.5029	2.527	1000	8.99×10^{3}	0.561

由表 1-10 中数据可知，由于甲烷蒸汽转化反应为可逆吸热反应，其平衡常数 K_{p1} 随着温度的升高而急剧增大，即温度越高，平衡时一氧化碳和氢的含量越高，而甲烷的残余量越少。一氧化碳的变换反应为可逆放热反应，其平衡常数 K_{p2} 随温度的升高而减少，即温度越高，平衡时的二氧化碳含量越少，甚至使变换反应几乎不能进行。因此，甲烷的蒸汽转化反应和一氧化碳的变换反应不能在同一工序中同时完成。一般先在转化炉中使甲烷在较高温度下完全转化，生成一氧化碳和氢，然后在变换炉内使一氧化碳在较低温度下变换为氢气和二氧化碳。

（2）平衡组分的计算

根据气体的原始组成、温度和压力，由平衡常数 K_{p1} 和 K_{p2} 即可算出转化气的平衡组成。但是上述计算过程非常复杂，在实际应用中，一般是将计算结果制成图，然后再利用图进行计算。

当原料气为纯甲烷时，在不同水碳比（指水蒸气与甲烷摩尔比）、温度和压力条件下，转化气的平衡组成如图 1-10 所示。利用这套图可以求出不同条件下转化气的平衡组成；反之，也可根据转化气的平衡组成，求出相应的反应条件。

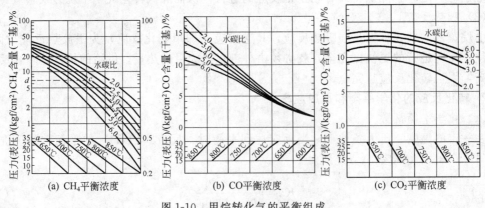

图 1-10 甲烷转化气的平衡组成

（1kgf/cm² = 98.0665kPa）

【例 1-1】 甲烷与蒸汽在一段炉内进行转化反应，出口温度 822℃，压力 3.1MPa（表压），水碳比为 3.5，试用图 1-10 求出口气体的平衡组成。

解 在图 1-10(a) 上，从下部左侧压力坐标上查出压力为 3.1MPa 的 a 点，由 a 点引一水平线，与 822℃的温度线相交于 b 点，自 b 点做垂线，与水碳比为 3.5 的曲线交于 c 点，由 c 点引水平线于纵坐标交于 d 点。d 点的读数 7%，即为甲烷的平衡浓度。

用同样的方法，由图（b）查出一氧化碳平衡含量为 10.8%，由图（c）查出二氧化碳的平衡含量为 9.5%。

则氢的平衡含量为 $100\% - (7.0\% + 10.8\% + 9.5\%) = 72.7\%$。因此，在上述条件下气体的平衡组成（干气）为

$\varphi(CH_4)$	7.0%	$\varphi(CO)$	10.8%
$\varphi(CO_2)$	9.5%	$\varphi(H_2)$	72.7%

应当指出，图 1-10 仅适用于原料气为纯甲烷的情况，如果原料气中还含有其他成分，但量不多时，也可用这套图做近似计算。

在工业生产中，虽然甲烷转化反应未达到平衡，但由图 1-10 可以看出各因素对反应的影响。

（3）影响甲烷转化反应平衡的因素

① 水碳比。增加蒸汽用量，有利于甲烷蒸汽转化反应向右移动，因此水碳比越高，甲烷平衡含量越低。由图 1-10 可见，2.0MPa、800℃和水碳比为 2 时，甲烷平衡含量约 12%；水碳比提高到 4，平衡含量就降到 4%；如果水碳比再提高到 6，则平衡含量仅有 2%。因此，水碳比对甲烷平衡含量的影响很大。

② 温度。甲烷蒸汽转化反应为可逆吸热反应，温度升高，反应向右移动，甲烷平衡含量下降。一般反应温度每降低 10℃，甲烷含量增加约 1.0%～1.2%。例如，在 3.0MPa，水碳比为 3 时，温度由 850℃降到 750℃时，甲烷平衡含量大约由 7% 增加到 18%。

③ 压力。甲烷蒸汽转化为体积增大的可逆反应，增加压力，甲烷平衡含量也随之增大。由图 1-10 可知，水碳比为 3、温度为 800℃时，当压力由 0.7 MPa 增加到 3.0 MPa，甲烷平衡含量就由 2% 增大到 12%。

综上所述，提高水碳比，降低压力，提高反应温度，有利于转化反应向右进行，从而可提高氢和一氧化碳的平衡含量，降低残余甲烷含量。

（4）影响甲烷转化反应速率的因素

① 在没有催化剂时，即使在相当高的温度下，甲烷蒸汽转化反应的速率也是很慢的。当有催化剂存在时，能大大加快反应速率，在 600～800℃就可以获得很高的反应速率。

② 甲烷蒸汽转化的反应速率随反应温度升高而加快。

③ 氢气对甲烷蒸汽转化反应有阻碍作用，所以反应初期转化反应速率快，随着反应的进行，氢气含量增加，反应速率就逐渐缓慢。

④ 反应物由催化剂外表面通过毛细孔扩散到内表面的内扩散过程，对甲烷蒸汽转化反应速率有明显的影响。因此，采用粒度较小的催化剂，减小内扩散的影响，能加快反应速率。

3. 转化过程的分段和二段转化炉内的反应

甲烷在氨合成过程为惰性气体，如果转化气中甲烷残余量高，则氨合成工段的惰性气体放空量就要增加，氢氮气的损耗将增大。因此，为了充分利用原料，要求甲烷尽可能的转化完全。

从例 1-1 可知，在加压和 822℃的条件下，转化气中甲烷平衡含量仅降到 7%。如果要

将转化气中甲烷含量降到 0.5% 以下，相应的反应温度需在 1000℃ 以上。但由于材质的限制，目前耐热合金钢管只能在 800～900℃ 下工作，因此工业上普遍采用两段转化法：首先，在外加热式的一段转化炉的转化管内进行蒸汽转化反应，温度控制在 780～820℃，转化气中的甲烷含量降到 9%～11%；然后，一段转化气进入由钢板制成的、内衬耐火砖的二段转化炉内，通入适量空气，进行部分氧化反应，产生的热量将气体加热到 1200～1300℃，使甲烷进一步转化完全，并由空气直接补充了合成氨所需的氮气。

二段转化炉内的反应分两段进行。首先在燃烧室里（即催化剂层以上的空间），部分可燃性气体与空气进行剧烈的燃烧反应

$$2H_2 + O_2 \longrightarrow 2H_2O \qquad \Delta H = +483.2kJ/mol \qquad (1\text{-}42)$$

$$CH_4 + 2O_2 \longrightarrow CO_2 + 2H_2O \qquad \Delta H = +801.7kJ/mol \qquad (1\text{-}43)$$

$$2CO + O_2 \longrightarrow 2CO_2 \qquad \Delta H = +565.55kJ/mol \qquad (1\text{-}44)$$

放出的热量使气体温度急剧升高，同时空气中的氧几乎全部反应掉。然后在上述高温条件下，使剩余的甲烷与二氧化碳、水蒸气继续转化完全

$$CH_4 + CO_2 \Longrightarrow 2CO + 2H_2 \qquad \Delta H = +247kJ/mol \qquad (1\text{-}45)$$

$$CH_4 + H_2O \Longrightarrow CO + 3H_2 \qquad \Delta H = +206kJ/mol \qquad (1\text{-}46)$$

因甲烷转化反应是吸热反应，所以沿着催化剂床层温度逐渐降低，到出口处约为 1000℃。

二段转化炉内的空气加入量，主要应该满足转化气中 $\varphi(H_2 + CO)/\varphi(N_2) = 3.1～3.2$ 的要求。当生产负荷一定时，空气的加入量基本不变，因而燃烧反应放出的热量也就一定。

二段炉空气加入量和一段炉出口甲烷含量直接影响二段炉温度。当空气量加大时，燃烧反应放出的热量多，炉温高；一段炉出口气体中甲烷含量高，在二段炉内转化吸收的热量多，炉温下降。在保证转化气氢氮比的前提下，为了空气与可燃性气体燃烧放出的热量，等于甲烷转化时所吸收的热量，即能维持二段炉的自热平衡，一段炉出口气体中甲烷含量必须控制在 11% 以下。

一般情况下，一二段转化气体中残余甲烷量分别按 10%、0.5% 设计。典型的二段转化炉进出口气体组成如表 1-11 所示。

表 1-11　二段转化炉进出口转化气组成

组成	$\varphi(H_2)/\%$	$\varphi(CO)/\%$	$\varphi(CO_2)/\%$	$\varphi(CH_4)/\%$	$\varphi(N_2)/\%$	$\varphi(Ar)/\%$	合计
进口	69.0	10.12	10.33	9.68	0.87	—	100
出口	56.4	12.95	7.78	0.33	22.26	0.28	100

4. 转化过程的析炭和除炭

甲烷与水蒸气进行转化反应的同时，可能发生如式(1-36)～式(1-38) 所示的析炭反应。生成的炭黑沉积在催化剂表面，堵塞微孔，使活性迅速下降，阻力增大，转化气中甲烷含量高，温度上升，严重时一段炉转化管会因局部过热出现"热斑"。因此，要防止析炭现象的发生。

在蒸汽转化反应过程中，影响析炭的主要因素如下。

① 转化反应温度高，烃类裂解析炭的可能性增加。

② 氧化剂（如水蒸气、二氧化碳等）用量增加，析炭的可能性减少，并且已经析出的炭也会被氧化而除去。在一定的条件下，水碳比降到一定的程度后，就会发生析炭现象。一

般把开始由炭析出的水碳比，称为理论最小水碳比。对于甲烷蒸汽转化反应，水碳比大于 1 就不会发生析炭现象。为安全起见，在任何情况下都要求水碳比大于 2.5。轻油析炭的倾向性比甲烷大，因此应把水碳比控制的更高些。

③ 烃类碳数越多，裂解析炭反应越容易发生。

④ 催化剂活性降低，烃类不能很快转化，相对地增加了裂解析炭的机会，同时，催化剂载体酸度越大，析炭越严重。

如果催化剂层已经积炭，必须设法除去。当析炭较轻时，可以采用降压、减少原料烃流量、提高水碳比的办法除炭。当析炭比较严重时，可采用蒸汽除炭，即利用式(1-38) 的逆反应

$$C + H_2O \Longrightarrow CO + H_2 \qquad \Delta H = +131.42kJ/mol \qquad (1-47)$$

使炭气化。首先停止送入原料烃，继续通入蒸汽，温度控制在 750～800℃，经过 12～24h 即可将炭除去。在蒸汽除炭过程中，催化剂被氧化，所以除炭后，必须重新还原。

也可采用空气与蒸汽的混合物除炭。方法是先将出口温度降到 200℃ 以下，停止通入原料烃，在蒸汽中加入少量空气，送入催化剂床层进行烧炭，此时催化剂层温度应控制在 700℃ 以下，大约经过 8h 即可。

5. 二段转化反应

二段转化的目的：一是将一段转化气中的甲烷进一步转化；二是加入空气提供氨合成需要的氮，同时燃烧一部分转化气（主要是氢）而实现内部给热。在二段转化炉内的化学反应如下。

在催化剂床层顶部空间进行燃烧反应

$$2H_2 + O_2 \Longrightarrow 2H_2O(g) \qquad \Delta H = -484kJ/mol \qquad (1-48)$$

$$2CO + O_2 \Longrightarrow 2CO_2 \qquad \Delta H = -566kJ/mol \qquad (1-49)$$

在催化剂床层进行甲烷转化和 CO 变换反应

$$CH_4 + H_2O \Longrightarrow CO + 3H_2 \qquad \Delta H = +206.4kJ/mol \qquad (1-50)$$

$$CH_4 + CO_2 \Longrightarrow 2CO + 2H_2 \qquad \Delta H = 247.4kJ/mol \qquad (1-51)$$

$$CO + H_2O \Longrightarrow CO_2 + H_2 \qquad \Delta H = -41.19kJ/mol \qquad (1-52)$$

由于氢燃烧反应式(1-48) 的速率要比反应式(1-49) 和式(1-50) 的速率快 $1 \times 10^3 \sim 1 \times 10^4$ 倍，因此，二段转化炉顶部空间主要是进行氢的燃烧反应，放出大量的热。若加入的空气量满足氨合成要求的氮，则与转化气中 H_2、CO 和 CH_4 完全燃烧所需要空气量的 13％ 相当。据此，计算得理论火焰温度为 1204℃。但对加入比传统流程多 15％～50％ 空气的 ICI-AMV、Braun 流程，当 30％ 时理论火焰温度可达 1350℃。空气量与理论火焰温度关系如图 1-11 所示。

随着一段转化气进入催化剂床层进行式(1-45) 和式(1-46) 反应，气体温度从 1200～1250℃ 逐渐下降到出口处的 950～1000℃，图 1-12 给出了二段转化炉内温度分布和甲烷含量的分布图。

二段转化炉出口气体的平衡组成，同样由反应式(1-45) 和式(1-46) 决定，其温度则由热平衡决定。

6. 天然气蒸汽转化的工艺流程

各公司开发的蒸汽转化法流程，除一段转化炉炉型，烧嘴结构是否与燃气轮机匹配等方面各具特点外，在工艺

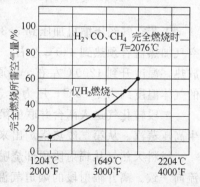

图 1-11 二段转化炉顶部空间的理论火焰温度与空气用量的关系

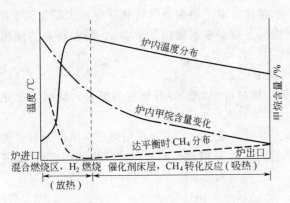

图 1-12 二段转化炉内温度和甲烷含量的分布示意

流程上均大同小异，都包括有一、二段转化炉，原料气预热，余热回收与利用。现在以天然气为原料，世界氨产量占一半的日产 1000t 氨的凯洛格（Kellogg）传统流程（见图 1-13）为例做一说明。

天然气具有原料及燃料两种用途。天然气经脱硫后，总硫含量小于 $0.5cm^3/m^3$，随后在压力 3.6MPa、温度 380℃ 左右的条件下配入中压蒸汽达到一定的水碳比（约为 3.5），进入对流段加热到 500～520℃，然后送到辐射段顶部，分配进入各反应管，气体自上而下流经催化剂，在这里一边吸热一边反应，离开反应管底部的转化气温度为 800～820℃，压力 3.1MPa，甲烷含量约为 9.5%，汇合于集气管，再沿着集气管中间的上升管上升，继续吸收一些热量，使温度升到 850～860℃，经输气总管送往二段转化炉。

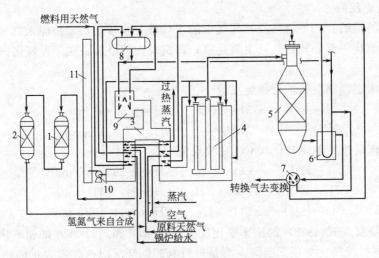

图 1-13 天然气蒸汽转化工艺流程

1—钴钼加氢反应器；2—氧化锌脱硫罐；3—对流段；4—辐射段（一段炉）；5—二段转化炉；
6—第一废热锅炉；7—第二废热锅炉；8—汽包；9—辅助锅炉；10—排风机；11—烟囱

工艺空气经压缩机加压到 3.3～3.5MPa，也配入少量水蒸气，然后进入对流段的工艺空气加热盘管预热到 450℃ 左右，进入二段炉顶部与一段转化气汇合，在顶部燃烧区燃烧、放热，温度升到 1200℃ 左右，再通过催化剂床层时继续反应并吸收热量，离开二段转化炉的气体温度约为 1000℃，压力为 3MPa，残余甲烷含量在 0.3% 左右。

二段转化气送入两台并联的第一废热锅炉，接着又进入第二废热锅炉，这三台锅炉都产生高压蒸汽。从第二废热锅炉出来的气体温度约 370℃ 送往变换工序。

燃料天然气从辐射段顶部烧嘴喷入并燃烧，烟道气流动方向自上而下，它与管内的气体流向一致。离开辐射段的烟道气温度在 1000℃ 以上。进入对流段后，依次流过混合气、空气、蒸汽、原料天然气、锅炉水和燃料天然气各个盘管，温度降到 250℃，用排风机排往大气。

为了平衡全厂蒸汽用量而设置一台辅助锅炉，也是以天然气为燃料，烟道气在一段炉对流段的中央位置加入，因此与一段炉共用一个对流段、一台排风机和一个烟囱。辅助锅炉和几台废热锅炉共用一个汽包，产生 10.5MPa 的高压蒸汽。

（1）各种不同的流程主要不同点

① 原料的预热温度。天然气和蒸汽的混合气需要预热后再送入各反应管，这样可以降低一段炉辐射段的热负荷，而且使气体进入反应管很快就达到转化温度，从而提高了反应管的利用系数。但原料的预热温度，各种方法不完全相同。例如凯洛格法、托普索法采用较高的预热温度，通常约 500～520℃，而有些方法只预热到 350～400℃。预热温度的高低应根据原料烃的组成及催化剂的性能而定。

② 对流段内各加热盘管的布置。从转化炉辐射段出来的烟道气温度一般约 1000℃。为了充分回收这部分热量，在一段炉内多设置有加热盘管的对流段。但盘管的布置各种方法不同，有的布置较为复杂，热量回收比较好；有的则较为简单。原料及工艺空气均另设预热器预热，开工比较简单，但热回收差一些。

烟道气经回收热量后，温度一般尚在 200～250℃，在条件许可时，可设置加热盘管，用来预热燃烧用空气，而将烟道气温度降到 120～150℃。

此外，对流段也因位置不同，有的毗连于辐射段下部或位于辐射段一侧；有的流程因烟道位置不同而具有上烟道或下烟道。

（2）转化系统的余热回收

现代大型氨厂最重要的特点是充分回收生产过程的余热，产生高压蒸汽作为动力。以日产 1000t 氨装置为例，在整个合成氨生产系统中共有 586.2MJ/h 热量供副产蒸汽用，其中转化系统可以回收 376.8MJ/h，占余热回收量的 64.2%。

① 一段转化炉对流段。烟道气的余热除加热原料、工艺蒸汽与空气用去一部分，尚有 167.5MJ/h 的热量可以用来加热锅炉给水、过热蒸汽。

② 二段转化气。离开二段转化炉的转化气温度为 1000℃ 左右，在将气体冷却到 CO 变换所要求的进口温度 370℃ 时，尚可回收 209.3MJ/h 余热用来产生高压蒸汽。

二、重油部分氧化法制气

重油是石油炼制过程中的一种产品。根据炼制方法不同，分为常压重油、减压重油、裂化重油。

常压重油是原料在接近大气压下蒸馏时的塔底产品，馏分沸点在 350℃ 以上。减压重油是常压重油在减压下进行再蒸馏的塔底产品，馏分沸点在 520℃ 以上，也称为渣油。裂化重油是减压蒸馏的某些馏分裂化加工，在塔底所得的一种产品。重油、渣油和各种深度加工所得残油，习惯上都称为"重油"。由于原油产地及炼制方法的不同，重油的化学组成与物理性质有差别，但均以烷烃、环烷烃和芳香烃为主，其虚拟分子式可写成 C_mH_n。除碳、氢以外，重油中还有硫、氧、氮等组分，若将硫计入，可写为 $C_mH_nS_r$。此外，还有微量的钠（Na）、镁（Mg）、钒（V）、镍（Ni）、铁（Fe）和硅（Si）等。

重油部分氧化是指重质烃类和氧气进行部分燃烧，由于反应放出的热量，使部分碳氢化合物发生热裂解及裂解产物的转化反应，最终获得以 H_2 和 CO 为主要组分，并含有少量 CO_2 和 CH_4（CH_4 通常在 0.5% 以下）的合成气。1946～1954 年间进行了重油部分氧化的研究工作。1956 年美国根据研究成果建成世界上第一座以重油为原料的部分氧化法工业装置。

目前全世界已有数百套重油部分氧化装置投产。同烃类蒸汽转化一样，重油部分氧化装置也向单系列、大型化方向发展，现在已有气化压力为 8.61MPa，日产 1350tNH₃ 的工业装置运行。

中国重油气化制合成气技术于 20 世纪 60 年代初开始，有多套中、小型常压、加压装置相继投产。近年引进了 7 套以重油为原料的日产 1000tNH₃ 的大型装置，使中国重油部分氧化制氨生产技术提高到一个新的水平。

1. 重油气化的基本原理

（1）气化反应

重油与氧气、蒸汽经喷嘴加入气化炉中，首先重油被雾化，并与氧气、蒸汽均匀混合在炉内高温辐射下，立即同时进行十分复杂的反应过程。

重油雾滴升温气化

$$C_m H_n（液）\longrightarrow C_m H_n（气）$$

气态烃的氧化燃烧

$$C_m H_n + \left(m + \frac{n}{4}\right) O_2 == mCO_2 + \frac{n}{2} H_2 O \tag{1-53}$$

$$C_m H_n + \left(\frac{m}{2} + \frac{n}{4}\right) O_2 == mCO + \frac{n}{2} H_2 O \tag{1-54}$$

$$C_m H_n + \frac{m}{2} O_2 == mCO + \frac{n}{2} H_2 \tag{1-55}$$

气态烃高温热裂解

$$C_m H_n == \left(m - \frac{n}{4}\right) C + \frac{n}{4} CH_4 \tag{1-56}$$

$$CH_4 == C + 2H_2 \tag{1-57}$$

气态烃与蒸汽反应

$$C_m H_n + mH_2 O == mCO + \left(\frac{n}{2} + m\right) H_2 \tag{1-58}$$

$$C_m H_n + 2mH_2 O == mCO + \left(\frac{n}{2} + 2m\right) H_2 \tag{1-59}$$

其他反应

$$C_m H_n + mCO_2 == 2mCO + \frac{n}{2} H_2 \tag{1-60}$$

$$CH_4 + H_2 O == CO + 3H_2 \tag{1-61}$$

$$CH_4 + 2H_2 O == CO_2 + 4H_2 \tag{1-62}$$

$$CH_4 + CO_2 == 2CO + 2H_2 \tag{1-63}$$

$$C + H_2 O == CO + H_2 \tag{1-64}$$

所以，重油部分氧化的反应过程是十分复杂的，整个过程都在火焰中进行。含有的少量硫、氧、氮等元素，硫以 H_2S、COS 形式在气体中出现，氧以 CO、CO_2、H_2O 存在于气体中，氮可能生成少量 HCN、NH_3 等。

（2）气化反应的化学平衡

对于复杂系统的化学平衡，如前面一样只讨论独立反应就可以了。不计硫、氮元素的反应，在出口气体中含有 CH_4、CO、H_2、CO_2、H_2O 和 C 六种物质，此物系由 C、H、O 三种元素构成，因此，只有三个独立反应，在上述反应中只讨论其中任意三个反应就够了。可以用以下三个反应来描述该复杂物系的化学平衡。

① 甲烷转化反应式：

$$CH_4 + H_2O \Longrightarrow CO + 3H_2 \tag{1-65}$$

平衡常数为

$$K_{p_4} = \frac{p_{CO}\, p_{H_2}^3}{p_{CH_4}\, p_{H_2O}}$$

② 一氧化碳变换反应：

$$CO + H_2O \Longrightarrow CO_2 + H_2 \tag{1-66}$$

平衡常数为

$$K_{p_8} = \frac{p_{CO_2}\, p_{H_2}}{p_{CO}\, p_{H_2O}}$$

③ 炭黑生成反应：

$$2CO \Longrightarrow C(s) + CO_2 \tag{1-67}$$

平衡常数为

$$K_{p_{10}} = \frac{p_{CO_2}}{p_{CO}^2}$$

由已知平衡常数以及物料和热量衡算关系式就可以进行化工计算，以选择和预测最佳化的工艺参数。当重油气化在 5MPa 以下进行，可以忽略压力对平衡常数 K_p 的影响，在 5MPa 以上进行气化，应当以逸度 f 表示的平衡常数 K_f 代替以分压表示的平衡常数 K_p。

随着压力提高，各种微量生成物含量将增加。这些微量组分的生成量可由平衡关系进行计算。图 1-14 表示 1430℃温度下某一特定组成的重油气化时，各微量组分与压力的关系。

计算时所用原料重油组成组分	C	H	N	S
质量分数/%	86.43	10.00	1.00	2.50
氧气组成组分	O_2	N_2	Ar	
体积分数/%	98	0.1	1.9	

2. 德士古激冷工艺流程

重油部分氧化法制取合成气（$CO + H_2$）的工艺流程由四个部分组成：原料油和气化剂（氧和蒸汽）的预热；油的气化；出口高温合成气的热能回收；炭黑清除与回收。

按照热能回收方式的不同，分为德士古（Texaco）公司开发的激冷工艺与谢尔（Shell）公司开发的废热锅炉工艺。这两种工艺的基本流程相同，只是在操作压力和热能回收方式上有所不同。也有以清除合成气中炭黑工艺不同而分为水洗、油洗和石脑油、重油萃取等多种流程。

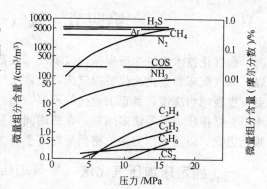

图 1-14　1430℃不同压力下合成气
中各微量组分的含量

德士古激冷工艺流程是：原料重油及由空气分离装置来的氧气与水蒸气经预热后进入气化炉燃烧室，油通过喷嘴雾化后，在燃烧室发生剧烈反应，火焰中心温度可高达 1600～1700℃。由于与甲烷蒸汽转化等吸热反应的调节，出燃烧室气体温度为 1300～1350℃，仍有一些未转化的碳和原料油中的灰分。在气化炉底部激冷室与一定温度的炭黑水相接触，在此达到激冷和洗涤的双重作用。然后于各洗涤器进一步清除微量的炭黑到 1mg/kg 后直接去一氧化碳变换工序。洗涤下来的炭黑水送石脑油萃取工序，使未转化的碳循环回到原料油中实现碳的 100％转化。

热水在激冷室迅速蒸发，获得大量饱和蒸汽，可满足一氧化碳变换之需，这就必须要求原料油为低硫重油，以使合成气中硫含量为常规变换催化剂所允许。如硫含量较高，可采用耐硫变换催化剂。总之，激冷流程不允许因脱硫而在变换前继续降温，否则在激冷室中以蒸汽状态回收的大量热能，将在降温过程中转化为冷凝水。

激冷流程具有如下特点：工艺流程简单，无废热锅炉，设备紧凑，操作方便，热能利用完全，可比废热锅炉流程在更高的压力下气化。不足之处是高温热能未能产生高压蒸汽，要求原料油硫含量低，一般规定 S 含量<1％，否则需用耐硫变换催化剂。

德士古激冷工艺流程见图 1-15。

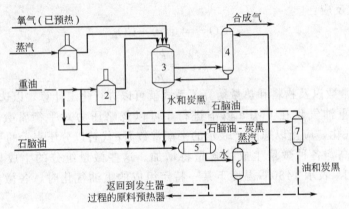

图 1-15　德士古激冷工艺流程
1—蒸汽预热器；2—重油预热器；3—气化炉；4—水洗塔；5—石脑
油分离器；6—汽提塔；7—油分离器

第四节　氧气-蒸汽连续气化法

煤气化技术演进的历程是，以氧气（或富氧）气化代替空气气化，以粉煤代替块煤、碎煤，以气流床和流化床代替固定床，由常压气化进展到高压气化。但是，中国煤气化工艺的更新进展相当缓慢，真正工业化的不多，而且具有自主知识产权的煤气化技术还存在碳转化率低、操作压力低等诸多问题，在短时间内要改变几千台固定床气化炉，恐怕有相当大的困难，因此，以固定床为主的格局短时不会有大的改变。

一、固定床加压气化法（鲁奇加压煤气化）

煤炭气化是用于描述把煤炭转化成煤气的一个广义的术语，可定义为：煤炭在高温条件下与气化剂进行热化学反应制得煤气的过程。进行煤炭气化作业的设备叫气化炉（煤气发生炉）。

煤气化系统包括气化、变换、煤气冷却所组成的气化系统和由煤气水分离、脱酚、氨回收、硫回收所组成的副产品回收系统以及用于废水处理的生化系统。

1. 鲁奇加压煤气化的原理及生产工艺

鲁奇加压煤气化工艺是采用德国鲁奇公司的 MARK-Ⅳ型移动床加压气化炉。另有供开、停车用的公用的冷、热火炬系统和煤锁气柜系统。

鲁奇气化炉固定床反应器（见图1-16），具有立式圆筒形构造，它是一种加压气化炉，在压力下运行。气化炉的主要壳体部分为双层水夹套。将锅炉给水注入水夹套来回收从气化炉散发的热量产生中压蒸汽，作为气化剂的一部分返回气化炉系统。

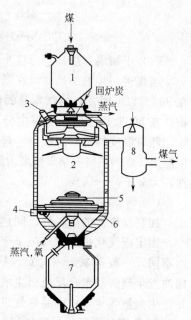

图 1-16　鲁奇炉结构示意
1—煤储箱；2—分布器及搅拌器；
3,4—传动装置；5—炉箅；6—水
夹套；7—灰箱；8—洗涤器

气化炉炉顶上装有供加煤用的煤锁，以便向气化炉加入筛分后的煤，由动力装置（液压马达或电动机）驱动布煤器把加入的煤均匀地分布在煤床上。气化炉的底部装有由动力装置（液压马达或电动机）驱动的炉箅及刮灰刀，用来排出产生的灰渣。灰渣落入灰锁内，灰锁是气化炉的组成部分。有些气化炉的设计包括机械搅拌器，以便使气化炉能够气化黏结性煤。

从气化炉底部引入蒸汽和氧气，与煤进行气化反应，通过旋转的炉箅把蒸汽和氧气分布到煤床内。炉箅支撑着煤床，并连续旋转以保证均匀不断地排出产生的灰渣。

随着蒸汽和氧气的向上流动，根据煤床内的主导反应和温度，可以表征为五个不同的区段，从底部向上到顶部，这五个区段是灰渣层、第一反应层（碳的燃烧层，供应气化所需的热量）、第二反应层、干馏层（脱除挥发分）和干燥层。当煤通过床层下降时，煤中的一些挥发分首先被脱除，然后剩余的碳被气化并烧掉。从气化炉底部把灰渣排至灰锁内，接着送去处置。

在气化炉内生成的粗煤气，含有未反应的蒸汽、油、焦油、酚类、氨、含硫化合物以及煤尘和灰尘。粗煤气从气化炉顶部离去。

（1）灰渣层

灰渣层位于底部，充当氧气和蒸汽的分布器，更重要的是向进来的气化剂提供热量。

（2）第一反应层（燃烧层）

第一反应层由底层正在燃烧着的炭所组成。炭就是刚气化的炭，它由灰渣机械地支撑着。这一层为紧接着上面的第二反应层供应热量和二氧化碳。其中的主要反应是碳和氧气的反应，其反应式为

$$C + O_2 \longrightarrow CO_2 \qquad \Delta H = -393.77 kJ/mol \qquad (1\text{-}68)$$

$$2C + O_2 \longrightarrow 2CO \qquad \Delta H = -110.59 kJ/mol \qquad (1\text{-}69)$$

（3）第二反应层（气化层）

炭（即刚脱除挥发分的煤）同蒸汽和热的燃烧产物相接触。这里的主要反应物是由碳同水蒸气及二氧化碳相结合而生成的一氧化碳和氢。这些反应是吸热的。高温有利于生成一氧化碳和氢气，而较低温度则有利于生成二氧化碳和氢。

$$C + H_2O \longrightarrow CO + H_2 \qquad \Delta H = +131.39 kJ/mol \qquad (1\text{-}70)$$

$$C + 2H_2O \longrightarrow CO_2 + 2H_2 \qquad \Delta H = +90.2 kJ/mol \qquad (1\text{-}71)$$

$$CO + H_2O \longrightarrow CO_2 + H_2 \qquad \Delta H = -41.19 kJ/mol \qquad (1\text{-}72)$$

$$C + CO_2 \longrightarrow 2CO \qquad \Delta H = +172.28 kJ/mol \qquad (1\text{-}73)$$

$$C+2H_2 \Longrightarrow CH_4 \qquad \Delta H = -74.90 \text{kJ/mol} \tag{1-74}$$

$$CO+3H_2 \Longrightarrow CH_4+H_2O \quad \Delta H = -206.29 \text{kJ/mol} \tag{1-75}$$

（4）干馏层（脱挥发分区）

当煤进一步被加热时，在低于200℃的温度下，煤中吸附的二氧化碳和甲烷气被驱出。在200℃以上时才开始煤本身的热分解，同时煤中的有机硫分解并转化成硫化氢和其他化合物。在500℃以上时，从煤中分解出大量的焦油和气态烃类，同时氨和氧化物的分解也开始。随着温度的进一步提高，煤的热解作用将放出大量的氢，生成介于半焦和冶金焦之间的中温焦。煤的热解的结果使煤由原始分子分解为三类分子：小分子——气体，中等分子——焦油，大分子——焦炭。

（5）干燥层

加到反应器的原料煤，同热的产品煤气相接触，煤中的水分被驱出。

固定床气化炉的出口位于干燥区上面煤层的顶部。离开气化炉的煤气温度视煤种及炉型而不同，一般是300~700℃。从而，进来的煤以极快的速度被加热，并使从煤衍生的油和焦油发生裂解和聚合反应而生成黏稠的重质焦油和沥青，这样激烈的干馏也会使煤发生爆裂并产生大量煤尘，由产品煤气带出气化炉。

2. 鲁奇加压气化反应过程

由于气化炉内主要进行的是气-固相（煤粒）之间的非均相系反应。对于放热反应而言，是固体将热量传导给气体，此时固相的温度要比气相要高，这主要表现在燃烧层内；对于吸热反应而言，是气体将热量传导给气固接触面上，此时气相的温度要高于固相的温度。干馏和干燥层是固体吸收气体的热量，由于煤的干燥吸热又多又快，所以煤粒与气体的温差更大一些。在大型的加压气化炉内各床层的高度和温度的分布见表1-12。

表 1-12　大型的加压气化炉内各床层的高度和温度的分布

床 层 名 称	高度(自炉算算起)/mm	温度/℃	床 层 名 称	高度(自炉算算起)/mm	温度/℃
灰渣层	0~300	450	甲烷层	1100~2200	550~800
燃烧层	300~600	1000~1100	干馏层	2200~2700	350~550
气化层	600~1100	850~1000	干燥层	2700~3500	350

二、流化床加压连续气化法

1. 恩德炉工艺路线

恩德粉煤气化技术替代传统的固定层煤气化技术后，既降低了合成氨的生产成本，又减轻现有造气炉对环境的污染，既有经济效益又有环境效益，它采用了先进的DCS控制等技术，提高了原有恩德炉的技术水平，符合国家的产业政策和发展方向。

（1）恩德粉煤流化床的优点

① 炉底、炉算改为喷嘴布风，解决了炉底结渣问题，使气化炉的运转变得稳定可靠。

② 解决了带出物碳含量高的问题，使碳的利用率提高到92%，经过吉林长山化肥厂两年的分析灰渣中的碳含量小于10%，一般是7%~9%（该厂用的原料是含挥发分40%左右的褐煤）。

③ 改变废热锅炉的设置位置，延长了废热锅炉的寿命和检修期。

④ 煤源丰富，价格低廉，可适用于褐煤、长焰煤、不黏或弱黏结煤也可以使用高灰分的劣质煤，使煤源得到很大拓展。

⑤ 气化强度大、气化效率高，经检测，恩德粉煤气化炉的气化效率达 76%，由于流化床的气固相接触好，使气化强度变大，提高了单炉产气量。

⑥ 操作弹性大，气化炉生产负荷可在设计负荷 40%～110% 范围内调节，煤气质量高，据吉林长山化肥厂两年的生产来看 $\varphi(H_2+CO) \approx 70\%～72\%$。

⑦ 极少产生焦油，净化简单，污染少。

⑧ 运转稳定、可靠、检修维护少，可获得较高的连续运转率，一般可达 90% 以上。

⑨ 运行成本低，开停炉方便。

⑩ 自产蒸汽量大。

⑪ 投资少，工期短。

⑫ 所产煤气用途广泛。

⑬ 该技术已经系列化，单炉生产能力有：5000m³/h、10000m³/h、20000m³/h、40000m³/h。

（2）工艺简介

3.0～10mm 的合格粉煤由备煤工段送至本工段的氮气加压密封气化炉煤仓，煤通过煤仓底部的螺旋加煤机送入发生炉底部锥体段。空气或氧气由离心式鼓风机加压至 0.04MPa，和过热蒸汽混合作为气化剂和流化剂，分两路从一次喷嘴（下部设有 6 个，气流是 10° 切向进入）和二次喷嘴（上部设有 24 个直接进入）进入气化炉，炉内砌有高硅耐火砖。按照煤气组分要求，采用不同含量的富氧空气 72%～78%，粉煤和气化剂直接接触反应，在炉内形成密相段和稀相段，密相段温度分布均匀，反应温度 950～1000℃，稀相段温度还要稍高一些，这样煤中的焦油、酚和轻油被高温裂解。

一次喷嘴设在加煤机下方的发生炉锥体部位，与切线方向成一定仰角和斜角，使入炉原料煤较好流化，并发生燃烧反应和水煤气反应。大部分较粗颗粒在炉底锥体段附近形成密相段，呈沸腾状，气、固两相传热，传质剧烈；其余入炉细粉和大颗粒受热裂解产生的小颗粒由反应气体携带离开密相段，在炉的上部形成稀相区，并在此与二次喷嘴喷入的二次风进一步发生反应。

入炉煤渣及反应后的灰渣落到气化炉底部，由水内冷的螺旋出渣机排于密闭灰斗，定期排到炉底渣车，再倒运入渣仓，经短皮带送到临时储渣场，这部分灰渣约占总灰渣的 40%。未经过反应完全的细粉颗粒由煤气带出炉外，经旋风除尘器将其中较粗部分降下，靠重力经回流管返回气化炉底部，再次气化，从而使飞灰含碳降低。出炉煤气温度在 900～950℃ 之间，通过旋风除尘器除去飞灰，然后进入省煤器（主要是预热锅炉的软水）再进入废热锅炉回收余热，产生过热蒸汽。由于煤气先经过飞灰沉降再进入废热锅炉，使废热锅炉受热面的磨损大为减轻。

废热锅炉出口煤气温度约为 240℃，进入洗涤冷却塔除尘冷却，出口温度降为 35℃，压力 2kPa。之后进入文氏管洗涤器，再进入湿式电除尘器进一步除尘。

从电除尘器出来的原料气进入脱硫工段，从脱硫工段出来的煤气进入气柜。从气柜出来的煤气进入压缩机进入净化工段。

2. 加压灰熔聚流化床粉煤气化

（1）灰熔聚流化床粉煤气化的工作原理

图 1-17 灰熔聚流化床粉煤气化流程。粉煤在气化炉内借助气化剂（氧气、蒸汽）的吹入，使床层中的粉煤沸腾流化，在高温条件下，气固两相充分混合接触，发生煤的热解和碳的氧化还原反应，最终达到煤的完全气化。煤灰在气化炉中心高温区相互黏结团聚成球，由于灰球和炭粒的质量差别，使灰球与炭粒分离，灰球则靠自重落到炉底，定时排出炉外。随

煤气从炉体上部被带出的煤粉尘经旋风分离器回收再返回气化炉内，与新加入炉内的粉煤混合进行气化反应，形成煤粉及粉煤混合物料的不断循环过程，从而提高了煤中碳的转化率，可达90％以上。

（2）灰熔聚流化床粉煤气化方法的特点

① 煤种适应性强。

② 气化强度高，灰渣碳含量低。

③ 产品气无焦油，酚含量低，容易净化。

④ 改变气化模式可生产低、中热值煤气或合成气。

⑤ 反应温度适中，无特殊材料要求。

⑥ 反应器结构简单，开停车容易，可靠性高。

灰熔聚流化床粉煤气化炉结构简单，炉内无任何传动机构，运行可靠、操作容易、维修方便。操作温度适中（1000～1100℃），煤种适应性广，连续气化无废气排放，煤气中几乎不含煤焦油，煤气洗涤水中含有机物少，容易处理。

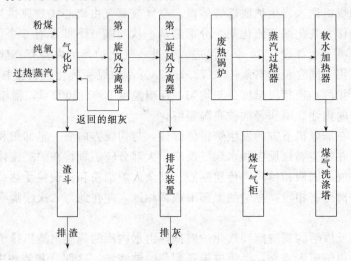

图 1-17　灰熔聚流化床粉煤气化流程

原料煤经破碎、筛分、干燥、粒度（8mm），水分<5％，经螺旋输送机正压加入气化炉内，用变频调速电动机调节进煤量。增湿螺旋排渣机将热渣冷却后排出。第二旋风分离器排出的细煤灰，经双螺旋增湿器冷却增湿后排出，消除了热干灰排放的环境污染。第二旋风分离器分离下来的极细煤粉（达300目）可回收作为炭黑加工原料出售。气化和空分操作控制全部用DCS系统集中在一个控制室内操作。

（3）主要设备及技术参数

① 粉煤气化炉2台。下部气化段 $\phi_内$ 2400mm/$\phi_外$ 3200mm，上部分离段 $\phi_内$ 3600mm/$\phi_外$ 4200mm；煤气产量：14260m³/(h·台)，q_V＝28500m³/h；操作压力：0.05MPa；操作温度：980～1100℃；入炉粉煤：粒度<8mm、水分含量<5％。

② 空气分离装置1套。氧气产量：6000m³/h；含氧纯度：99.8％；电动空压机，空气深冷分离制氧。

③ 废热锅炉2台。产生1.6MPa的饱和蒸汽，产汽量11.6t/h，自产蒸汽自用有余，可并网外供一部分。

④ 蒸汽过热器 F＝300m² 2台。产生0.4MPa的310℃过热蒸汽，供造气炉自用。

⑤ 一级旋风分离器、二级旋风分离器各 2 台。一级旋风分离器下来的物料送至造气炉循环使用，出口煤气中尘含量 $<30g/m^3$；二级旋风分离器出口煤气中尘含量 $3\sim5mg/m^3$。两级高效旋风分离器除尘效率达 $98\%\sim99\%$，内衬耐热及耐磨材料。

⑥ 软水预热器 2 台。

⑦ 煤气冷却塔（共用）1 台。

⑧ 备煤系统按每小时处理煤量 20t，设计 1 套备煤系统装置包括：原料煤库、破碎、输送、筛分、干燥等设备及厂房，干粉煤储仓、进料系统等。

⑨ 电除尘器（共用）1 台。

三、气流床加压气化

德士古水煤浆气化工艺是将一定粒度的煤粒及少量添加剂与水在水磨机中磨成可以用泵输送的非牛顿型流体，与氧气或富氧在加压及高温状态下发生不完全燃烧反应制得高温合成气，用于制造碳氧化学品、合成氨等。由于是在加压及连续操作下进行，从而简化了工艺，又因其"三废"排放少，属环境友好型工艺。其主要特点如下。

① 气化炉结构简单，该技术关键设备气化炉属于加压气流床湿法加料液态排渣设备，结构简单，无机械传动装置。

② 开停车方便，加减负荷较快。

③ 煤种适应较广，可以利用粉煤、烟煤、次烟煤、石油焦、煤加氢液化残渣等。

④ 合成气质量好，$\varphi(CO+H_2)\geqslant80\%$，且 H_2 与 CO 质量之比约为 0.77，可以对 CO 全部或部分进行变换，调整其比例，且后系统气体净化处理方便。

⑤ 合成气价格低。在相同条件下，天然气、渣油、煤制合成气，综合价格以煤制气最低。

⑥ 碳转化率高。该工艺碳转化率在 $97\%\sim98\%$ 之间。

⑦ 单炉产气能力大。由于德士古水煤浆气化炉操作压力较高，又无机械传动装置，在运输条件许可下设备大型化较为容易，目前气化煤量达 $2000t/(d\cdot台)$ 的气化炉已在运行。

⑧ "三废"排放少。

由于目前中国燃煤和燃油价格相差悬殊，即使考虑 2t 水煤浆替代 1t 油（水煤浆热值一般在 20000kJ/kg，油的热值一般在 41000kJ/kg）其节省的燃料费用也是相当可观的。

第五节　各种煤气发生炉的比较

一、固定床

固定床煤气化炉的主要特点是：炉内气体流速较慢，煤粒静止，停留时间 $1\sim1.5h$，操作条件为：温度 $800\sim1000℃$；压力常压$\sim4MPa$；原料煤粒径 $3\sim30mm$。用煤要求具有高活性、高灰熔点、高热稳定性。

1. 常压固定层床间歇气化

常压固定床气化技术是一项古老的煤气化技术，国际上 20 世纪 30 年代开始采用，原料是无烟块煤或焦炭，中国山西晋城的块煤或焦炭是上好原料。

块煤的粒度为 $25\sim75mm$。生成的水煤气中，CO 和 H_2 体积分数达 $68\%\sim72\%$。

固定床间歇气化技术成熟、工艺可靠、投资较低、不需要空气分离制氧装置。但气化需要的无烟块煤或焦炭价格较高,而筛下粉煤堆积、资源利用率低、环境污染严重。固定床间歇气化技术目前在中国的合成氨及工业煤气行业仍有数千台气化炉在运转。

2. 加压固定床连续气化

鲁奇碎煤加压气化技术产生于 20 世纪 40 年代。鲁奇气化炉生产能力大,煤种适应性广,主要用于生产城市煤气,用于生产合成气的较少。中国云南解化集团和山西大脊集团采用该技术生产合成氨,解放军化肥厂为年产 $17×10^4$ t 合成氨,山西天脊集团为年产 $30×10^4$ t 合成氨。采用鲁奇气化炉生产合成气时,气体成分中甲烷含量高($8\%～10\%$),且含焦油、酚等物质,气化炉后需设置废水处理及回收、甲烷分离转化等装置。

鲁奇加压气化工艺的气化压力 3.0MPa,气化温度 900～1050℃。该工艺所用原料煤粒度为 8～50mm,要求使用活性好、不黏结的烟煤或褐煤。采用固态排渣方式运行。单炉投煤量 1000t/d。单台 3800 的鲁奇炉产气量(标准状态)为 35000～55000m^3/h。粗煤气中 CO 和 H_2 体积分数达 65%、CH_4 体积分数达 9%,并含有炭黑和煤焦油。鲁奇加压气化所产气中含有较多的甲烷($8\%～10\%$)。

鲁奇炉气化技术的特点如下。

① 耗氧低,鲁奇炉气化工艺是目前各种采用纯氧为气化剂中耗氧最低的。

② 冷煤气效率高,冷煤气效率代表了煤中的热量转化为煤气中热量的程度,鲁奇炉最高可达 93%,高于其他的煤气化技术。

该工艺污水排放中含有较多的焦油、酚类和氨。需要配备较复杂的污水处理装置,环保处理费用较高。鲁奇煤气化技术近年来也在某些方面有所改进,如排渣系统的改进(熔渣气化技术)、"三废"处理技术的改进等。鲁奇煤气化技术至今在某些地区及部分领域仍是先进适用的技术。

3. 我国固定床间歇气化煤气炉的炉型

我国固定床间歇气化煤气炉的炉型很多,下面就对其结构与工艺进行分析。

炉型有 $\phi1.98m$,$\phi2.24m$,$\phi2.4m$,$\phi2.61m$,$\phi2.65m$,$\phi2.74m$,$\phi2.8m$,$\phi3.0m$,$\phi3.2m$,$\phi3.3m$,$\phi3.6m$,$\phi3.8m$ 等,但是基本炉型只有三种:即 $\phi1.98m$、$\phi2.745m$、$\phi3.6m$,其他炉型都是从这三种基本炉型改造派生的。

(1)从炉膛直径与灰盘直径的结构关系看工艺操作

$\phi1.98m$ 煤气炉的灰盘直径为 2820mm,两者的关系:$(2820-1980)/2=420mm$;

$\phi2.74mm$ 煤气炉的灰盘直径为 3360mm,两者的关系:$(3360-2740)/2=310mm$;

$\phi3.6$ 煤气炉的灰盘直径为 4440mm,两者的关系:$(4440-3600)/2=420mm$。

为什么几种煤气炉的灰盘比炉膛一边都多出 400mm($\phi2.74mm$ 煤气炉为了防止流炭,灰盘设计成凹型槽),这是因为几种煤气炉的物料、工艺原理、气化中产生的灰渣程度基本是相同的,排灰口按 300mm 设计可以满足生产。根据物料灰渣的"堆积安息角"35°角的要求,灰盘应比炉膛一边宽出 400mm 左右。

可以清楚地看出,几种基本炉型原始设计是科学、严谨的。但是,随着时间的推移,几种基本炉型在生产实践中进行了技术改造。

$\phi1.98m$ 的煤气炉扩大炉膛,扩至 $\phi2.24m$,$\phi2.4m$,$\phi2.61m$,$\phi2.65m$,直至扩至 $\phi2.8m$。因为在扩径改造中,灰盘、炉底基本没有加大。为了防止流炭、垮炭的现象发生,出现"梯形破碴条","防流板"、"假灰盘"等相应的技术改造。

在 $\phi1.98m$ 煤气炉派生的煤气炉中,因为炉膛再扩大,灰盘一直沿用 $\phi2.82m$ 的,破坏了"灰渣堆积安息角",所以在工艺操作中,为了防止"流炭"、"垮炭"现象的产生,逐步使工艺操作向炉下温度高，增加灰渣和下部炭层的黏度，使物料相互黏结、支撑，最大限度地减少流动性。这就形成了小煤气炉的操作特点：炉下温度高，炉上温度低。这种操作的优点是，灰渣成渣率高，返焦率低，煤气炉的气化强度高。这也是多年以来，"小氮"炉气化强度高，消耗低的重要原因。

这种工艺操作的缺点是造成炉箅、炉底传动装置在较高温度下运行，大修周期较短，一般在一年以内。

$\phi2.6m$ 系列煤气炉运行周期短的原因及解决问题的措施。

① 设计问题。

a. $\phi1.98m$ 的煤气炉的炉底，直径为 3.24m，灰盘直径为 2.82m，一直到 $\phi2.65m$ 煤气炉仍然沿用，炉膛物料由 12t 增加到 25t，负荷增加了一倍多，因此，炉底传动系统不堪重负，磨损严重，一年内必须大修。

b. 滚动导环设计不能定位，密封不严，一次性注油，中间不再注油，定位系统也需要润滑，但没有注油措施，造成不能长周期运行。

c. 炉条机设计有缺陷，易造成立轴漏水，严重影响运行周期。

d. 炉底中心定位系统设计不科学，易位移和磨损严重。定位系统不能与导环分离。

e. 没有设计炉底连续注油润滑系统。

② 设备制造问题，主要部件材质不符合设计规范。导环应为 55 号铸钢，钢球应为轴承钢，但制造厂家实际用球磨铸铁和普通铸钢。

大齿轮应为 45 号铸钢，实际为普通 ZG30 铸钢，因许多制造厂家无退火设备，高标号铸钢无法加工。

小齿轮应为锻钢件，实际用的是铸钢件。蜗轮应为 9-4 青铜，实际为球磨铸铁，炉箅、灰犁、灰盘应为耐热铸钢，ZG30Cr7Si2，实际为铸铁件。上述问题综合影响造成 $\phi2.6m$ 系列煤气炉运行周期短。

解决问题的方法如下。

新型 $\phi2.6m$ 系列煤气炉保留和发扬原 $\phi2.6m$ 系列煤气炉的优点，消除存在的缺点。从系统工程角度全面审视 $\phi2.6m$ 煤气炉的设计。使新型 $\phi2.6m$ 煤气炉最大限度地发挥其工艺优势，设备方面又能达到性价比最优化。即最大化满足设备长周期运行的要求，又不至于造成局部性能过剩，以大修周期确保 24 个月为宜。

这种新型的 $\phi2.6m$ 系列煤气炉，消除了老的炉型易"垮炭"、"塌炉"的毛病，对劣质煤的适应性大幅度提高，产量提高 10% 以上，大修周期由原来的一年延长两年以上。

$\phi2.74m$ 的煤气炉也进行了炉膛扩径的改造。但与 $\phi1.98m$ 煤气炉扩径改造完全不同。

$\phi2.74m$ 的煤气炉的扩径同样也破坏了"灰渣堆积安息角"造成"流炭"、"垮炭"。解决这一问题，是采用降低排灰口高度和增加"假灰盘"的方法。结果是防止了"流炭"、"垮炭"现象，但牺牲了煤气炉的高强度生产。在中低负荷生产的情况下，实现了低水平的平衡。中氮厂的 $\phi3.0m$，$\phi3.2m$，$\phi3.3m$ 煤气炉排灰口高度设计为 240～280mm，比原 $\phi2.74m$ 的煤气炉原设计 300mm，降低了 20～60mm。排灰口的宽度仅为 760mm，灰犁占去 1/3，有效宽度仅为 $\phi2.6m$ 煤气炉的 1/2。

为了适应上述技术改造，工艺操作只好采取了开太平炉的方法。一次风量偏低，吹风强度一般在 3200m³/m²，灰渣偏碎，$\phi200mm$ 左右的灰渣偏少，返焦率偏高。

同为扩径改造，处理问题的方法不同，产生的结果也不同。

（2）从煤气炉高径比看工艺操作

ϕ2650mm 煤气炉炉体高度一般为 5600~6000mm，高径比为（2.0~2.2）：1。

ϕ3000mm 煤气炉炉体高度一般为 5445mm，高径比为 1.8：1。

ϕ3600mm 煤气炉炉体高度一般为 6225mm，高径比为 1.73：1。

因为高径比的差异，煤气炉选配鼓风机存在差异。

ϕ2.65m 系列煤气炉选择风机为 D600 型，吹风配风为 6780m^3/(m^2·h)；

ϕ3.0m 系列煤气炉选择风机为 D700 型，吹风配风为 6000m^3/(m^2·h)；

ϕ3.6m 系列煤气炉选择风机为 D1100 型，吹风配风为 6600m^3/(m^2·h)；

很明显，ϕ2.65m 系列煤气炉配风强度高于其他两种炉型，并且其鼓风机压头也高于其他炉型。

在实际生产中，由于上述条件的差异，造成煤气炉吹风强度差别很大。ϕ2.65 系列煤气炉吹风强度一般在 4520m^3/(m^2·h) 左右，ϕ3.0m 系列煤气炉吹风强度一般在 3800m^3/(m^2·h) 左右，ϕ3.6m 煤气炉吹风强度在 4300m^3/(m^2·h) 左右。

吹风是气化的动力和基础，很明显，ϕ3.0m 系列煤气炉，因其炉膛结构仍沿用了 ϕ2.74m 煤气炉，造成吹风气在炉膛上部形成束口加速，使吹风强度更低。

ϕ3.6m 煤气炉中有一部分炉膛结构属于"穹顶"结构，吹风气流在炉膛上部得不到很好的缓冲和沉降带出物，吹风强度也明显低于其他炉型。

近年来，一部分人错误地认为：烧劣质原料、烧型煤，容易吹翻不适合采用高风压大流量的风机。

众所周知，劣质原料以及型煤，重要的特征就是发热量低，灰熔点低。在这种情况下，要高强度生产，必须提高气化效率。因此，必须提高有效炭层，增加炭层蓄热量，这就要求风机的压力和流量要提高。同时，煤气炉的高径比要达到 2：1 以上。

特别是在烧型煤的情况下，型煤易燃、空隙率高，通风良好，更适宜高炭层、大风量操作。新型煤气炉烧型煤，一次风量高于烧块煤，就是鲜明的例证。

（3）煤气炉夹套锅炉与工艺分析

煤气炉的夹套锅炉主要作用，是防止炭层中高温气化层物料挂壁。

但是，近年来一些煤气炉的技术改造似乎忘记了夹套最初的任务，把夹套当成了以多产蒸汽为主要任务的蒸汽锅炉。

如不切实际地把夹套锅炉高度无限提高，甚至达到"全夹套"的地步。煤气炉的生产是一个能量转化过程。能量守恒定律是基本的科学规律。有限的能量，最大限度地用于气化反应，这是根本目的。

过高的夹套锅炉，甚至是"全夹套"锅炉，不可避免地把一部分热量用于产蒸汽而不是产煤气。特别是在下吹阶段，蒸汽充满了炉膛上部空层，本来应该在这一区间提高蒸汽温度，以利于气化效率的提高，由于夹套锅炉过高，蒸汽温度不但没有提高，反而下降（因为夹套温度低于入炉蒸汽温度）。势必造成下吹阶段气化效率降低，影响煤气产量和质量。

（4）锥体炉结构及工艺分析

近年来，ϕ2.65m 煤气炉出现了"锥体炉"。实践证明，在一定条件下，"锥体炉"扩大了原炉型的气化面积，产气量会有所提高。

锥体炉的基本结构，是炉体上部不用变动，而利用单炉大修机会把夹套锅炉下部扩大，上部不变，与原上炉体相对接。企业在不变动厂房结构的情况下进行改造，提高煤气炉的气化面积，进而提高产量。显然，这种技术对原 ϕ2.65m 煤气炉的改造是可行的。

这种技术改造带来的负面影响如下。

① 煤气炉上部结构不变，煤气炉下大上小，在吹风阶段，吹风气流不可避免地要在炉膛内加速。任何原料在炭层表面都客观存在着一个"极限风速"问题，超过"极限风速"，煤气炉就会吹翻。

因此，"锥体炉"下大上小，不利于劣质原料的强化生产。

② 煤气炉下部扩大到 $\phi2.8m$，而灰盘 $\phi2.82m$，势必造成操作中"流炭"、"垮炭"的危险，稍一出现工艺波动，就会难以控制。

因为存在着上述负面影响，新建煤气炉不易采用"锥体炉"。新建煤气炉厂房结构不受限制，如果刻意去搞"锥体炉"，反而浪费了自己特有的优势和资源。

（5）"双排球滚动滑道"结构分析

煤气炉炉下传动机构由"滑动"改"滚动"是一大技术进步。滚动滑道的目的，是最大限度地减少摩擦阻力，降低运行负荷，延长炉底灰盘的运行周期。

"双排球滚动滑道"问世之初，引起了不少企业关注。经过两年的运行实践，暴露出如下问题。

① 双排球滑道的"摩擦阻力"大于"单排球滑道"，有悖于滚动滑道的设计。

② 双排球滑道磨损不但不小，反而加大。

因为滚动滑道的刚性，双排球仍然是单排球受力，因为双排球直径小，单球受力大，磨损反而加重。

③ 双排球定位槽只能水平方向设计，而其受力是垂直向下的重力和水平推力的合力，是向斜下方的力，定位槽的设计应该是与斜下方合力相一致的方向，而不宜是水平方向。水平方向是难以定位的。

④ 双排球滑道因其已经很宽，不便开双密封槽，只能单槽密封，比单球滑道的双密封容易进灰。

因此，"双排球滚动滑道"未能用于实际生产。

综上所述，煤气炉的技术改造要用科学的基本原理进行分析，对所有的技术都应该知其然，并且知其所以然。只有这样，才能掌握煤气炉技术改造的实质。掌握了各种煤气炉的实质和优缺点，根据企业的实际情况，设计适应本企业厂情的煤气炉，是目前煤气炉技术改造的发展方向。部分企业已经认识到这一点，选择了新设计的 $\phi2.8m$、$\phi3.0m$、$\phi3.2m$、$\phi3.3m$ 煤气炉，都取得了成功。特别是烧劣质煤和型煤，效益非常明显。

实践证明，煤气炉的基本结构是实质，煤气炉的直径是表面现象。掌握了实质性的东西，不管上的煤气炉是大还是小，都可以发挥最佳效益。

二、流化床

流化床技术特点：炉内气体流速较大，煤粒悬浮于气流中做相对运动，呈沸腾状，有明显床层界限，停留时间数分钟。操作条件：温度 $800\sim1000℃$；压力常压 $\sim2.5MPa$；煤块粒径 $1\sim5mm$；用煤要求具有高活性、高灰熔点。

流化床技术主要包括：灰熔聚流化床技术、温克勒/恩德炉气化和鲁奇循环流化床技术。

灰熔聚流化床气化技术是中国科学院山西煤化所在 20 世纪 80 年代初开发的。其气化炉气化压力有常压和加压（$1.0\sim1.5MPa$）两种，采用空气或氧气做气化剂。该工艺根据射流原理，在流化床底部设计了灰团聚分离装置，形成床内局部高温区，使灰渣团聚成球，借助重力的差异达到灰团的分离，提高碳利用率。

该技术目前还处在小规模工业示范的阶段，缺乏大规模工业化及长周期运行的经验。在放大及工程化应用方面还需要一定的过程。

三、气流床气化

它是一种并流气化，用气化剂将粒度为 $100\mu m$ 以下的煤粉带入气化炉内，也可将煤粉先制成水煤浆，然后用泵打入气化炉内。煤料在高于其灰熔点的温度下与气化剂发生燃烧反应和气化反应，灰渣以液态形式排出气化炉。

四、熔池床气化

它是将粉煤和气化剂以切线方向高速喷入一温度较高且高度稳定的熔池内，把一部分动能传给熔渣，使池内熔融物做螺旋状的旋转运动并使之气化。目前此气化工艺已不再发展。

第六节　间歇式固定床造气岗位的操作

一、任务

采用间歇式固定床气化法，即无烟煤为原料，在高温条件下，交替与空气和过热蒸汽进行气化反应，制得合格的半水煤气。

二、正常操作要点

1. 提高发气能力，保证有效气体含量

① 根据原料煤的灰熔点，尽可能提高气化层温度，以降低半水煤气中二氧化碳含量，提高有效气体含量。

② 根据原料煤质量、吹风强度等变化情况，及时调整循环时间及其百分数。

③ 按时加炭、出灰、探火，根据煤气发生炉内炭层分布情况及灰渣碳含量，调节炉条机转速，使气化层厚度及所处位置相对稳定，保持煤气发生炉始终处于良好的运行状态，控制炉顶、炉底的出口气体温度，使其符合工艺指标。

④ 根据蒸汽压力和蒸汽分解率情况，调节上吹和下吹的蒸汽用量，并及时排放蒸汽缓冲罐内积水，防止蒸汽带水。

⑤ 经常检查入炉的原料煤质量，要求做到"煤干、粉净、粒度均匀"发现问题及时与有关岗位联系。

2. 氢氮比的调节

① 根据半水煤气和合成循环气的成分及其变化趋势，结合煤气发生炉的负荷及运行情况，及时调节微机的回收及加氮时间，控制氢氮比，使其符合工艺指标。

② 倒换空气鼓风机时，应注意鼓风机出口空气压力的变化。防止由于空气压力的变化而引起氢氮比大幅度的波动。

3. 严格控制半水煤气中的氧含量

① 经常检查吹风空气阀和下行煤气阀关闭是否严密，并定期检修更换，严防系统漏入空气。

② 煤气发生炉卸灰时，疤块要除尽，炉面要拨平，以防止炭层阻力不均匀形成风洞，空气偏流。

4. 防止跑气和漏气

① 经常检查洗气塔水封溢流情况，防止跑气。

② 经常检查煤气炉炉盖及灰门，各油压阀门填料函及压盖等处的密封情况，防止漏气。

5. 保证良好润滑

经常检查煤气炉炉条机，炉底各润滑点及阀杆的润滑情况，应定期向各润滑点，阀杆加油，保证良好的润滑。

6. 巡回检查

① 根据操作记录表，按时检查及记录。

② 经常检查夹套锅炉及气包的蒸汽压力和液位计液位。

③ 1h 检查一次系统各点压力和温度。

④ 1h 检查一次空气鼓风机、煤气发生炉炉条机齿轮箱及齿轮、各油压阀、油泵运转情况。

⑤ 1h 检查一次洗气塔水封的溢流情况。

⑥ 4h 气柜进口水封排水一次，排水时需两人，并位于上风向操作，同时检查气柜水槽溢流情况。

⑦ 每 4h 炉条机注油一次。

⑧ 每 4h 夹套锅炉、废热锅炉排污一次。

⑨ 每 4h 洗气塔排污一次（吹风、停炉时不宜排放）。

⑩ 每次煤气炉卸灰一次，集尘器清灰一次。

⑪ 每 8h 各油压阀阀杆涂油一次。

⑫ 每 8h 检查一次系统设备、管道等泄漏情况。

⑬ 每周（白班）检查一次气柜导轮、导轨吻合情况，并对导轮、导轨加油。

三、开停车操作

（一）正常开车

1. 开车前的准备

① 检查各设备、管道、阀门、分析取样点及电器、仪表等，必须正常完好。

② 检查系统内所有阀门的开关位置，应符合开车要求。

③ 与供水、供料、供电部门及脱硫工段联系，做好开车准备。

2. 开车前的置换

① 系统经检修后，煤气炉不熄火状态下的开车。需先进行气密性试验、试漏和置换。其方法参照原始开车。

② 系统未经检修，煤气炉不熄火状况下的开车不需置换。

3. 开车

（1）系统未经检修煤气炉不熄火状况下的开车

① 调节夹套锅炉汽包和废热锅炉汽包液位至正常位置。

② 调整好微机循环时间百分数，并使微机各操纵杆处于正常停车位置。

③ 调节洗气塔溢流水封。

④ 调节减压后蒸汽压力，应符合工艺指标。

⑤ 关闭炉盖及探火孔。

⑥ 启动炉条机，开启下行煤气阀及灰斗蒸汽吹净阀，待炉底吹净后，关闭蒸汽吹净阀。

⑦ 启动微机，待运行正常后，开启吹风阀转入正常操作，应注意电磁阀的变向及各点压力和温度变化，必须正常。

（2）系统检修煤气炉不熄火状况下的开车

系统气密性试验、试漏和置换合格后，按开车（1）的步骤进行。

（二）停车

1. 短期停车

（1）加炭停车

① 当微机运转到吹风阶段 5% 时，手动关闭吹风阀，开启放空阀。

② 在油压阀位置和各点压力正常情况下，开炉盖点火，待炉上冒火后，开启加炭蒸汽吸引阀。

（2）炉系统要检修而发生炉不熄火的停车

① 煤气炉暂停运行，关闭洗气塔气体出口阀，将阀前法兰拆开，使其与生产系统隔绝。

② 按原始开车的步骤，制取合格的惰性气体，进行单炉系统置换，直至在气体出口法兰拆开处取样分析合格。

③ 当微机转到吹风阶段 5% 时，停微机自动操作，手动关闭吹风阀，开启加炭放空阀，停微机。开炉盖点火待炉口冒火后，开启加炭放空阀、蒸汽吸引阀，停炉条机，关闭上、下吹蒸汽阀，煤气发生炉停用（不熄火）进行养炉，炉口温度升高时，应及时加炭压火。

④ 开启夹套锅炉汽包和废热锅炉汽包放空阀，关闭其蒸汽出口阀保持一定液位。

⑤ 拆除需检修设备、管道的有关法兰，并用排风机进行空气置换，直至需检修部位取样分析氧含量大于 20% 为合格。

（3）系统需检修的停车

按长期停车步骤进行。

2. 紧急停车

如遇全厂性停电或发生重大设备事故及断水等紧急情况时，应紧急停车，步骤如下。

① 立即按停车按钮停微机。

② 迅速关闭吹风阀，开启烟囱放空阀，如断水应用铁丝等物吊开（或顶开）烟囱阀。

③ 检查各液压阀应处于停车位置，手动将微机调到吹风阶段 5% 处。

④ 开启下行煤气阀及灰斗蒸汽吹净阀进行吹净，如紧急停车时处于下吹阶段，其吹净时间应延长 3～5min。

⑤ 待吹净后关闭蒸汽吹净阀，开炉盖点火，待炉上冒火后，开启加炭蒸汽吸引阀。

⑥ 开启夹套锅炉汽包和废热锅炉汽包放空阀，关闭其蒸汽出口阀，并保持一定液位。

⑦ 如停车时间较长，则应关闭上、下吹手轮蒸汽阀和蒸汽总阀，停炉条机、空气鼓风机和油泵。

⑧ 如短时间内能恢复生产，并可采用焖炉办法。但开车时必须注意微机所处的阶段。如处在下吹阶段，开车时必须先上吹制气后，再转入正常生产。

⑨ 紧急停车后，可根据具体情况按短期停车方法处理。

3. 长期停车

（1）系统惰性气体置换

按短期停车步骤停车后，开启气柜放空阀，将气柜内的半水煤气放空，关闭放空阀，然后制取惰性气体，全系统进行置换（方法参照原始开车）直至合格。

（2）煤气发生炉熄火

① 减少停车前的一、二次加炭量，加快炉条机转速，适当加大上、下吹蒸汽量，减少

吹风气空气量，降低炉温，使炭层高度降至与夹套高度相同。

② 按短期停车步骤停车后，开炉盖，关闭上、下吹手轮蒸汽阀与蒸汽总阀，开启夹套锅炉汽包和废热锅炉汽包放空阀，关闭其蒸汽出口阀。

③ 向夹套汽包加冷却水，并不断排放冷却炉体，进一步加快炉条机转速，打开灰斗方门把炭扒净，停炉条机。

（3）系统空气置换

① 盖上煤气发生炉炉盖，关闭所有方门及圆门。用空气鼓风机向炉内送空气降低炉内温度，气体由烟囱放空。当全厂惰性气体置换合格后，本系统进行空气置换，在气柜放空管处取样分析氧含量大于 20％为合格。

② 停空气鼓风机、高压油泵，打开煤气发生炉炉盖和所有方门、圆门，继续向夹套汽包内加冷却水，使炉体冷却至常温。

③ 关闭洗气塔上水阀，然后将洗气塔内水放净。

④ 开启气柜放空阀，拆除入口盲板，排净水槽内的水。

（三）原始开车

1. 开车前的准备

对照图纸，检查和验收系统内所有设备、管道、阀门、分析取样点及电器、仪表等，必须正常完好。

2. 单体试车

① 空气鼓风机、油泵单体试车合格。油泵试车合格后，同时进行油路系统的清洗和试漏，直至合格。

② 炉条机空负荷试车合格后，炉内装入一定量灰渣，带负荷连续正常运转 8h 为合格。

3. 系统吹净和清洗

（1）吹净前的准备

① 按气体流程，依次拆开各设备和主要阀门的有关法兰，并插入盲板。

② 开启各设备的排污阀、放空阀及导淋阀，拆除分析取样阀及压力表阀。

③ 人工清理煤气炉，洗气塔后盖、上煤气炉炉盖，关闭所有方门、圆门、探火孔，装好洗气塔人孔等。

（2）吹净操作

① 煤气系统吹净。

a. 用空气鼓风机送空气，按吹风流程进行吹净，气体从烟囱排出，直至吹出气体清净为合格。

b. 然后按上、下吹流程逐台设备，逐段管道吹净。放空、排污、分析取样及仪表管线同时进行吹净。吹净时用木槌轻击外壁，调节流量，时大时小，反复多次，直至气柜进口水封法兰拆开处吹出气体清净为合格。吹净过程中，每吹完一部分后，随即抽掉有关挡板，并装好有关法兰及管道。

② 蒸汽系统吹净。与锅炉岗位联系，互相配合，从蒸汽总管开始至上、下吹蒸汽管止，参照上述方法，进行空气吹净，直至合格。

（3）系统清洗

① 气柜。人工清理后，用清水冲洗干净。

② 汽水系统。与脱盐水岗位联系，用清水对汽水系统按流程顺序进行清洗，直至合格。

4. 系统试漏的气密性试验

（1）汽水系统试漏

与脱盐水岗位联系，水压控制 0.25MPa，检查各漏点，无泄漏为合格。同时检查安全阀工作性能必须正常。

（2）煤气系统空气气密性试验

① 煤气系统空气气密性试验。

a. 关闭各放空阀、排污阀、导淋阀及分析取样阀，在洗气塔水封和气柜进口水封处装好盲板。

b. 用空气鼓风机送空气，升压至 0.02MPa。

c. 对管道、设备、阀门、法兰、分析去样点和仪表等接口处所有焊缝，涂肥皂水进行查漏。

d. 发现泄漏，做好标记，卸压处理，直至无泄漏，保压 10min，压力不下降为合格。开启洗气塔放空阀，卸压后，拆除各水封盲板，装好法兰。

② 气柜钟罩升降试验。将气柜出口水封用水封住，关闭气柜放空阀，用空气鼓风机向气柜送空气，使气柜钟罩升高，然后放空使其下降，反复十次。检查气柜钟罩在全程高度范围内升、降应灵活，并且高度指标装置、报警信号及自动放空装置均应灵敏、准确。

③ 气柜空气气密性试验。向气柜送空气，使钟罩逐渐升高，对钟罩所有焊缝及法兰等接口处，涂肥皂水进行查漏。发现泄漏做好标记，卸压处理，直至无泄漏，然后在容积钟罩 4500m³ 时停下，再将进口水封用水封住，保压 4h，泄漏率为 0.5% 为合格，开启气柜放空阀卸压。

（3）蒸汽系统气密性试验

与锅炉岗位联系，缓缓送蒸汽暖管，升压至 0.30MPa，检查系统无泄漏为合格。

5. 烘炉（时间约 6d）

① 预热性烘炉。向夹套锅炉汽包、废热锅炉汽包加水至液位计高度 2/3 处，开启汽包放空阀，关闭其蒸汽出口阀，向洗气塔加水，控制水封溢流正常。然后打开煤气发生炉方门，在炉内加灰渣，再加少量木柴烘炉，火力应由小到大逐渐提高，时间约 3d，炉顶温度不超过 200℃。

② 正常烘炉。预热性烘炉结束后，向炉内投加小粒度块煤，高度在炉算顶端之上 200mm 左右，再加块煤，正式烘炉，时间约 3d，炉顶温度不超过 300℃。

③ 烘炉升温速率由加炭量和炉底部炉心通风门或方门的开启度来控制。

④ 烘炉升温曲线图（由车间出台）。

6. 系统惰性气体置换

控制煤气炉的薄炭层，低炉温的条件下运行，并保持火层平面分布均匀，控制惰性气体进行置换，直至在洗气塔放空管排出，分析取样合格后，然后关闭洗气塔放空阀，将惰性气体送入气柜进行置换，直至在气柜放空管处取样分析合格。惰性气体中氧含量小于 0.5%，一氧化碳和氢气含量小于 5%。

7. 单炉系统进行置换

每个单炉系统投入运行前，本系统的所有设备、管道、必须进行惰性气体置换，直至在洗气塔出口法兰拆开处取样分析合格，然后装好法兰。

8. 系统半水煤气置换

惰性气体置换合格后，按正常开车步骤制取半水煤气，并按惰性气体置换方法进行半水煤气置换，在气柜放空管处取样合格后，气柜充气，可转入正常生产。

（四）空气鼓风机停车

1. 正常停车

① 检查鼓风机电器、仪表应正常良好。

② 盘车两圈以上，轴承运转良好，风机叶轮与外壳之间应无异常摩擦声。

③ 启动鼓风机，运转正常后，开启鼓风机出口阀。

2. 正常停车

① 关闭鼓风机出口阀。

② 按停车按钮停鼓风机。

3. 倒车

① 按正常开车步骤启动备用机，待运转正常后，停在用机。

② 倒车时，由出口阀控制风量和风压。倒车应尽可能在煤气发生炉处于非吹风阶段进行。

四、常见事故及处理

1. 半水煤气中氧含量高的原因

（1）造成半水煤气中氧含量高的原因

① 吹风阀和下行阀关闭不到位，使空气漏入系统内；

② 炉内温度低，氧在燃料层内燃烧不完全；

③ 燃料层太薄或吹风强度大，造成燃料层吹翻或形成风洞，入炉空气燃烧不完全，当回收吹风气时，进入系统；

④ 上吹加氮阀或下吹加氮阀关闭不到位，使空气漏入系统。

（2）处理方法

检查吹风阀、下行煤气阀，上、下吹加氮阀，动作是否到位，分别取样分析下吹、上吹制气时的煤气成分，提高燃料层厚度，减慢下灰速度，逐渐提高燃料层温度，如炉内结疤或形成风洞，要稳定炉温使其恢复正常，如阀门动作不到位，停炉检修阀门。

2. 判断煤气发生炉内结疤、原因及处理

（1）判断煤气发生炉内结疤的方法

在停炉加煤时，用探火棒插炭层时比较难插，炭层软化，有时黏结产生挂壁，炉上温度偏高，有时炉下温度也偏高，下灰难度较大，炉顶炉底压差大，发气量降低，供气不足，气体质量差。

（2）造成炉内结疤的原因

当原料质量发生变化时，如粒度细小、杂质多、机械强度和热稳定性差，工艺操作条件未能及时调节，吹风强度大，蒸汽用量少，都易造成炉内温度超过燃料的灰尘熔点温度而结疤。

（3）处理方法

首先分析引起炉内结疤的原因，针对原因，适当加大蒸汽用量，减少吹风气量和吹风时间，加快炉条机转速排渣，如结疤严重难以处理时，停炉组织人工打疤。

3. 判断煤气发生炉内出现空洞、原因及处理

当出现半水煤气成分中氧含量高，严重时会影响安全生产，被迫减量或停车；半水煤气中有效气体成分降低，二氧化碳含量升高；产气量降低，供气不足，燃料消耗增加时，则可判断煤气发生炉内出现空洞。

原因：主要是由于燃料层太薄；燃料粒度不均匀在炉内分布不均；吹风压力大，空速大；炉内温度过高形成结块或结疤，造成煤气发生炉内出现空洞。

当发现煤气发生炉内出现空洞时，找出原因，然后根据找出的原因，加以处理，如果是燃料层太薄，提高燃料层高度，适当降低吹风压力和空速，清除炉内的结块或结疤，使炉况恢复正常。

4. 炉口爆炸的原因、预防和处理

（1）原因

燃料含水分过高，入炉后产生煤气；燃料的挥发分含量高，停炉时炉上温度偏低；停炉加炭时，未开蒸汽吸引，打开炉盖未点火会引起爆炸；炉内燃料层有结块现象，残余煤气未能吹净；加炭时，原来炉内火苗，使燃料中馏分和水煤气得不到燃烧；长时间停炉，炉内空气、煤气得不到排除，也得不到燃烧而在炉内上部空间形成爆炸性气体，并达到爆炸范围。

（2）预防的方法

在停炉时尽可能将炉上温度控制的高一点，停炉后打开蒸汽吸引，打开炉盖后点火引燃炉口处的煤气。

5. 炉底爆炸的原因及处理

（1）原因

二次上吹时间短或蒸汽量少；二次上吹开始时，上吹蒸汽阀未开或阀门动作慢，造成炉底煤气未吹净；吹风阀漏气，下吹时煤气与空气混合发生爆炸。

（2）预防和处理的办法

合理地控制二次上吹时间，保持蒸汽压力，注意二次上吹蒸汽阀动作是否到位，如不到位，应及时检修阀门；检查吹风阀是否漏气，如漏气检修、调整蒸汽阀门。

6. 煤气发生炉炉算烧坏的原因及预防

（1）造成炉算烧坏的原因

炉算结构不合理，风量分布不均匀，局部通风量过大；炉算存在质量问题，制作质量不合格或安装不符合要求；操作不当，下吹时间过长或蒸汽量过大，造成燃料气化层下移，炉下温度过高；炉内燃料层内有结块，炉算四周局部漏炭。

（2）预防

安装前要认真检查炉算的质量，如发现问题及时更换。生产过程中要密切关注炉下温度，如发现温度升高，应适当延长上吹时间。

7. 停炉时炉口大量喷火的原因及处理

（1）停炉时炉口大量喷火的主要原因

在停炉时未开蒸汽吸气阀；吹风阀内漏或上吹蒸汽阀内漏；洗气塔缺水，半水煤气倒回炉内。

（2）处理的办法

首先分析原因，开启蒸汽吸引阀；检查吹风阀或上吹蒸汽阀，如漏气，停车检修阀门；加大洗气塔的水量避免倒回半水煤气。

8. 炉条机打滑的原因及处理

（1）炉条机打滑的主要原因

① 炉气发生炉下部有大块炉渣，将炉条机卡住，灰盘停止转动，排灰无法正常进行；

② 炉条机的小齿轮箱内积满灰尘，使齿轮无法进行运转；

③ 炉条机的棘轮沾上油污或淋洒上水而造成打滑；

④ 炉条机带动拉盘的三角铁经长期滑动被棘轮齿磨损；

⑤ 炉条机的宝塔弹簧松动。

（2）处理方法

当发现炉条机停止转动或打滑时，应及时分析造成的原因进行处理。

① 清除炉内大块炉渣；

② 清理小齿轮箱内的灰尘；

③ 将棘轮上的油污或水擦干，撒些石棉灰增加摩擦；

④ 更换或焊补拉盘的三角铁；

⑤ 压紧宝塔弹簧；

⑥ 定时冲洗炉条机的小齿轮或大齿轮。

在实际生产中，炉条机长时间打滑造成排灰不正常，炉内灰层增高，使炉况逐渐恶化。因此，当发现炉条打滑时，除采取以上处理措施外，还应加大炉条机转速，待炉内灰层的厚度恢复正常后，将炉条机控制在正常转速运行。

9. 气柜猛升猛降的原因及处理

（1）造成气柜猛升的原因

① 罗茨鼓风机跳闸，脱硫岗位大减量或因突发事故紧急停车；

② 吹风时阀门动作失误，吹风气进入气柜；

③ 气柜出口水封槽积水过多，产生液封，气体送不出去；

④ 洗气塔冷却时水中断，高温气体送入气柜。

（2）气柜猛升的处理办法

① 与有关岗位联系，注意气柜高度，以放空控制气柜高度在安全标志之内；

② 检查吹风阀，如阀门故障，停炉检修阀门，如电磁阀故障，检修电磁阀；

③ 及时排放气柜出口水封的积水；

④ 当洗气塔断水时，首先采取停炉，查清断水的原因，排除故障，待供水正常后，再开车。

（3）造成气柜猛降的原因

① 后序岗位用气量加大，未及时联系；

② 洗气塔下部水封液位过低，气体从溢流管排出；

③ 洗气塔断水，煤气倒流；

④ 气柜入口水封槽积水过多，产生液封，使气体封住而不能进入气柜；

⑤ 煤气发生炉出现结块和结疤现象，影响产气量；

⑥ 吹风气回收阀关闭不严，煤气泄漏入吹风气回收系统。

（4）气柜猛降的处理办法

① 加强与后岗位的联系，及时调节气量；

② 提高洗气塔下部水封的液位，防止跑气；

③ 查出洗气塔断水的原因，及时处理，保证供水正常；

④ 清除气柜入口水封积水；

⑤ 及时处理煤气发生炉内的结块或结疤，尽快恢复正常制气，提高气量；

⑥ 检查吹风回收阀到位情况，必要时停炉检修阀门。

五、节能降耗的具体措施

① 锅炉结垢，每增加 1mm，多耗煤 36kg/tNH$_3$；

② 送入锅炉软水温度每上升 1℃，燃料下降 0.14%；

③ 煤气中氧气含量增多，每增加 1%，变换炉多耗蒸汽 28kg/tNH$_3$，损失有效气体 0.2%～0.25%；

④ 入炉煤矸石每增加 1%，煤耗增加 16kg/tNH$_3$；

⑤ 入煤气炉带水 1%，煤耗增加 5kg/tNH$_3$；

⑥ 蒸汽自给平衡网络如图 1-18 所示。

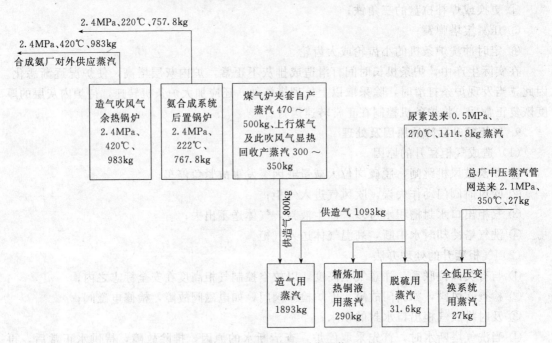

图 1-18 蒸汽自给平衡网络

第七节　吹风气余热锅炉操作

一、任务

负责回收合成弛放气和煤气炉吹风气的显热和潜热，于余热锅炉中产生蒸汽供造气和蒸汽管网生产使用。

二、工艺流程

来自弛放气柜的弛放气经过水封，配入空气后，送到燃烧炉内燃烧，使燃烧炉内保持一定的温度，煤气炉送来的吹风气，配入空气送到燃烧炉燃烧，燃烧后的烟气从燃烧炉的下部出口经高温空气预热器，蒸汽过热器吸收部分热量后到余热锅炉产生蒸汽，然后至软水加热器，回收余热由引风机从烟囱排出。

脱盐水由水处理岗位来，经软水加热器加热后送入余热炉汽包。

余热锅炉产生的饱和蒸汽，经加热升温后送至造气岗位或蒸汽管网系统。

三、设备一览表

设备一览见表 1-13。

表 1-13 设备一览

序号	名 称	数量	规格型号	技术条件	材质
1	燃烧炉	4	$\phi4800mm \times 13230mm$		碳钢、耐火材料
2	余热回收器	4	Q40/850-13~2.45/310	9260mm×2120mm×6400mm	组合
3	高温空气预热器	4	GWKY140-00	$F=40/100m^2$	碳钢、不锈钢、耐火材料
4	引风机	4	Y4-73No-10D3	$q=4404m^3/h$, $p=499mmH_2O$, $N=37kW$	天津风机厂
5	二次风机	8	9-19 No10D	$q=15455m^3/h$, $p=499mmH_2O$, $N=37kW$	天津风机厂
6	热管软水预热器	4	RSY-400	2238mm×2040mm×4970mm $F=400m^2$	碳钢
7	水封	4	$\phi1000mm \times 1200mm$, $V=1m^3$	$\phi1000mm \times 1200mm$	碳钢
8	热管空气预热器	4	RKY-510	2238mm×2040mm×5356mm $F=510m^2$	天津华能能源设备厂
9	主烟囱	4		$\phi1750mm/\phi1000mm \times 20300mm$	太化集团公司制作

四、工艺指标

1. 温度

① 燃烧炉热点（1 点、2 点）：$\geqslant750℃$，$\leqslant1000℃$；

② 燃烧炉出口温度：$\geqslant650℃$；

③ 引风机出口温度：$<160℃$；

④ 入燃烧炉吹风气温度：$>200℃$；

⑤ 电机温升：$\leqslant60℃$。

2. 压力

① 入炉弛放气：1.47~2.45kPa；

② 入炉吹风气：$>0.004MPa$；

③ 燃烧炉出口：常压；

④ 余热锅炉蒸汽：0.3MPa（送造气）；

　　　　　　　　　1.25MPa（送蒸汽管网）；

⑤ 引风机进口：微负压；

⑥ 高压脱盐水：$\geqslant3.0MPa$。

3. 气体成分

引风机出口烟气中氧含量：1%～4.0%。

4. 其他

① 余热锅炉给水总硬度：$\leqslant0.03mg/L$；

② 余热锅炉排污水总固体：$\leqslant1000mg/L$；

③ 引风机电流：$\leqslant65A$；

④ 鼓风机电流：＜65A。

五、不正常情况及处理

不正常情况及处理见表 1-14。

表 1-14　不正常情况及处理

故　障	现　象	处 理 方 法
锅炉缺水	水位计看不到水位指示，充满蒸汽显白色	① 水位计冲洗对照，用叫水方法判断； ② 检查给水设备及阀门； ③ 检查各排污点； ④ 不严重时，可缓慢给水，如严重缺水，严禁给水，应采取紧急停炉措施
锅炉满水	看不见水位指示、水位计发暗、管道内有水冲击声	① 水位计冲洗对照，用叫水方法判断清楚； ② 停止给水，开启排污阀放水至正常水位线； ③ 检查给水阀，有问题立即处理
汽水共沸	水位计发生急剧波动，管道发生水冲击震动	① 加强排污，置换锅炉内水质； ② 通知造气工段，减少回收台数，共沸消除后，即可恢复整厂供汽
锅炉爆管	蒸汽大量外漏	① 加大给水，采取停炉措施； ② 通知有关岗位及有关人员
蒸汽过热器堵管	锅炉蒸汽压力与过热器蒸汽压力相差大	① 判明压力表有无故障，通知仪表工处理； ② 若堵管严重，有采取停炉措施，防止爆管

第八节　热管锅炉在造气生产中的应用

氮肥生产中，造气工段的能量消耗能占总能耗的 2/3。而造气工段又多为中、低温余热。所以这部分余热的充分回收利用对于提高企业经济效益是至关重要的，然而回收上、下行煤气显热工作的难度很大，因为灰尘堵塞和露点腐蚀这两大难题，常使回收余热的工作失败。目前，有少部分厂家放弃回收煤气显热，从而浪费大量的热量和电力，即使有些厂家回收了这部分热量，投入和产出也很低。究其原因，主要是列管式废热锅炉结构上存在着不适应工艺条件的问题。一旦堵塞很难清除。避免煤气露点是防止堵塞的关键，一般认为煤气温度低于 130℃ 有堵塞的可能。通常用 110℃ 热水回收这部分余热，而常规管壳式废热锅炉的壁温约 80～100℃，要避免温度低于露点是很困难的。由于上，下行煤气是间断通过换热设备，换气过程的温度是从低到高，交替剧烈变化，故经常产生热胀冷缩的问题。固定管板式废热锅炉疲劳应力产生后会使设备短时间内即出现微孔泄漏，造成气水相混，结灰堵塞，严重影响生产，维修居高不下。常规烟管式、水管式废热锅炉普遍存在着阻力大，寿命短，热效率低，设备费用高等问题。由于热管废热锅炉具有许多优点，所以在 20 世纪 90 年代迅速成为造气工序的替代设备。

一、热管技术应用与进展

热管是一种高效传热元件，它的传热能力比相同温差下相同尺寸的铜棒高出几百倍。因此，称热管是超导元件。20 世纪 90 年代，热管技术在中国小氮肥造气工序上很快得到应用。热管废锅代替了原来的水管和水管废锅。

二、热管的工作原理

热管是由管壳、端盖及工作液体所组成。工作液体一般为二次蒸馏水。也可用液态的金属等。管内一般呈负压状态。当热管的一端被加热（称加热段）时，管内液体变为蒸气，并在微压差的作用下，流向另一端被外部介质冷却（称冷凝段），放出冷凝热变为冷凝液，又在重力作用下又回到加热段，重新吸收管外的热量，变为蒸气流到冷凝段放出热量，如此循环，不断在将热量从一段传到另一段，这就是热管的工作原理。

三、热管的特性

（1）温度展平

因为热管具有相当大的导热能力，表面具有极好的等温性，可以利用这一特性，将不等温区的温度展成相差均温的区域。

（2）冷、热源液分隔

热管的加热段和冷凝段一般分为两处，利用传递这一特点，热管可使相隔几处的冷源和热源进行热量交换，这就保证了两种介质不相混淆。

（3）热流交换

如果热管的加热段和冷凝段长度不相等，则传递热量一定。加热段和冷凝段表面热流密度就不相等。应用这一原理可以调整热管管壁表面温度，控制露点腐蚀。这是热管技术的典型应用。

四、联合热管废热锅炉结构

热管废热锅炉结构如图 1-19 所示，技术特性如表 1-15 所示。

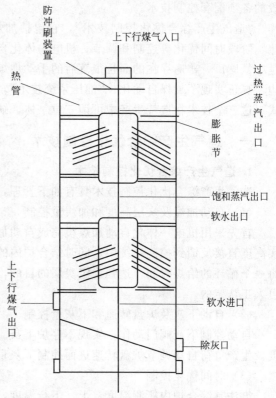

图 1-19　热管废热锅炉结构示意

表 1-15　技术特性

序号	名称	指标		
		夹套	内筒（蒸汽）	内筒（软水）
1	设计压力/MPa	常压	0.5	0.5
2	设计压力/MPa	常压	0.4	0.4
3	介质名称	半水煤气	蒸汽	软水
4	入口温度/℃	350	120	10
5	出口温度/℃	135±5	＞120	120
6	热管面积/m²	1400	500/106	900/201
7	流量	36000~42000m³/h	8000kg/h	3000kg/h

第九节　造气生产中的三位一体技术

造气生产中的三位一体技术是：第一、造气生产综合优化控制技术；第二、造气机电一体化自动加煤技术；第三、造气油压系统技术。

自氮肥厂诞生以来，造气工段由于生产工艺的特殊性加之生产环境较差生产中的不定因素较多，使造气的技术进步受到制约。造气工段理想的全自动化连续生产多年来也未能实现。

随着科学技术的迅猛发展，从 20 世纪 80 年代中期，我国造气控制技术得到了长足的发展，以石家庄德隆公司为例的一大批专业科研机构，经过多年的努力已经完善了整个造气工段的各项配套控制技术。

"造气生产综合优化控制技术"，它包括加煤量、入炉蒸汽压力、入炉蒸汽流量、氢氮比、阶段时间优化等控制和调节；机电一体化自动加煤技术。它改变了过去在造气工段尤其是小氮肥厂，普遍存在的而且很落后的手动加煤现象。加煤过程纳入进造气生产控制系统里边，真正实现了加煤自动化；"油压系统技术"，它取代了工艺阀门过去水压、气压的驱动方式。这三个技术在造气生产中可谓三位一体，缺一不可。

一、造气生产综合优化控制技术

1. 造气生产综合优化控制技术

造气生产综合优化控制技术具有如下管理，控制方面的功能。

（1）自动加煤及炭层高度和加炭量控制

首先采用机电一体化自动加煤机完成自动加煤控制，通过炭层自动测量装置把炭层的真实高度直接反馈到控制系统中，同时结合炉内的温度、炉底、炉顶压力和生产负荷自动控制每一个循环的给煤时间，达到稳定炭层的目的，根据煤种和最佳生产状态要求，炭层高度是可人工认定的。

（2）自动下灰及炉盘转速和下灰量控制

自动控制下灰阀门动作，实现不停炉下灰。根据所测定的返焦率而认定的系数及炉盘温度及生产负荷自动调节炉盘转速进而控制下灰量。

（3）时间优化控制

方法是综合炉内所测温度，上、下行温度，炉盘温度，炉底炉顶压力等参数，对炉况进行评估，在一个预先设定的范围内，根据模糊参数控制对策表的隶属自动对吹风、上下吹时间进行优化控制，使造气炉工作在最优的情况下，以达到增产降耗的目的。

（4）上、下吹入炉蒸汽流量调节

首先综合炉膛内所测温度，炉盘温度及炉底、炉顶压力等参数，对炉况进行评估，当炉况高于预期值时采用稳定流量控制（不能限制蒸汽量）当炉况低于预期值时，蒸汽流量采用递减控制。

（5）蒸汽总管压力的前馈补偿及调节

蒸汽总管压力的波动主要原因是用气量的变化，即造气生产进行上吹或下吹时，蒸汽阀门是瞬间打开，使蒸汽压力骤降，当上吹或下吹结束时，蒸汽阀门瞬间关闭，使蒸汽压力骤升，传统的调节方法适应不了这样的被调对象，蒸汽压力波动很大，现在采用压力前馈补偿及调节方案，保证了蒸汽总管压力不管在哪个阶段上都能够始终稳定在工艺要求值上。

（6）氢氮比自动调节

对于这种干扰因素复杂，太滞后且不具有自衡性的控制对象，由于无法知道被控对象的数学模型，采用频率法与状态空间法也不能解决问题，按照模糊控制理论与自适应控制的思想方法，应用神经网络理论使氢氮比控制方案中具有自学习、自组织、自分析、自判断、自适应的能力，针对生产过程动态变化的情况及时修正控制规律，不同的情况与不同干扰引起的偏差用不同的控制手段达到稳定氢氮比的目的。

（7）水夹套及汽包液位 PID 调节

这里所说的水夹套液位，它对安全生产非常重要，因为如果夹套液位不能保证，炉壁就易挂巴,严重就要造成停炉,直接影响生产这一控制功能保证了两个液位的稳定进而保证正常生产。

(8) 风机和油压系统的管理、联锁及报警

这一功能是保证风压和油压处在稳定运行状态,从而保证正常生产。

总之,造气生产是个系统工程,只有系统的各个环节之间达到协调、稳定,才能发挥出最佳效能。造气生产综合优化控制技术正是综合炉膛内所测温度、上下行温度、炉盘温度、炉底、炉顶压力等参数,对炉况进行评估后,同时在得到蒸汽压力稳定实际测得炭层温度,测得反焦率后以及风压、油压稳定及夹套、汽包液位稳定情况下而实现的综合优化。它与局部调优、局部寻优有着本质的区别。它符合造气生产的技术发展趋势,是实现全自动化连续生产的极好措施。

(9) 显示各参数历史趋势、实时趋势图

这一功能有利于操作人员随时掌握造气炉的动态变化情况及发展趋势,能及时采取相应操作措施,保证炉况始终处在最佳状态。

二、造气机电一体化自动加煤技术

本技术由两部分组成,一部分是程序控制微机;一部分是加煤机。

为自动加煤配套使用的程序控制微机,除了有一般的造气炉程序控制功能外,还必须对整个给料系统进行合理可靠的控制,其控制过程必须与造气的程序控制有机地结合在一起,达到最优状态。

自动加煤系统包括如下几部分。

① 布料器及布料器油缸。

② 圆盘阀及圆盘阀油缸。

③ 给料器(推板阀或给料器)及给料器油缸。

④ 料仓;中氮厂料仓一般为水泥结构;小氮厂可采用钢板结构。

以上部分的油缸都是由原造气油压系统驱动。

加煤过程:正常生产时,每个制气循环(120s 或 150s)加一次煤,圆盘阀与布料器始终有一阀为关闭,即炉子在任何阶段都是密封状态,并且布料器动作时间可调,圆盘阀的动作完全与给料阀动作协调,并且给料时间可调(可精确到 0.1s)。

自动加煤技术的经济效益可观,表现如下。

① 每天可减少因人工加煤造成的单炉停炉时间约为 60min。这是既增加了造气炉的有效制气时间又减少或避免了造气炉的显热损失,同时使造气生产的安全得到了保证。

② 应用自动加煤后可使造气生产中每个循环减少纯吹风时间 3s 左右,这既能节煤又能增加产气量。

③ 变人工加煤上行斜坡锯齿形大幅度波动炉温曲线为直线型温度曲线。

④ 能使炉渣的碳含量大幅度下降。

造气的全自动化连续生产是自有化肥厂以来广大操作工由来已久的愿望,全厂各工段控制的计算机联网,过去是造气工段无法实现,全厂计算机调度系统过去也是造气工段无法进入,自造气生产综合优化控制技术在造气工段成功推广应用,既实现了造气的全自动化连续生产,又使全厂的计算机调度系统得以实现。

三、造气炉油压控制系统的优化

"造气炉微机集成油压控制系统"适用于以煤或天然气为原料,采用间歇式制气工艺或

富氧连续制气工艺中、小氮肥厂或煤气厂，对造气炉生产工序进行控制。

采用该"系统"与原机械控制式水压机执行系统相比，可完全避免造气炉普遍存在的制气循环时间不正确，无法精确调整制气循环时间，定时误差大，可靠性差，故障频繁，维修难及维修费用高等缺欠。从而使造气生产煤耗降低，氢氮比合格率提高，产气量提高 3%～5%，耗电量较水压机降低 70%～90%，该系统还可用于石化、煤气制造及玻璃印染等轻化工行业。

1. 造气炉微机集成油压控制系统组成

造气炉微机集成油压控制系统由油压泵站、换向阀站、油压缸、蓄能器、工艺阀门及造气炉程控机组成。

（1）泵站

泵站为顶置结构，有双泵、双电机、双电压调节装置分别自称两套独立的液压动力源，平时一开一备，并能分别在其中一套运行时，可对另一套的电机、油泵、滤油器及相应控制阀进行拆换或检修，以保证生产的连续性。泵站油箱内部设有冷却器，可以通过循环冷却水控制油温。在寒冷地区也可以通过入蒸汽加温。

（2）泵站仪表

分别设有电接点压力表、油位开关、热电阻、回油过滤器及压力变送器，以便监测油压系统压力，实现压力报警。系统压力低于工作压力时，通过控制系统，电机自动停机，备用电机自动开启，满足油压泵站的各种控制提供信号。

（3）换向阀站

每一个造气炉需要一台工艺换向阀站，换向阀站为四方可拆成箱式结构，便于安装。控制油液流向的电磁换向阀装在集成块上，根据需要可作为二位四通（常开、常闭）或三位四通换向阀（联锁）使用。

换向阀站的设计，能保证突然断电时，蓄能器释放的压力油确保各工艺阀门处于安全停车位置。

阀站上装有油压联锁装置，以防止吹风阀和下行阀同时打开，联锁装置数量可按用户要求增减。

每一个阀站的总进、出口处装有截止阀，便于单台炉的检修而不影响其他炉的生产。

造气炉下灰一般采用手动方式，控制灰门动作的是装在下灰阀站可以单独设置，也可以同工艺阀站使用一个换向阀站。

在下灰阀站上可装有液压锁，有效防止因为液压油压波动，造成灰门松动现象。

换向阀站的换向阀流量为 35L/min、63L/min、75L/min、75L/min、200L/min，换向阀电压为 22VAC 或 24VDC，换向阀消耗率为 45W/只，换向阀位数根据工艺阀门的多少进行设置。

（4）执行机构

执行机构为专用液压油缸，由于采用油作为工作介质，因此油缸润滑性好，动作可靠灵活、维修少、寿命长。

油缸与管路之间采用高压软管连接，装拆方便，震动小，油缸与工艺阀门之间是刚性过渡十字头连接，动作安全可靠。

油缸连接方式：差动或普动。一般控制工艺阀门的油缸选用差动连接，其他油缸采用普通接法。油缸上可安装与控制机配套的阀位检测装置。

（5）蓄能器

皮囊式蓄能器装在蓄能器支架上，其接口通过三通接头和两个截止阀分别与总压力油管和总回路油管相连。

蓄能器除了作为辅助动力源对系统及时补油，保证油缸快速动作外，还能在突然停电时保证各工艺阀门回到所设置的安全停车状态，并能吸收系统压力波动，减少压力变化对系统工作可靠性的影响。

2. 造气炉油压控制系统运行条件的优化

随着小氮肥厂造气炉膛由 $\phi2.26m$ 扩到 $\phi2.4m$、$\phi2.65m$ 或 $\phi2.8m$，中型氮肥厂造气炉由 $\phi2.75m$ 扩到 $\phi3.0m$，再扩到 $\phi3.3m$。工艺管线不断加粗，工艺阀门数量在不断增加，阀门通径也在不断加大，有相当一部分厂家油压系统配制还延用初期设计，其主要问题是工艺阀门启闭速度慢，有效制气时间和产气量减少（由于工艺阀门动作速度慢，阶段交换时间长，气体可走短路），已成为影响造气炉发气量的因素之一。因此，油压控制系统必须不断完善，才能满足在造气炉新工艺条件下运行的要求。

经过多年改进，油压系统设计主要考虑到以下几个方面运行优化条件。

（1）油压泵站

随着造气炉炉膛及工艺阀门通径的加大，油压系统需要的供油量也相应增大。但排量过大，使油箱内液压油溢流量增加，从而导致油温居高不下。因此，适当增加油泵的排油量，有利于油压系统工作压力的稳定。

油压泵站与 $\phi2650mm$ 煤气炉的配制方案见表 1-16。

表 1-16 五种油压泵站主要技术参数

泵站规格	CB32/5.5kW	CB50/11kW	CB63/11kW	CB80/15kW	CB100/18.5kW
排量/（L/min）	46	72	91	116	145
容积/L	760	760	760	1000	1000
可供煤气炉台数	2	3	4	5	6

在油压泵站回油油路中串联一台列管或板式油冷器，对控制系统油温有很大的好处。

油压泵站智能控制柜可实现以下功能：

① 手动与自动两种控制方式；

② 自动检测并显示油泵的工作状态，即油泵的开，停情况；

③ 具有报警功能，当液位低时发出报警信号（灯闪烁）并停泵。液位高时发出报警信号（灯闪烁）即可；自动控制时压力低 1.5s 后自动启用备用泵，压力高时 1.5s 后停止备用泵；

④ 自动控制过程中若油泵因故障跳闸，自动启动备用油泵，在原油泵故障排除之前不能自动切换到原油泵，并且故障报警（运行指示灯闪烁，蜂鸣器报警）；复位后，蜂鸣器停响，灯闪烁，当故障排除后按复位按钮 5s 钟，灯停闪，可以启用该泵；

⑤ 先启动的泵为主泵，PLC 自动记忆；

⑥ 两台油泵轮流工作，间隔 8～24h 后自动转换至另一台泵工作；

⑦ 可将油泵的运行状态提供给 DCS 系统。

（2）蓄能器配置

蓄能器作为油压系统的辅助动力源，其配置直接影响着油压系统工作力的稳定。据计算，每台 2.65m 造气炉蓄能器容量应为大于等于 40L，蓄能器容量越大，越有利于系统压力的稳定。

蓄能器的安装应满足能量释放快、阻力小，且在各阀站之间均匀分布的条件。

（3）油压阀站

要提高工艺阀门启闭速度，除了保证油压泵站流量及蓄能器容量合理配置外，换向阀、管路、阀门及接头配置也至关重要，关键是必须消除油压缸回路瓶颈，使之达到加快工艺阀门速度的目的。

五种换向阀的应用，油压缸回路配置及管路配置及管路配置方案分别见表 1-17 和表 1-18。

表 1-17　五种换向阀的应用及配置情况配置参照表

名　称	通经 /mm	流量面积 /mm²	适用油压缸 /mm		适用工艺阀门/mm	配套球阀型号	配套胶管 /mm		油压缸内丝 /mm	
电磁换向阀 1	φ10	63	D63		≤DN500	CJZQ-100-15	φ13		M18×1.5	
电磁换向阀 2	φ12	95	D63	D80	DN500～700	CJZQ-100-20	φ16	φ19	M22×1.5	M27×2
电磁换向阀 3	φ18	200	D80	D90	DN600～900	CJZQ-100-25	φ19	φ22	M27×2	M33×2
电磁换向阀 4	φ20	200	D80	D90	DN600～900	CJZQ-100-25	φ19	φ22	M27×2	M33×2
电磁换向阀 5	φ25	400	D90～	D100	DN900～1400	CJZQ-100-25	φ22		M33×2	

表 1-18　油压系统管路配置

高低压总管/mm	高压总管至蓄能器/mm	低压总管至蓄能器/mm	高低压总管至阀站/mm	阀站至各工艺阀油缸/mm
φ57×3.5 或 φ76×4	φ57×3.5	φ25×3	φ38×3.5	φ25×3

（4）提高油压控制系统运行的稳定性

如使用油压系统长周期，无故障稳定运行，一是要求系统配置合理：二是液压元件质量必须有所保障，这两点是先决条件。另外，日常维护及维修也极其重要。

引起油压系统压力波动大的因素可归纳为以下几方面：

① 电磁阀内泄量超标；

② 油压缸密封件损坏造成油压缸串油；

③ 蓄能器内件损坏或氮气压力不合适；

④ 溢流阀调节性能差；

⑤ 油泵实际排量比额定流量小；

⑥ 油温过高或过低。

判断引起压力波动的原因，首先是日常维修经验的积累；其次是靠检测手段检测（比如采用电磁阀检测效验装置对电磁阀进行检测及筛选）。对于系统存在的故障因素，要按先后顺序逐项检查，逐一排除，直到找到问题所在。

检查顺序应为：蓄能器→溢流阀→换向阀→油泵→油压缸。

（5）影响工艺阀门启闭速度的因素

归纳为以下几点：

① 换向阀流量；

② 油压缸回路通径；

③ 油压系统工作压力；

④ 油压系统回路备压；

⑤ 介质的黏度及运行温度；

⑥ 油压缸油路的连接形式；

⑦ 换向阀工作电压。

只要完善以上系统配置，消除油压缸回路瓶颈，使之达到匹配合理，满足工作条件，就一定能把工艺阀门的启闭速度控制在理想的范围之内。

综上所述，造气油压控制系统在造气生产中占有重要地位，要保证造气生产的正常运行，首先应满足油压系统运行稳定及工艺阀门启闭速度快捷的两个基本条件。油压系统运行下不理想的厂家一定要下决心，尽快改进，尽早完善，以确保油压系统早日达到稳定，可靠，理想的运行状态，为企业节能增效创造有利条件。

第十节　间歇法制半水煤气的工艺计算

一、气化指标的计算

为了使计算不过于烦琐，下面的计算公式中只包括物料的主要部分，因此为概略计算。

1. 吹风时空气消耗量

$$V = \frac{(760+p) \times 273}{760(273+t)} \times E \times n \times m \times k \tag{1-76}$$

$$V_1 = \frac{V}{m_{燃料}} \tag{1-77}$$

式中　V——一个加炭周期入炉空气量，m^3；

E——一个循环所需时间，min；

n——一个加炭周期制气循环数；

m——每个循环吹风百分数，%；

k——吹风量，m^3/min；

t——入炉空气温度，℃；

p——入炉空气压力（表压），MPa；

$m_{燃料}$——在此期间内所用燃料，kg；

V_1——每吨燃料用空气量，$m^3/1000kg$ 燃料。

2. 吹风气生成量

$$V_2 = \frac{V_1 \times 0.79}{\varphi(N_2)} \tag{1-78}$$

式中　V_2——吹风量，$m^3/1000kg$ 燃料；

$\varphi(N_2)$——吹风气中氮气含量，%。

3. 吹风时消耗的碳量

$$f_a = \frac{V_2[\varphi(CO) + \varphi(CO_2) + \varphi(CH_4)]}{22.4} \times 12 \tag{1-79}$$

式中　　　　　f_a——吹风时消耗的碳量，$kg/1000kg$ 燃料；

$\varphi(CO), \varphi(CO_2), \varphi(CH_4)$——分别表示吹风气中一氧化碳、二氧化碳及甲烷的含量，%。

4. 吹出细灰中碳损失量

$$f_b = \frac{m_{细灰} \times w(C)_{细灰}}{m_{燃料}} \tag{1-80}$$

式中　f_b——吹出细灰中的碳量，$kg/1000kg$ 燃料；

$m_{细灰}$——吹出细灰的质量，kg；

$w(C)_{细灰}$——细灰中碳含量，%；

$m_{燃料}$——在此期间内所用燃料量，kg。

5. 灰渣量及灰渣中损失碳量

$$m_{灰渣} = \frac{m_{燃料} \times A_{燃料} - m_{细灰} \times A_{细灰}}{A_{灰渣}} \tag{1-81}$$

$$f_c = \frac{m_{灰渣} \times w(C)_{灰渣}}{m_{燃料}} \times 1000 \tag{1-82}$$

式中　$m_{灰渣}$——灰渣质量，kg；

$A_{燃料}$——燃料中灰含量，%；

$A_{细灰}$——细灰中灰含量，%；

$A_{灰渣}$——灰渣中灰含量，%；

f_c——灰渣中损失碳量，kg/1000kg 燃料；

$w(C)_{灰渣}$——灰渣中碳含量，%。

6. 制气量

$$V_3 = \frac{[1000 \times \varphi(C)_{燃料} - (f_a + f_b + f_c)] \times 22.4}{12[\varphi(CO_2) + \varphi(CO) + \varphi(CH_4)]} \tag{1-83}$$

式中　　　　　　　V_3——制气量，m³/1000kg 燃料；

$\varphi(C)_{燃料}$——燃料中碳含量，%；

$\varphi(CO_2), \varphi(CO), \varphi(CH_4)$——分别表示半水煤气中二氧化碳、一氧化碳、甲烷含量，%。

7. 用于制气的氮空气量

$$V_4 = \frac{V_3 \times \varphi(N_2)}{0.79} \tag{1-84}$$

式中　V_4——用于制气的氮空气量，m³/1000kg 燃料；

$\varphi(N_2)$——半水煤气中氮的含量，%。

8. 蒸汽用量

$$y = \frac{En}{60}(g \times h + d \times s)\frac{1}{m_{燃料}} \tag{1-85}$$

式中　y——蒸汽用量，kg/kg 燃料；

g——上吹蒸汽用量，kg/h；

h——上吹所需总百分数，%；

d——下吹蒸汽用量，kg/h；

s——下吹所需百分数，%；

n——制气循环数；

E——每个循环时间，min。

9. 蒸汽分解量

$$y' = \frac{V_3 \times \varphi(H_2)}{22.4} \times 18 \times \frac{1}{1000} \tag{1-86}$$

式中　y'——蒸汽用量，kg/kg 燃料；

$\varphi(H_2)$——半水煤气中氢的含量，%。

10. 蒸汽分解率

$$Z = \frac{y'}{y} \times 100\% \tag{1-87}$$

式中　Z——蒸汽分解率，%。

11. 气化过程总效率

$$\eta_n = \frac{Q_{气}}{Q_{燃} + Q_{蒸}} \times 100\% \tag{1-88}$$

式中　η_n——气化过程总效率，%；

　　　$Q_{气}$——半水煤气的热值，kJ；

　　　$Q_{燃}$——气化过程所耗燃料的热值，kJ；

　　　$Q_{蒸}$——水蒸气带入的热量，kJ。

【例 1-2】 采用固定层间歇法制取半水煤气，煤气炉直径 1.98m；制气过程共 12 个循环，加无烟煤 55kg，每个循环为 3min；循环时间分配为：吹风 20%，上吹 28%，下吹 38%，二次上吹 8%，空气吹净 6%；空气温度 20℃，压力 1200Pa，空气流量 7000m³/h；上吹蒸汽（110℃饱和蒸汽）用量 1700kg/h，下吹 1750kg/h；吹出细灰量为平均加燃料量的 5%，细灰中含碳 67%，灰分 30%，挥发分 3%。

半水煤气组成：$\varphi(CO_2) = 8\%$，$\varphi(O_2) = 0.2\%$，$\varphi(CO) = 30\%$，$\varphi(H_2) = 39\%$，$\varphi(CH_4) = 0.4\%$，$\varphi(N_2) = 22\%$，$\varphi(H_2S) = 0.4\%$，吹风气组成 $\varphi(CO_2) = 16\%$，$\varphi(O_2) = 0.5\%$，$\varphi(CO) = 6.6\%$，$\varphi(H_2) = 0.1\%$，$\varphi(CH_4) = 0.2\%$，$\varphi(N_2) = 22\%$，$\varphi(H_2S) = 0.4\%$。

燃料分析：$w(C) = 74.22\%$，$w(O) = 0.72\%$，$w(H) = 1.29\%$，$w(N) = 0.73\%$，$w(S) = 0.8\%$，灰分为 15.05%，水分为 7.19%，灰渣中含碳为 16%，含灰量为 84%。

计算以上气化指标，吹风时空气消耗量，吹风气生成量，吹风时消耗的碳量，吹出细灰中损失碳量，灰渣中损失碳量，制气量，用于制气的氮空气量，蒸汽分解量，蒸汽分解率，生产 1t 氨的消耗定额，气化过程总效率和煤气炉产气能力。

解　(1) 吹风时空气消耗量

$$V = \frac{(760 + p) \times 273}{760(273 + t)} \times E \times n \times m \times k$$

$$= \frac{\left(760 + \dfrac{1200}{13.6}\right) \times 273}{760 \times 293} \times 3 \times 12 \times 0.2 \times \frac{3000}{60} = 873 \text{m}^3$$

$$V_1 = \frac{V}{m_{燃料}} = \frac{873}{0.55} = 1587 \text{m}^3/1000 \text{kg 燃料}$$

(2) 吹风气生成量

$$V_2 = \frac{V_1 \times 0.79}{\varphi(N_2)} = \frac{1587 \times 0.79}{0.753} = 1665 \text{m}^3/1000 \text{kg 燃料}$$

(3) 吹风时消耗的碳量

$$f_a = \frac{V_2 [\varphi(CO) + \varphi(CO_2) + \varphi(CH_4)]}{22.4} \times 12$$

$$= \frac{1665 \times (0.066 + 0.16 + 0.002)}{22.4} \times 12 = 203 \text{kg}/1000 \text{kg 燃料}$$

(4) 吹出细灰中碳损失量

$$f_b = \frac{m_{细灰} \times w(C)_{细灰}}{m_{燃料}} \times 1000$$

$$= \frac{0.55 \times 0.05 \times 0.67}{0.55} \times 1000 = 33.5 \text{kg}/1000 \text{kg 燃料}$$

(5) 灰渣量及灰渣中损失碳量

$$m_{灰渣} = \frac{m_{燃料} \times A_{燃料} - m_{细灰} \times A_{细灰}}{A_{灰渣}}$$

$$= \frac{0.55 \times 0.1505 - 0.55 \times 0.05 \times 0.3}{0.84} = 88.7\text{kg}$$

灰渣中损失碳量

$$f_c = \frac{m_{\text{灰渣}} \times w(\text{C})_{\text{灰渣}}}{m_{\text{燃料}}} \times 1000 = \frac{0.0887 \times 0.16}{0.55} \times 1000 = 25.8\text{kg}/1000\text{kg 燃料}$$

（6）制气量

$$V_3 = \frac{[1000 \times C_{\text{燃料}} - (f_a + f_b + f_c)] \times 22.4}{12[\varphi(\text{CO}_2) + \varphi(\text{CO}) + \varphi(\text{CH}_4)]}$$

$$= \frac{[1000 \times 0.7422 - (203 + 33.5 + 25.8)] \times 22.4}{12 \times (0.08 + 0.3 + 0.004)} = 2333\text{m}^3/1000\text{kg 燃料}$$

（7）用于制气的氮空气量

$$V_4 = \frac{V_3 \times \varphi(\text{N}_2)}{0.79} = \frac{2333 \times 0.22}{0.79} = 650\text{m}^3/1000\text{kg 燃料}$$

（8）蒸汽用量

$$y = \frac{En}{60}(g \times h + d \times s)\frac{1}{m_{\text{燃料}}}$$

$$= \frac{3 \times 12}{60}(1.7 \times 0.36 + 1.75 \times 0.38)\frac{1}{0.55} = 1.39\text{kg/kg 燃料}$$

（9）蒸汽分解量

$$y' = \frac{V_3 \times \varphi(\text{H}_2)}{22.4} \times 18 \times \frac{1}{1000}$$

$$= \frac{2333 \times 0.39}{22.4} \times 18 \times \frac{1}{1000} = 0.731\text{kg/kg 燃料}$$

（10）蒸汽分解率

$$Z = \frac{y'}{y} \times 100\% = \frac{0.731}{1.39} \times 100\% = 52.6\%$$

（11）生产 1000kg 氨的消耗定额

1t 氨需半水煤气 3300m^3

无烟煤耗：$\dfrac{3300}{2333} = 1.41\text{kg/kgNH}_3$

换算为标准无烟煤（含固定碳 80%）：

$$\frac{1.41 \times 0.7422}{0.84} = 1.25\text{kg/kgNH}_3$$

蒸汽消耗：$\dfrac{3300}{2333} \times 1.39 = 1.47\text{kg/kgNH}_3$

空气消耗：$\dfrac{3300}{2333} \times (1587 + 650) = 3164\text{m}^3/1000\text{kgNH}_3$

（12）气化过程总效率

$$\eta_n = \frac{Q_{\text{气}}}{Q_{\text{燃}} + Q_{\text{蒸}}} \times 100\%$$

1m^3 半水煤气发热值

$$0.3 \times 12624 + 0.004 \times 39794 + 0.39 \times 12749 = 8920\text{kJ/m}^3$$

式中　12624——一氧化碳发热值，kJ/m^3；

39794——甲烷发热值，kJ/m^3；

12749——氢的发热值，kJ/m^3。

1kg110℃饱和蒸汽热焓为 2688kJ/kg

1kg 燃料的发热可根据下式计算

$$81w(C)+300w(H)-26[w(O)-w(S)]=81\times74.22+300\times1.29-26\times(0.72-0.8)$$
$$=27174kJ/kg\ 燃料$$

$$\eta_n=\frac{Q_气}{Q_燃+Q_蒸}\times100\%$$

$$=\frac{3300\times2134}{1410\times6401+1970\times643}\times100\%=68.4\%$$

（13）煤气炉产烟气能力（每台煤气炉单位时间产气量）

若每个加煤周期，加煤试火占两个循环的时间，则煤气炉产气能力为

$$2333\times0.55\times\frac{60}{3\times(12+2)}=1833m^3/(台·h)$$

折日产合成氨量 $\frac{1833\times24}{3300}=13.3\times10^3/(台·d)$

煤气炉截面积：$\pi\left(\frac{d}{2}\right)^2=3.14\times\left(\frac{1.98}{2}\right)^2=3.08m^2$

煤气炉气化强度（单位截面积，单位时间产气量）

$$\frac{1833}{3.08}=595m^3/(m^2·h)$$

二、简单的物料衡算

1. 蒸汽平衡计算

$$m=\frac{m_1}{n}-m_2-m_3 \tag{1-89}$$

$$m_1=V\times\varphi(H_2)\times\frac{18}{22.4} \tag{1-90}$$

式中　m——每小时入炉蒸汽量，kg；

m_1——蒸汽分解量，kg；

n——蒸汽分解率，%；

m_2——夹套锅炉每小时副产蒸汽量，kg；

m_3——废热锅炉每小时副产蒸汽量，kg；

V——每小时煤气产量，m^3；

$\varphi(H_2)$——煤气中氢的体积含量，%。

2. 碳的平衡计算

（1）　　　　　$m_1=m_2+m_3+m_4+m_5+m_6+m_7$　　　　　(1-91)

式中　m_1——入炉燃料的纯碳量，kg；

m_2——煤气中的纯碳量，kg；

m_3——吹风气中的纯碳量，kg；

m_4——集尘器和燃烧室排出物的纯碳量，kg；

m_5——灰渣中的纯碳量，kg；

m_6——煤气炉热备用消耗的纯碳量，kg；

m_7——其他损失的纯碳量，kg。

（2） $$m_1 = m \times w(C)\%$$

式中　m——入炉煤（焦）的实物量（干基），kg；

　　$w(C)$——煤（焦）的固定碳含量，%。

（3） $$m_2 = V \times [\varphi(CO) + \varphi(CO_2) + \varphi(CH_4)] \times \frac{12}{22.4} \tag{1-92}$$

式中　V——煤气量，m^3；

　　22.4——标准状态下 1mol 气体体积，m^3；

　　12——1kmol 碳的质量，kg。

（4） $$m_3 = V_1 \times T \times \frac{空气中\ \varphi(N_2)}{吹风气中\ \varphi(N_2)} \times \frac{12}{224} \times [\varphi(CO) + \varphi(CO_2) + \varphi(CH_4)] \tag{1-93}$$

式中　V_1——吹风空气量，m^3/h；

　　T——煤气炉实际开用小时数，h。

（5） $$m_4 = m_C \times w(C)$$

式中　m_C——集尘器和燃烧室带出的物质量，kg；

　　$w(C)$——带出物的固定碳含量，%。

（6） $$m_5 = \frac{[m \times A_a - C \times (1 - A_C)] \times A_C}{1 - A_C'}$$

式中　A_a——入炉燃料的灰分含量（干基），%；

　　A_C'——灰渣的碳含量，%。

（7） $$m_b = T_1 \times g$$

式中　T_1——煤气炉热备用台时数，h/台；

　　g——实测热备用 1 台时的耗碳量，kg。

【例 1-3】 已知数据：有一煤气炉每小时消耗无烟煤 1165kg，无烟煤含碳 65.6%；半水煤气产量 $2590\,m^3/h$，其成分为：$\varphi(H_2) = 38.5\%$，$\varphi(N_2) = 21.73\%$，$\varphi(CO_2) = 1\%$，$\varphi(CO_2) = 8.7\%$，$\varphi(CH_4) = 1.37\%$，$\varphi(CO_2) = 0.7\%$；吹风气含碳 21%；飞屑量为 58.4kg/h，飞屑含碳 73.9%。假设碳无其他损失，试分析造气工段碳的利用情况。若生产 1000kg 氨半水煤气消耗定额为 $3300\,m^3$，求煤的消耗量。

解　（1）碳的平衡计算：以每小时的物料量为计算基准

收入　煤中碳 $= 1165 \times 0.655 = 763kg$

支出

① 半水煤气中碳 $= 2590 \times (29\% + 8.7\% + 1.37\%) \times 12/22.4 = 542kg$

占总收入碳的百分数为 $\dfrac{542}{763} \times 100\% = 71\%$

② 吹风气中碳 $= 1370 \times 0.21 \times 12/22.4 = 154kg$

占总收入碳的百分数为 $\dfrac{154}{763} \times 100\% = 20.2\%$

③ 飞屑中的碳 $= 58.4 \times 0.793 = 43kg$

占总收入碳的百分数为 $\dfrac{43}{763} \times 100\% = 5.56\%$

④ 炉渣中碳为 $x$kg，则

$$763 = 542 + 154 + 43 + x$$

$$x=25\text{kg}$$

占总收入碳的百分数为 $\dfrac{24}{763}\times100\%=3.15\%$

造气工序的碳平衡表见表 1-19。

表 1-19 造气工序的碳平衡表

收 入			支 出		
项　目	质量/(kg/h)	比例/%	项　目	质量/(kg/h)	比例/%
煤中碳	763	100	1. 半水煤气中碳	542	71.0
			2. 吹风气中碳	154	20.2
			3. 飞屑中碳	43	5.65
			4. 炉渣中碳	24	3.15
合计	763	100		563	100

（2）生产 1000kg 氨消耗的煤量为

$$\frac{1165}{2590/3300}=1484\text{kg}/1000\text{kgNH}_3$$

折合成标准煤为：$1484\times0.655/0.84=1157\text{kg}/1000\text{kgNH}_3$

如果半水煤气成分不好，或碳的气化反应不良，炉渣中碳含量增加，煤的消耗将会增高。

复 习 题

1. 写出吹风和制气时化学反应方程式？
2. 工作循环分几个阶段？各阶段的作用如何？
3. 简述造气的工艺流程？
4. 造气工艺条件如何选择？
5. 造气工段的废热如何综合利用？
6. 煤气炉内结大块、结疤有何现象？原因是什么？如何处理？
7. 造气总阀不开或不关有哪些原因？从何处发现？如何处理？
8. 在什么情况下需要调节煤气炉入炉的蒸汽量和氮空气量？
9. 煤气炉炭层吹翻，对正常制气有何影响？怎样避免吹翻？吹翻后如何处理？
10. 煤气柜是如何升降？煤气柜的进口水封构造如何？如何封水和放水？应注意哪些问题？
11. 鲁奇法连续气化的原理是什么？德士古气化法的特点是什么？
12. 什么是析炭现象？有何危害？如何防止？发生后如何处理？

第二章 脱 硫

在水煤气、半水煤气、焦炉气等各种气体原料中，均含有各种不同量的硫化物。它们是由煤中硫化物受热分解而产生的。按其化合状态可分为两大类，一类是硫的无机化合物，主要是硫化氢（H_2S）；另一类是硫的有机化合物简称有机硫，有二硫化碳（CS_2），硫氧化碳（COS），硫醇（C_2H_5SH）等。原料气中的硫化氢含量最多，约占原料气中硫总量的 90% 以上。一般情况下，半水煤气中的硫化氢含量为 $1g/m^3$ 左右，焦炉气中的硫化氢含量 $\leqslant 7g/m^3$。

原料气中的硫化氢对合成氨生产来说是极其有害的。主要害处有以下几点。

① 严重地腐蚀煤气管道、阀门及设备。

② 能使转化催化剂、变换催化剂、甲烷化催化剂、合成甲醇和合成氨催化剂等多种催化剂中毒而失去活性。

③ 在用铜氨液洗涤一氧化碳的流程中，硫化氢能与铜反应形成不溶解的硫化亚铜沉淀，堵塞铜洗涤的管道和设备而增加铜耗。

因为硫化氢对合成氨生产过程有以上危害，所以必须将原料气中的硫化氢脱除干净，一般要求脱硫后的气体中硫化氢含量小于 $50mg/m^3$。中温变换、低温变换串甲烷化的三催化剂流程，对硫化物的净化要求更高，一般控制硫化氢含量小于 $10mg/m^3$。

工业上脱硫的方法很多，按照脱硫剂的形态可分为干法脱硫和湿法脱硫两大类。干脱硫以固体物质做干脱硫剂，而湿法脱硫则以溶液作为脱硫剂。当含硫气体通过脱硫剂时，硫化物即与脱硫剂产生物理的或化学的变化，分别被固体物质所吸附或被溶液所吸收。

干法脱硫有氢氧化铁法，活性炭法和氧化锰法、氧化锌法等。它们的特点是脱硫效率高，但设备庞大，检修时劳动条件差。因此，现在干法脱硫仅限用于脱除有机硫，与湿法脱硫并用，对含少量硫化物的气体进行精脱。

湿法脱硫有氨水中和法、氨水液相催化法、ADA 法、栲胶法、PDS 法等。它们的特点是：吸收速率快、生产能力大，同时脱硫剂还可以再生循环使用，操作连续方便，因此，用于原料气中 H_2S 含量较高的气体脱硫。目前较多的采用 ADA 法、PDS 法加栲胶法脱硫，故本章湿法脱硫对其他脱硫方法不做分析，只对 ADA 和栲胶脱硫法做介绍。

干法脱硫净化度高，并能脱除绝大多数的有机硫。但是干法脱硫仅仅适用硫含量较低的场合，因此在生产中人们一般首先用湿法脱除大量的硫后，再用干法将少量硫脱除，以达到生产的要求。

第一节 湿 法 脱 硫

干法脱硫净化度高，并能脱除各种有机硫。但干法脱硫剂或者不能再生或者再生非常困难，并且只能周期性操作，设备庞大，劳动强度高。因此，干法脱硫仅适用于气体硫含量较低和净化度要求高的场合。

对于含大量无机硫的原料气，通常采用湿法脱硫。湿法脱硫有着突出的优点：第一，脱硫剂为液体，便于输送；第二，脱硫剂较易再生并能回收富有价值的化工原料硫黄，从而构成一个脱硫循环系统实现连续操作。因此，湿法脱硫广泛应用于以煤为原料及以含硫较高的重油、天然气为原料的制氨流程中。当气体净化度要求很高时，可在湿法脱硫之后串联干法脱硫，使脱硫在工艺上和经济上都更合理。

一、湿法氧化法脱硫的基本原理

湿法氧化法脱硫包含两个过程：一是脱硫剂中的吸收剂将原料气中的硫化氢吸收；二是吸收到溶液中的硫化氢的氧化以及吸收剂的再生。

1. 吸收的基本原理及吸收剂的选择

硫化氢是酸性气体，其水溶液呈酸性，吸收过程可表示为

$$H_2S(g) \Longrightarrow H^+ + HS^- \tag{2-1}$$

$$H^+ + OH^-（碱性吸收剂）\Longrightarrow H_2O \tag{2-2}$$

故吸收剂应为碱性物质，使硫化氢的吸收平衡向右移动。工业中一般用碳酸钠水溶液或氨水等做吸收剂。

2. 再生的基本原理与催化剂的选择

碱性吸收剂只能将原料气中的硫化氢吸收到溶液中，不能使硫化氢氧化为单质硫。因此，需借助其他物质来实现。通常是在溶液中添加催化剂作为载氧体，氧化态的催化剂将硫化氢氧化为单质硫，其自身呈还原态。还原态催化剂在再生时被空气中的氧氧化后恢复氧化能力，如此循环使用。此过程可示意为

$$载氧体（氧化态）+ H_2S \Longrightarrow S + 载氧体（还原态）\tag{2-3}$$

$$载氧体（还原态）+ \frac{1}{2}O_2 \Longrightarrow H_2O + 载氧体（氧化态）\tag{2-4}$$

总反应式：硫化氢在载氧体和空气的作用下发生以下反应

$$H_2S + \frac{1}{2}O_2（空气）\Longrightarrow S\downarrow + H_2O \tag{2-5}$$

显然，选择适宜的载氧催化剂是湿法氧化法的关键，这个载氧催化剂必须既能氧化硫化氢又能被空气中的氧氧化。因此，从氧化还原反应的必要条件来衡量，此催化剂的标准电极电位的数值范围必须大于硫化氢的电极电位小于氧的电极电位，即：$0.141V < E^\ominus < 1.23V$。实际选择催化剂时考虑到催化剂氧化硫化氢，一方面要充分氧化为单质硫，提高脱硫液的再生效果；另一方面又不能过度氧化生成副产物硫代硫酸盐和硫酸盐，影响脱硫液的再生效果。同时，如果催化剂的电极电位太高，氧化能力太强，再生时被空气氧化就会越困难。因此，常用有机醌类做催化剂，其 $E^\ominus$ 的范围是 $0.2 \sim 0.75V$，其他类型催化剂的 $E^\ominus$ 一般为 $0.141 \sim 0.75V$。

二、栲胶脱硫法

目前化学脱硫主要采用纯碱液相催化法，要使 HS^- 氧化成单质硫而又不发生深度氧化，那么该氧化剂的电极电位应在 $0.2V < E^\ominus < 0.75V$ 范围内，通常选栲胶、PDS、ADA。下面以栲胶为例说明脱硫过程的基本原理。

栲胶的主要组成是单宁（约 70%），含有大量的邻二或邻三羟基酚。由于多元酚的羟基易受电子云的影响，间位羟基比较稳定，而对位和邻位羟基很活泼，易被空气中的氧所氧化，所以，用于脱硫的栲胶必须是水解类热溶栲胶，其在碱性溶液中更容易氧化成醌类，氧化态的栲胶在还原过程中氧取代基又还原成羟基。

1. 栲胶法脱硫的基本原理

（1）化学吸收

$$Na_2CO_3（吸收）+ H_2S \Longrightarrow NaHCO_3 + NaHS \tag{2-6}$$

该反应对应的设备为填料式吸收塔。由于该反应属强碱弱酸中和反应，所以吸收速率相当快。

(2) 元素硫的析出

$$2NaHS+4NaVO_3(氧化催化)+H_2O === Na_2V_4O_9+4NaOH+2S\downarrow \qquad (2-7)$$

该反应对应的设备为吸收塔，但在吸收塔内反应有少量进行，主要在富液槽内进行。

(3) 氧化剂的再生

$$Na_2V_4O_9+2 栲胶(氧化)+2NaOH+H_2O === 4NaVO_3+2 栲胶(还原) \qquad (2-8)$$

该反应对应的设备为富液槽和再生槽。

(4) 载氧体（栲胶）的再生

$$栲胶(还原)+O_2(空气中) === 栲胶(氧化)+H_2O \qquad (2-9)$$

该反应对应的设备为再生槽。

以上四个反应的总方程式为

$$2H_2S+O_2 === 2S\downarrow +2H_2O \qquad (2-10)$$

2. 栲胶法脱硫的反应条件

(1) 溶液的 pH

提高 pH 能加快吸收硫化氢的速率，提高溶液的硫容，从而提高气体的净化度，并能加快氧气与还原态栲胶的反应速率。但 pH 过高，吸收二氧化碳的量增多，且易析出 $NaHCO_3$ 晶体，同时降低了钒酸盐与硫氢化物的反应速率并且加快了生成硫代硫酸钠的速率。

因此通过大量的实验可以证明：pH＝8.1～8.7 为适宜值。

$$Na_2CO_3+CO_2+H_2O === 2NaHCO_3 \qquad (2-11)$$

$$2NaHS+2O_2 === Na_2S_2O_3+H_2O \qquad (2-12)$$

方程式 (2-12) 的进行主要源于硫氢化钠与偏钒酸钠在富液槽中的反应未进行彻底，或者说富液槽反应器并没有完成任务，而是将部分硫氢化钠后移到再生槽的结果所致。以上原因发生要么是富液在富液槽停留时间太短，要么是偏钒酸钠的浓度不到位。溶液中的碳酸钠和碳酸氢钠的浓度之和为溶液总碱度。pH 随总碱度的增加而上升，生产中，一般总碱度控制在 0.4～0.5mol/L，如果原料气中二氧化碳含量高，会使碳酸氢钠浓度大，pH 下降，这样可从系统中引出一部分约为总量的 1%～2% 的溶液，加热到 90℃ 以脱除二氧化碳，如此经过 2h 的循环脱除即可恢复初始的 pH。

(2) 偏钒酸钠含量

偏钒酸钠含量高，氧化 HS^- 速率快，偏钒酸钠含量取决于它能否在进入再生槽前全部氧化完毕。否则就会有 $Na_2S_2O_3$ 生成，太高不仅造成偏钒酸钠的催化剂浪费，而且直接影响硫黄的纯度和强度（一般太高会使硫锭变脆），因此，生产中一般应加入 1～1.5g/L。

(3) 栲胶含量

作为载氧体，其作用是将焦钒酸钠氧化成偏钒酸钠，如果含量低则直接影响再生效果和吸收效果，太多则易被硫泡沫带走，从而影响硫黄的纯度。生产中一般应控制在 0.6～1.2g/L。

(4) 温度

① 提高温度虽然降低硫化氢在溶液中的溶解度，但加快吸收和再生反应速率，同时也加快生成的 $Na_2S_2O_3$ 副反应速率。

② 温度低，溶液再生速度慢，生成硫膏过细，硫化氢难分离，并且会因碳酸氢钠，硫代硫酸钠，栲胶等溶解度下降而析出沉淀堵塞填料，为了使吸收再生和析硫过程更好地进行，生产中吸收温度应维持在 30～45℃，再生槽温度应维持在 60～75℃（在冬季应该用蒸汽加热）。

（5）液气比

液气比增大，溶液循环量增大，虽然可以提高气体的净化度，并能防止硫黄在填料的沉积，但动力消耗增大，成本增加。因此液气比大小主要取决于原料气硫化氢含量多少，硫容的大小、塔型等，生产一般维持 $11L/m^3$ 左右即可。

（6）再生空气用量及再生时间

① 空气作用使将还原态的栲胶氧化成氧化态的栲胶。

② 空气作用还可以使溶液悬浮硫以泡沫状浮在溶液的表面上，以便捕集、溢流回收硫黄。

③ 空气作用同时将溶解在吸收液中二氧化碳吹除出来，从而提高溶液 pH，实际生产 1kg 硫化氢约需 $60\sim110m^3/(m^2\cdot h)$ 空气，再生时间维持在 $8\sim12min$。

3. 栲胶法工艺流程

半水煤气栲胶法脱硫工段工艺流程见图 2-1，由气柜来的半水煤气，含 H_2S、CS_2、COS、C_4H_4S、RSH 等有机硫和无机硫。经洗气塔除去煤气中的尘粒和部分焦油后经罗茨鼓风机送入脱硫塔，在脱硫塔除去无机硫后，进入气液分离器除去夹带的液体后去压缩机。脱硫液经再生泵送入再生槽除去硫泡沫后进入再生槽。再生液经贫液泵再送回脱硫塔。

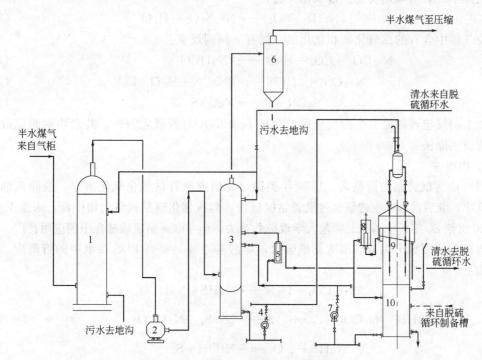

图 2-1　半水煤气栲胶法脱硫工段工艺流程

1—洗气塔；2—罗茨鼓风机；3—脱硫清洗塔；4—富液泵；5—清洗塔水封；6—气液分离器；

7—贫液泵；8—液位调节器；9—再生槽；10—贫液槽

三、其他脱硫法简介

1. ADA 法

ADA 法是蒽醌二磺酸钠法的简称，是蒽醌二磺酸钠的英文缩写，通常是借用它代表该法所用的氧化催化剂 2,6-或 2,7-蒽醌二磺酸钠。

现在工业所用的 ADA 法，实为改良 ADA 法，早期的 ADA 法所用的溶液是由少量的

2,6-或 2,7-蒽醌二磺酸钠及碳酸氢钠的水溶液配制而成的。后在工业实践中又逐步加进了偏钒酸钠和酒石酸钾钠等物质。使该法脱硫更趋于完善。

(1) 脱硫塔中的反应

以 pH 为 8.5~9.2 的稀碱液吸收硫化氢生成硫氢化物

$$Na_2CO_3 + H_2S \longrightarrow NaHS + NaHCO_3 \tag{2-13}$$

硫氢化物与偏钒酸盐反应转化成还原性的焦钒酸钠及单质硫

$$2NaHS + 4NaVO_3 + H_2O \longrightarrow Na_2V_4O_9 + 4NaOH + 2S\downarrow \tag{2-14}$$

氧化态 ADA 反复氧化焦钒酸钠

$$Na_2V_4O_9 + 2ADA(氧化态) + 2NaOH + H_2O \longrightarrow 4NaVO_3 + 2ADA(还原态) \tag{2-15}$$

(2) 氧化槽中（吸收液再生设备）的反应

还原态的 ADA 被空气中的氧氧化恢复氧化态，其后溶液循环使用；

$$2ADA(还原态) + O_2 \longrightarrow 2ADA(氧化态) + H_2O \tag{2-16}$$

(3) 副反应

气体中含有的氧则要发生过氧化反应：

$$2NaHS + 2O_2 \longrightarrow Na_2S_2O_3 + H_2O \tag{2-17}$$

与气体中含有的二氧化碳和氰化氢，尚有下列副反应：

$$Na_2CO_3 + CO_2 + H_2O \longrightarrow 2NaHCO_3 \tag{2-18}$$

$$Na_2CO_3 + 2HCN \longrightarrow 2NaCN + H_2O + CO_2 \tag{2-19}$$

$$NaCN + S \longrightarrow NaCNS \tag{2-20}$$

以上副反应，除第二个副反应所产生的 $NaHCO_3$ 对脱硫无害外，其余均对脱硫过程有害，应设法除去。

2. PDS 法

PDS 法为酞菁钴的商品名。1959 年美国最先研究酞菁钴催化氧化硫醇，脱除汽油中的硫醇臭味。继后前苏联也曾研究过酞菁钴脱硫法，但该催化剂易被氰化物中毒，未能工业化。直到 20 世纪 80 年代中国东北师范大学攻破此难关，至今酞菁钴脱硫法在中国应用甚广。

PDS 的主要成分为双核酞菁钴磺酸盐，磺酸基主要是提高 PDS 在水中的溶解度。脱硫反应如下

$$Na_2CO_3 + H_2S \longrightarrow NaHS + NaHCO_3 \tag{2-21}$$

$$NaHS + Na_2CO_3 + (2x-1)S \xrightarrow{\text{PDS}} 2NaS_x + NaHCO_3 \tag{2-22}$$

$$NaHS + \frac{1}{2}O_2 \Longrightarrow NaOH + S \tag{2-23}$$

在整个分子结构中，苯环和钴都呈中心对称。两侧双核的配位中心钴离子起着脱硫的主要作用。但酞菁钴脱硫反应的确切机理，至今还不完全清楚，正在研究之中。

酞菁钴脱硫互换性好，凡属醌-氢醌类的脱硫装置及流程，均可替换以酞菁钴溶液脱硫。脱硫及再生的操作温度、压力、pH 均可不变。其脱硫净化度及净化值与栲胶法相仿。

酞菁钴价格昂贵，但用量很少，脱硫液中的 PDS 含量仅在每立方米含有数十立方厘米左右。PDS 的吨氨耗量一般在 1.3~2.5g，因而运行的经济效益也较显著。

此法也可脱除部分有机硫。若脱硫液中存在大量的氰化物，仍能导致 PDS 中毒，但约经 60h 靠其自身的排毒作用，其脱硫活性可以逐渐恢复。PDS 对人体无毒，不会发生设备硫堵，无腐蚀性。

3. DDS 生化脱硫法

从天然植物提取物经半合成而得到一种含铁的配合聚合物，这种含铁的配合聚合物被称作 DDS 催化剂。向 DDS 脱硫液中加入一些亲硫耗氧耐热耐碱菌能够有效地减少铁的分解，提高 DDS 溶液的载氧性，提高脱硫反应的专一性，降低脱硫过程的副反应，这就是"生化铁-碱脱硫法"。

DDS 溶液脱硫基本原理如下。

DDS 溶液是由 DDS 催化剂（附带有好氧菌）、DDS 催化剂辅料（多环酚类物质，为了方便，采用对苯二酚表示）、B 型 DDS 催化剂辅料、活性碳酸亚铁、碳酸钠（或碳酸钾）和水组成；同时，在碱性溶液中，在 DDS 催化剂分子的启发和诱导下，DDS 催化剂辅料、B 型 DDS 催化剂辅料和活性碳酸亚铁在好氧菌的作用下，会产生活性 DDS 催化剂分子。

当 DDS 溶液和气体接触时，吸收气体中的无机硫、有机硫和二氧化碳，并转化为"富液"。在此过程中，吸收温度为 $25\sim90℃$，吸收压力为 $0.1\sim4.0MPa$。

吸收过程的反应方程式（为了方便起见，在以下的反应式中，仅用 Fe、Fe^{2+}、Fe^{3+} 分别表示零价型 DDS 催化剂、二价型 DDS 催化剂和三价型 DDS 催化剂）如下：

$$Na_2CO_3+CO_2(g)+H_2O \overset{K_1}{\rightleftharpoons} 2NaHCO_3 \tag{2-24}$$

$$Na_2CO_3+H_2S(g) \overset{K_2}{\rightleftharpoons} NaHS+NaHCO_3 \tag{2-25}$$

$$H_2S(g)+Fe^{2+} \overset{K_3}{\rightleftharpoons} FeS\downarrow +2H^+ \tag{2-26}$$

$$3H_2S(g)+2Fe^{3+} \overset{K_4}{\rightleftharpoons} Fe_2S_3\downarrow +6H^+ \tag{2-27}$$

$$COS(g)+H_2O(g) \overset{催化\ K_5}{\rightleftharpoons} H_2S(g)+CO_2(g) \tag{2-28}$$

$$CS_2(g)+H_2O(g) \overset{K_6}{\rightleftharpoons} H_2S(g)+COS(g) \tag{2-29}$$

通常情况下，"富液"经减压和加热后，溶解于其中的 CO_2 逸出，再通入空气，在 DDS 催化剂的催化下，"富液"中的 S^{2-} 被氧化为 S，并以泡沫形式浮出，DDS 溶液得以再生。再生后的 DDS 溶液循环使用。

再生过程的反应方程式为：

$$2Fe+O_2+2H_2O \Longrightarrow 2Fe^{2+}+4OH^-$$

$$（该反应是\ DDS\ 催化剂的活化反应） \tag{2-30}$$

$$2NaHCO_3 \Longrightarrow Na_2CO_3+H_2O+CO_2 \tag{2-31}$$

$$4Fe^{2+}+O_2+2H_2O \Longrightarrow 4Fe^{3+}+4OH^- \tag{2-32}$$

$$2HO-\langle\rangle-OH+O_2 \Longrightarrow O=\langle\rangle=O+2H_2O \tag{2-33}$$

$$S^{2-}+2Fe^{3+} \Longrightarrow 2Fe^{2+}+S \tag{2-34}$$

$$S^{2-}+O=\langle\rangle=O+2H_2O \Longrightarrow HO-\langle\rangle-OH+2OH^-+S \tag{2-35}$$

$$2Fe^{2+}+O=\langle\rangle=O+2H_2O \Longrightarrow HO-\langle\rangle-OH+2Fe^{3+}+2OH^- \tag{2-36}$$

$$SO_3^{2-}+[O] \Longrightarrow SO_4^{2-} \tag{2-37}$$

DDS 脱硫技术是一种新的湿法生化脱硫技术，其对应的 DDS 脱硫液的配制方法是在碳酸钠或其他碱性物质的水溶液中加入 DDS 催化剂、酚类物质（辅料）、活性碳酸亚铁和好氧耐热耐碱菌配制而成，DDS 催化剂简称为 DDS 铁。

DDS 是一类铁的聚合配合物或螯合物，在强碱性溶液中稳定性强，不易分解。当 DDS

脱硫液和含硫化氢或羰基硫的气体接触时，吸收气体中的硫化氢或羰基硫，然后，DDS 溶液在 DDS 催化剂和酚类物质共同催化下，用空气氧化再生，释放出单质硫。再生后的 DDS 脱硫液循环使用。在吸收和再生过程中，少量 DDS 铁会降解，同时会发生一些副反应生成硫代硫酸钠和硫化钠等副产物，使脱硫液脱硫能力迅速下降；此时，在好氧耐热耐碱菌作用下，产生的不溶性铁盐和活性碳酸亚铁会转化成 DDS 铁，稳定了 DDS 脱硫液中的铁含量，同时，好氧耐热耐碱菌还会将副反应生成的硫代硫酸钠和硫化钠分解成单质硫，降低了副反应，使脱硫液再生彻底，稳定了脱硫液组成，提高了 DDS 脱硫液的吸硫能力。

溶液中添加碳酸亚铁，可以减少和防止 DDS 催化剂分解，这就是为什么要向脱硫液中加入适量的碳酸亚铁的原因。由于"DDS 脱硫液"进入系统后，首先会在所有设备内壁形成一层非常致密的氧化物保护膜；再者，DDS 脱硫液中含有较高浓度的二价铁离子和三价铁离子，从化学反应动力学和热力学及化学反应平衡理论角度来看，可以有效降低单质铁被氧化成二价铁离子或三价铁离子的反应速度，即减缓溶液对设备的腐蚀速度，延长设备的使用寿命。

第二节 干法脱硫

一、活性炭法脱硫

1. 基本原理

活性炭脱硫法分吸附法、催化法和氧化法。

① 吸附法是利用活性炭选择性吸附的特性进行脱硫，对脱除噻吩最有效，但因硫容量过小，使用受到限制。

② 催化法是在活性炭中浸渍了铜铁等重金属，使有机硫被催化转化成硫化氢，而硫化氢再被活性炭吸附。

③ 氧化法脱硫是最常用的一种方法，借助于氨的催化作用，硫化氢和硫氧化碳被气体中存在的氧所氧化，反应式为：

$$H_2S + \frac{1}{2}O_2 = S + H_2O \tag{2-38}$$

$$COS + \frac{1}{2}O_2 = S + CO_2 \tag{2-39}$$

反应分两步进行，第一步是活性炭表面化学吸附氧，形成表面氧化物，这一步速率极快；第二步是气体中的硫化氢分子与化学吸附态的氧反应生成硫与水，速率较慢，反应速率由第二步确定。反应所需氧，按化学计量式计算，结果再多加 50%。由于硫化氢与硫醇在水中有一定的溶解度，故要求进气的相对湿度大于 70%，使水蒸气在活性炭表面形成薄膜，有利于活性炭吸附硫化氢及硫醇，增加它们在表面上氧化反应的机会。适量氨的存在使水膜呈碱性，有利于吸附呈酸性的硫化物，显著提高脱硫效率与硫含量。反应过程强烈放热，当温度维持在 20~40℃时，对脱硫过程无影响；如超过 50℃，气体将带走活性炭中水分，使湿度降低，恶化脱硫过程，同时水膜中氨浓度下降，使氨的催化作用减弱。

2. 再生方法

脱硫剂再生有过热蒸汽法和多硫化铵法。

① 多硫化铵法是采用硫化铵溶液多次萃取活性炭中的硫，硫与硫化铵反应生成多硫化铵，反应式为：

$$(NH_4)_2S + (n-1)S = (NH_4)_2S_n \tag{2-40}$$

此法包括硫化铵溶液的制备、用硫化铵溶液浸取活性炭上的硫黄、再生活性炭和多硫化铵溶液的分解以及回收硫黄及硫化铵溶液等步骤。多硫化铵法是传统的再生方法，优质的活性炭可再生循环使用 20～30 次，但这种方法流程比较复杂，设备繁多，系统庞大。

② 过热蒸汽或热惰性气体（热氮气或煤气燃烧气）再生法，由于这些气体不与硫反应，可用燃烧炉或电炉加热，调节温度至 350～450℃，通入活性炭脱硫器内，活性炭上硫黄便发生升华，硫蒸气被热气体带走。

二、铁钼加氢转化法

经湿法脱硫后的原料气中含有 CS_2、C_4H_4S、RSH 等有机硫，在铁钼催化剂的作用下，绝大部分能加氢转化成容易脱除的 H_2S，然后再用氧化锰脱除之，所以铁钼加氢转化法是脱除有机硫很有效的预处理方法。

1. 基本原理

在铁钼催化剂的作用下，有机硫加氢转化为 H_2S 的反应如下

$$R\text{-}SH(硫醇) + H_2 = RH + H_2S \tag{2-41}$$

$$R\text{-}S\text{-}R(硫醚) + 2H_2 = RH + H_2S + RH \tag{2-42}$$

$$C_4H_4S(噻吩) + 4H_2 = C_4H_{10} + H_2S \tag{2-43}$$

$$CS_2(二硫化碳) + 4H_2 = CH_4 + 2H_2S \tag{2-44}$$

上述反应平衡常数都很大，在 350～430℃ 的操作温度范围内，有机硫转化率是很高的，其转化反应速率对不同种类的硫化物而言差别很大，其中噻吩加氢反应速率最慢，故有机硫加氢反应速率取决于噻吩的加氢反应速率。加氢反应速率与温度和氢气分压也有关，温度升高，氢气分压增大，加氢反应速率加快。

在转化有机硫的过程中，也有副反应发生，其反应式为

$$CO + 3H_2 = CH_4 + H_2O \tag{2-45}$$

$$CO_2 + 4H_2 = CH_4 + 2H_2O \tag{2-46}$$

转化反应和副反应均为放热反应，所以生产当中要很好地控制催化剂层的温升。

2. 铁钼催化剂

铁钼催化剂的化学组成是 $w(Fe)$：2.0%～3.0%，$w(MoO_3)$：7.5%～10.5%，并以 Al_2O_3 为载体，催化剂制成 $\phi 7mm \times (5～6)mm$ 的片状，外观呈黑褐色。耐压强度 > 1.5MPa（侧压），堆密度为 0.7～0.85kg/L，型号：T202。

氧化态的铁钼催化剂是以 FeO、MoO_3 的形态存在，对加氢转化反应活性不大，只有经过硫化后才具有很高的活性，其硫化反应如下

$$MoO_3 + 2H_2S + H_2 = MoS_2 + 3H_2O \tag{2-47}$$

$$9FeO + 8H_2S + H_2 = Fe_9S_8 + 9H_2O \tag{2-48}$$

3. 工艺操作条件

铁钼催化剂操作温度为 350～450℃；压力 0.7～7.0MPa，空间速度 500～1500h^{-1}。T202 型加氢转化催化剂主要用于焦炉气（天然气）合成氨。

4. 事故处理

铁钼转化器最容易出现的事故就是催化剂超温与结炭。超温一般是因为前工序送来的原料气中氧含量增高所致，如遇此情况，一方面可以打开转化器入口的冷激阀门，向槽内通入蒸汽或低温的煤气来压温；另一方面应立即通知前部工序降低原料气中的氧含量。结炭的原因，是在生产中有时会产生副反应，如

$$CS_2 + 2H_2 \Longrightarrow 2H_2S + C \tag{2-49}$$

$$C_2H_4 \Longrightarrow CH_4 + C \tag{2-50}$$

$$2CO \Longrightarrow CO_2 + C \tag{2-51}$$

若出现结炭现象，则催化剂活性便会降低。处理的方法是将转化器与生产系统隔离。把槽内可燃气体用氮气或蒸汽置换干净，然后缓慢向槽内通入空气进行再生，在严格控制催化剂温升（最高不超过 450℃）的情况下，通入空气后床层温度不继续上升，且有下降趋势时，分析出入口氧含量相等时，即可认为再生结束。另外气体成分变化，负荷过大也易造成超温。

三、氧化锰脱硫法

1. 基本原理

氧化锰对有机硫的转化反应与铁钼相似，但对噻吩的转化能力非常小，在干法脱硫中，主要起吸收 H_2S 的作用。其反应式为

$$MnO + H_2S \Longrightarrow MnS + H_2O \tag{2-52}$$

2. 氧化锰催化剂

氧化锰催化剂是天然的锰矿石，天然锰矿都是以 MnO_2 的形式存在，MnO_2 是不能脱除 H_2S 的，只有还原后才具有活性。因此使用前必须进行还原。其反应式为

$$MnO_2 + H_2 \Longrightarrow MnO + H_2O \tag{2-53}$$

生产中是根据需要将锰矿石粉碎成一定的粒度，然后均匀地装入设备内进行升温还原，使催化剂具有了吸收 H_2S 的活性后才可使用。

3. 工艺操作条件

氧化锰催化剂温度一般为 $350 \sim 420℃$，操作压力在 2.1MPa 左右，出口总硫可降到 $20mg/m^3$ 以下。催化剂层热点温度在 400℃ 左右。

4. 一般事故处理

操作中一般易出现的事故即催化剂层超温，生产中引起催化剂超温的原因是气体负荷的变化，或是铁钼槽来的气体温度超指标造成。此种情况只要及时联系有关工序，减小生产负荷并控制气体成分即可。若催化剂超过规定温度指标，还可开入口冷激阀，用氮气或蒸汽压温。在新装催化剂还原时，由于四价锰（MnO_2）还原成二价锰（MnO），是放热反应，因此，在还原操作时必须严格控制还原气（H_2）的含量，否则最易引起催化剂温度猛涨，严重时则会烧结催化剂使其失去活性。

四、氧化锌脱硫法

氧化锌是内表面积较大，硫容量较高的一种固体脱硫剂，在脱除气体中的硫化氢及部分有机硫的过程中，速率极快。净化后的气体中总硫含量一般在 3×10^{-6}（质量分数）以下，最低可达 10^{-7}（质量分数）以下，广泛用于精细脱硫。

1. 基本原理

氧化锌脱硫剂可直接吸收硫化氢生成硫化锌，反应式为

$$H_2S + ZnO \Longrightarrow ZnS + H_2O \tag{2-54}$$

对有机硫，如硫氧化碳，二硫化碳等则先转化成硫化氢，然后再被氧化锌吸收，反应式为

$$COS + H_2 \Longrightarrow H_2S + CO \tag{2-55}$$

$$CS_2 + 4H_2 \Longrightarrow 2H_2S + CH_4 \tag{2-56}$$

氧化锌脱硫剂对噻吩的转化能力很小，又不能直接吸收，因此，单独用氧化锌是不能把有机硫完全脱除的。

氧化锌脱硫的化学反应速率很快，硫化物从脱硫剂的外表面通过毛细孔到达脱硫剂的内表面，内扩散速率较慢，它是脱硫反应过程的控制步骤。因此，脱硫剂粒度越小，孔隙率越大，越有利于反应的进行。同样，压力高也能提高反应速率和脱硫剂的利用率。上述即为氧化锌脱硫剂反应机理。

2. 氧化锌脱硫剂

氧化锌脱硫剂是以氧化锌为主体（约占95%），并添加少量氧化锰，氧化铜或氧化镁为助剂，T301型氧化锌脱硫剂的主要性能如下。

外观：白色或浅灰色条状物；堆积密度：$1\sim1.3g/mL$；强度：$\geqslant40N/cm^2$；适宜温度：$200\sim400℃$；出口气体含硫量：10^{-7}（质量分数）。

氧化锌脱硫剂装填后不需还原，升温后便可使用。T305型脱硫剂是一种适应性较强的新型脱硫剂，能在苛刻条件下，保持很高的活性与硫容量，并具有耐高水汽的特性。

脱硫剂装入设备后，用氮气置换至$\varphi(O_2)<0.5\%$以下，再用氮气或原料气进行升温，升温速度：常温$\sim120℃$，为$30\sim50℃/h$，$120℃$恒温2h；$120\sim220℃$（或$220℃$以上）为$50℃/h$；$220℃$（或$220℃$以上）恒温1h。恒温过程中即可逐步升压，每10min升0.5MPa，直到操作压力。在温度、压力达到要求后先维持4h的低负荷生产，然后再逐步随系统一起加大负荷，转入正常生产。

3. 工艺操作条件

（1）温度

温度升高，反应速率加快，脱硫剂硫容量增加。但温度过高，氧化锌的脱硫能力反而下降。工业生产中，操作温度在$200\sim400℃$之间。脱除硫化氢时可在$200℃$左右进行，而脱除有机硫时必须在$350\sim400℃$。

（2）压力

氧化锌脱硫属于内扩散控制过程，因此，提高压力有利于加快反应速率。生产中，操作压力取决于原料气的压力和脱硫工序在合成氨生产中的部位。操作压力一般为$0.7\sim6.0MPa$。

（3）硫容量

硫容量是指单位质量新的氧化锌脱硫剂吸收硫的量。如15%硫容量是指100kg新脱硫剂吸收15kg的硫。硫容量与脱硫剂性能有关，同时与操作条件有关。温度降低，气体空间速度和水蒸气量增大，硫容量则降低。

4. 工艺流程

工业上为了能提高和充分利用硫容，采用了双床串联倒换法。如图2-2所示，一般单床操作质量硫容仅为13%～18%。而采用双床操作第一床质量硫容可达25%或更高。当第一床更换新ZnO脱硫剂后，则应将原第二床改为第一床操作。

5. 一般事故处理

氧化锌脱硫剂在升温或加压操作中应严格控制

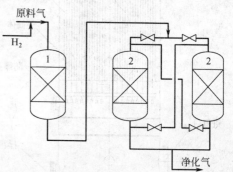

图2-2 加氢转换串联氧化锌流程
1—加氢反应器；2—氧化锌脱硫槽

升温或加压速率而且升温与加压不能同时进行。若操作过猛，会造成应力作用，粉化脱硫剂。同时，原料气体中水蒸气过高，由于水蒸气含盐高，会使脱硫剂层结盐，阻力增加影响整个系统正常生产。如遇上述情况，则：一是严格遵守操作要点，按操作方法进行调节；二是降低水蒸气含量。必要时更换新的脱硫剂。

6. 各种干法脱硫的比较

各种干法脱硫的比较见表 2-1。

表 2-1　各种干法脱硫的比较

方　法	氧化铁法	活性炭法	铁钼加氢	氧化锰法	氧化锌法
所脱硫化物	H_2S,COS, RSH	H_2S,CS_2, COS,RSH	C_4H_4S,CS_2, COS,RSH	H_2S,CS_2, COS,RSH	H_2S,CS_2, COS,RSH
出口总硫/10^{-6}	1	1	1	3	0.1～0.2
脱硫温度/℃	340～400	常温	350～450	400	350～400
操作压力/MPa	0～3.0	0～3.0	0.7～7.0	0～2.0	0～5.0
空速/h^{-1}		400	500～1500	1000	400
硫容量(质量分数)/%	2		转化为 H_2S	10～14	15～25
再生情况	过热蒸汽再生	用硫化氨溶液或过热蒸汽再生	析炭后可再生	不再生	不再生
杂质影响	水蒸气影响平衡	C_3 以上烃类影响效率	CO、CO_2 降低活性	一氧化碳甲烷化反应显著	水蒸气影响平衡和硫容量

第三节　净化岗位操作要点

该工段任务主要是清除由造气送来的半水煤气中的灰尘、煤焦油等杂质，然后由罗茨鼓风机加压、冷却后送至压缩工段。根据全厂情况，调节罗茨鼓风机气量，以均衡生产负荷。

一、电除尘器的工作原理及工艺

电除尘器如图 2-3 所示。

1. 电除尘器工作原理

电除尘分离气体中的悬浮物灰尘包括三个基本过程，即悬浮灰尘的荷电；电荷灰尘在电场中回收；除去收尘电极上的积灰。

QS-SGD104-1 型湿式电除尘器内有 104 根 ϕ325mm×8mm 的钢管（俗称阳极管），每根管子中心悬挂一根 ϕ3mm 金属导线（称为阴极线），组成气体净化场。所有阴极线与高压直流电的负极相连接组成电晕电极，阳极管接正极称为沉淀电极。将高压直流电加入除尘器内两个电极之上后，在电晕极和沉淀极之间形成一个强大的电场，当含有尘粒的煤气通过这个电场时，煤气中的尘粒便带上电荷。由于不均匀电场的缘故，大

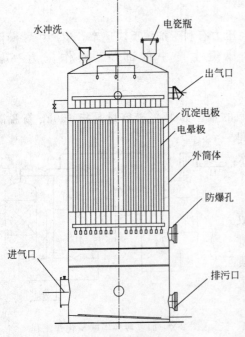

图 2-3　电除尘器

部分尘粒都移向沉淀极管壁，与电极上的异性电荷中和，水沿沉淀极管壁将粉尘冲去，使煤气得以净化。电晕电极线上的粉尘由间断冲洗装置定期冲洗清除。

该设备任务主要是清除由造气送来的半水煤气中的灰尘、煤焦油等杂质，满足压缩机等工段的需要。

2. 电除尘器工艺流程

由气柜送来的半水煤气经过综合洗气塔，洗涤降温后经静电前水封，两个电除尘器除去大量煤焦油、粉尘等杂质，送到一次脱硫工段。静电除尘器中吸附的粉尘由间断冲洗装置定期冲洗清除。

3. 电除尘器主要性能

电除尘器性能见表 2-2。

表 2-2 电除尘器性能表

序　号	设备名称	型号及规格
1	电除尘器	JD-8 型
2	处理气量	$30000\sim33000\text{m}^3/(\text{h}\cdot\text{台})$
3	水封	$DN1600\text{mm}\times1600\text{mm}$

4. 运行操作

设备安装完毕后，必须进行空载调试（在不通煤气的情况下进行电性能升压试验），合格后才能投入运行。

（1）检查与调整

① 清理除焦油塔内杂物，并检查各连件和紧固件的牢固性。

② 全面检查安装是否符合技术要求。

③ 仔细检查电气系统接线是否可靠。

④ 控制柜开关、按钮灵活可靠，开机前应置于断开位置。

⑤ 测量塔体底座与基础预埋铁之间接地电阻和高压静电硅整流器地线与座架接地处电阻应小于 4Ω。

⑥ 用 2500V 兆欧表测量硅整流器、控制柜电缆、电晕电极系统对塔体、沉淀电极的绝缘电阻，应大于 $100\text{M}\Omega$。

⑦ 用 2500V 兆欧表测量硅整流器电阻值，正向电阻接近于 0，反向电阻应 $>500\text{M}\Omega$。

⑧ 全面检查直至调整符合技术要求后，严密封闭瓷瓶箱孔、手孔、排污孔、蒸汽吹扫孔等，人孔暂不封闭。

（2）空气试车

① 在全部设备安装、调整、检查合格后进行试车。

② 接通 220V 50Hz 网络电源。

③ 控制柜上的"电压调节"（回零-升压）手轮使其逆时针旋转至"回零"位置，否则，联锁的微动开关触点未闭合，电源不能接通。

④ 按压"电源、接通"按钮，"电源指示"灯亮，"输入电压"表指示网络电压。

⑤ 缓缓平稳地顺时针旋转"电压调节"手轮，"输出电压"表和"输出电流"表指示即为"工作电压"（kV 值）和"工作电流"（mA 值）；当输出电流表指针发生轻微摆动时，说明除焦油塔内电晕电极已闪路放电，此时停止旋转"电压调节"手轮，并微微回调，使指针停止摆动，这时，"输出电压"和"输出电流"表的指示均符合技术要求，则空气试车合格。

⑥ 当试车发生负载短路或过流时，电气系统自动断开高压电源，停止运行，同时"故障指示"灯亮，"报警"铃响，提示操作人员应及时断开网络电源，检查故障原因。

⑦ 当故障排除后，按上述第②、③、④、⑤条，重新启动空气试车。试车合格后，严格密封各人孔。

（3）通气运行

① 在除焦油器投入运行前，打开瓷瓶箱加热蒸汽管道阀门，分数次缓慢加大蒸汽通入量，使瓷瓶逐渐加热，压力从 0.05MPa 逐渐升到 0.2MPa，2～4h 后，方可投入蒸汽运行。并保持瓷瓶箱夹套温度为 110～120℃，最低不低于 95℃。

② 用氧控仪（KY-Ⅱ型）监视半水煤气的氧含量，当氧含量小于 0.8% 时，方可通入原料气投入运行。

③ 按"空气试车"的第②、③、④、⑤条款，接通电源并缓缓平稳地升高输出电压，直到电晕电极发生闪路放电的临界点、"输出电流"表指针轻微摆动时，将"电压调节"手轮微微回调，指针停止摆动，此时指示为"工作电压"（kV 值）和"工作电流"（mA 值），除焦油处于最佳运行状态。

④ 当氧含量超限或负载短路和过流时，"自控单元"切断输出高压电源，"故障指示"灯亮，"报警"铃响，揭示运行出现故障，除焦油停止。操作人员应及时断开网络电源。

⑤ 查明原因，待氧含量正常故障排除后，再按前述第③条重新投入蒸汽运行。

5. 正常操作及要点

（1）正常开车

开车前的准备工作如下。

① 检查管道、阀门、分析取样点及电器、仪表等必须正常完好。

② 检查系统的水封是否有水、蒸汽管道及阀门是否畅通、有汽。

③ 与调度及班长联系。

开车过程如下。

① 系统未经检修处于保压下的开车。

a. 接到开车指令时，检查各水封是否有水。

b. 打开各水封，排污、排放积水。

c. 通气后根据煤气中 O_2 情况，若合格可开启静电除尘器工作。

② 系统检修后的开车。

a. 全系统检修后开车要用惰性气置换，直到在出口处取样合格。

b. 若是单台设备检修，而另一台设备在运行时，检修的设备可用蒸汽置换或煤气置换。封死前后水封，在后水封处取样合格为止。

（2）停车

短期停车如下。

① 系统正常情况下的停车。

a. 接停车指令后，按停车步骤停下电除尘器。

b. 与造气、变脱岗位联系切气。

c. 根据停车时间和指令封前后水封。

② 系统需检修的停车。

a. 按指令停电除尘器。

b. 封前后水封。

③ 紧急停车。若遇全厂断电或发生重大设备事故可紧急停车。

长期停车的过程如下。

① 按短期停车步骤停车，系统卸压。

② 停车后用惰性气置换系统。在后水封取样处取样分析 $\varphi(O_2) \leqslant 0.5\%$，$\varphi(CO+H_2) \leqslant 5\%$ 为合格。

③ 惰性气置换后用空气置换，在上部取样分析 $\varphi(O_2) \geqslant 20\%$ 为合格。

正常操作要点如下。

① 1h 检查水封、排污各一次。

② 电除尘器的输出电压必须在指标范围内。

③ 若指针摆动，要查明原因并及时处理。

④ 保温蒸汽排污有蒸汽冒出，严防堵塞和冻结。

⑤ 冲洗时必须用大水量冲洗，若排水阀排不及时，可间断冲洗，绝不能用小水量冲洗。冲洗时间不少于 10～15min。

⑥ 严格监控氧含量，并及时和半水煤气脱硫分析工联系气体中 O_2 含量的变化。

6. 维修与保养

① 为保证除焦油器正常运行，应加强管理，执行岗位操作规则和制度，并由专人负责定期检查和维修，填写运行记录。

② 每次停机并经气体置换后，对塔体内部进行蒸汽吹扫；打开塔体上、下筒体蒸汽管道的阀门及排污孔，用压力 0.4MPa 蒸汽冲扫 1h 左右，直至干净，然后打开上、下人孔、手孔，进行自然通风干燥，并清理焦油混合物。

③ 保持高压瓷瓶清洁，开机运行前，用干净抹布擦洗干净。用 2500V 兆欧表测量瓷瓶、电晕电极系统的绝缘电阻，应大于 100MΩ 以上。

④ 检修时检查塔体内各部件、紧固件，特别是电极丝的腐蚀状况，腐蚀严重时，应予更换，并检查各零部件、紧固件是否牢固可靠、符合技术要求。

⑤ 运行中要保持瓷瓶箱夹套温度为 110～120℃，应保证压力表工作正常，阀门开启灵活，疏水阀畅通，阀门及管道无泄漏。

⑥ 每班隔 2～4h 排污一次。

⑦ 每年冬、夏季对高压静电硅整流器和塔体各测量一次接地电阻，接地电阻应小于 4Ω。

⑧ 打开高压静电硅整流器外罩，擦净表面灰尘，并检查和擦净接线柱的灰尘和油污。

⑨ 保持控制柜清洁，仪表板经常擦拭，并检查各开关、按钮、指示灯、仪表等是否正常，有无缺陷。

⑩ 每隔一年对变压器油做一次耐压试验，保证其击穿电压不低于 35kV/2.5mm。不合格时，更换新油。

⑪ 定期校验氧控仪，保证工作正常。

⑫ 在冬季应防止蒸汽管道和瓷瓶箱加温管道的蒸汽出、入口冻结。停止通蒸汽时应排净管道内冷凝水，使疏水器运行良好。

检修时，检查电源线、电缆线有无破损，保证绝缘性能符合要求。

7. 常见故障及排除方法

(1) 按压"电源接通"按钮后，"电源指示"灯不亮，不能投入运行

检查"电压调节"手轮是否调回"零位"；"电源断开"按钮是否复位灵活；输入电源是

否接通。

按压"电源接通"按钮后,"故障指示"灯亮,"报警"铃响。

① 检查控制柜,断开输出端后,若仍不能正常接通,则故障在控制柜内。

a. 断开控制变压器 TC_2 接线端,若仪表板"电源指示"灯亮,则故障在此"自控单元"内,应更换新的。

b. 若仍不能正常接通,则中间继电器 KA_2 接线、触点等不良。仔细检查原因,以排除。

② 断开控制柜内输出端后,若能正常接通,"电源指示"灯亮,则故障在塔体,内有短路现象。

a. 塔体内检查必须在停止送气进行气体置换后,打开上、下人孔,手孔通风,检查应在无煤气和断电状态下,并戴防毒面具进行。

b. 检查电极丝有无断丝、弯曲现象、松紧程度、检查是否脱离上、下伞环;重锤是否脱出下伞环;塔内有无杂物。查明后排除。

c. 检查瓷瓶有无开裂现象和沾有焦油混合物,查明后更换瓷瓶或擦净焦油混合物等。

d. 检查电晕极对塔体的绝缘电阻。用 2500V 兆欧表测量,不低于 $100M\Omega$。

(2) 当接通电源后,"输出电流"表指针摆动严重,且超过 160mA 以上,而"输出电压"表值低于 25kV

① 瓷瓶箱温度可能未达到规定值,应在通气运行前和通电前加热瓷瓶,保证蒸汽压力,待瓷瓶箱温度达到规定值后再投入运行。并检查压力表和疏水阀是否失灵,保持疏水阀畅通。

② 检查高压静电硅整流器绝缘电阻,用 2500V 兆欧表测量,正向电阻接近于零,反向电阻应大于 $500M\Omega$。

③ 检查瓷瓶、电晕极、沉淀极上焦油混合物,聚集过多可造成短路。若属此因,应通以 0.4MPa 蒸汽吹扫塔体内部并排污,清理焦油混合物,并擦净瓷瓶。

(3) 当接通电源后,"输出电流"表(mA)无指示

属高压静电硅整流器的故障,待检查确定后更换。

(4) 当氧控仪并机工作后,介质氧含量超过规定值

同前所述,不能接通除焦油器投入运行。而当介质氧含量确实正常时,但由于氧控仪本身精度、误差、故障等而造成错误,同样会出现前述现象。所以,氧控仪应保持良好正确工作状态,定期校验,可启用备用氧控仪。

8. 紧急事故处理

当出现下列情况时,需做紧急停车处理(按停车按钮或直接拉掉供电柜的相应电闸)。

① 煤气中氧含量超过指标值而联锁未动作。

② 电器设备、线路着火。

③ 线路发生短路。

④ 设备、管道爆炸、着火和其他危及人及设备安全的恶性事故。

二、净化岗位工艺流程

由造气送来的半水煤气经过泡沫除尘器除去少量杂质,然后经静电除尘器除去大量煤焦油、粉尘等杂质,由罗茨鼓风机加压至 4.3kPa 后,经清洗塔冷却降温后,送到压缩机一段进口。

静电除尘器中吸附的粉尘由间断冲洗装置定期冲洗清除。

三、净化岗位主要设备性能

净化岗位设备性能见表 2-3。

表 2-3　净化岗位设备性能

序号	设备名称	型　号　及　规　格	台数
1	泡沫除尘器	$\phi2400mm$；处理气量 $23800 \sim 34000 m^3/h$	2
2	湿式电除尘器	QS-SGD104-I；处理气量 $20000 \sim 24000 m^3/h$	2
3	水封	$DN1600mm \times 1850mm$	4
4	罗茨鼓风机	$q_V = 346m^3/h$；$P = 400kW$	5
5	清洗塔	$DN3600mm \times 17500mm$	1

四、净化岗位正常操作要点

（一）正常开车

1. 开车前的准备

① 检查各设备、管道、阀门，分析取样点及电器、仪表等，必须正常完好。

② 检查系统所有阀门的开、关位置，应符合开车要求。

③ 与供水、供电、供气部门及造气工段联系，做好开车准备。

2. 开车前的置换

① 系统未经检修处于正压状况下的开车。

② 系统检修后的开车，需先吹净、清洗后，再做气密性试验、试漏和置换。

3. 开车

（1）系统未经检修处于保压下的开车

① 联系脱硫循环水送冷却水，检查各水封是否有水。

② 调整冷却清洗塔液位至 $1/2 \sim 1/3$。

③ 联系造气送气，开启罗茨鼓风机进口阀、回路阀、放空阀，排净罗茨鼓风机内积水。盘车，联轴器盘动后，启动罗茨鼓风机，运转正常后，逐渐关闭回路阀，待出口升至略高于系统压力，开启出口阀，并用回路阀调节半水煤气流量。

④ 联系压缩工段，关闭罗茨鼓风机放空阀向压缩送气。

⑤ 根据半水煤气中氧含量，若 $\varphi(O_2) \leqslant 0.5\%$，可启动静电除尘器。

（2）系统检修后的开车

系统吹净、清洗、气密性试验、试漏和置换合格后，按"开车"①的步骤进行。

（二）停车

1. 短期停车

（1）系统正压下的停车

① 接停车通知后，按操作要点停静电除尘器。

② 与造气、压缩工段联系切气，同时封闭静电除尘器进出口水封。

③ 逐渐开启罗茨鼓风机回路阀，关闭出口阀，全开回路阀，停罗茨鼓风机。

④ 关闭罗茨鼓风机出口阀。

⑤ 与脱硫循环水岗位联系停送循环水。

（2）系统需检修的停车

按长期停车步骤进行。

2. 紧急停车

如遇全厂停电或发生重大设备事故，及气柜高度处于安全低限位置以下（罗茨鼓风机大幅度减量而气柜高度仍无回升）等紧急情况时，须紧急停车。停车步骤如下。

① 立即与压缩工段联系停止送气。

② 同时按停车按钮，停静电、停罗茨鼓风机。

③ 按短期停车方法处理。

3. 长期停车

① 按短期停车步骤停车，然后开启清洗塔放空阀，系统卸压。

② 停车后，造气工段送惰性气进行置换，在压缩工段压缩机一段进口管处取样分析，O_2 含量 ≤ 0.5%，CO 和 H_2 含量 ≤ 5% 为合格。

③ 惰性气置换合格后，造气工段送空气，打开罗茨鼓风机副线，对系统进行空气置换，在压缩机一段进口管取样分析，O_2 含量大于 20% 为合格。

（三）倒罗茨鼓风机

① 按正常开车步骤启动备用机，待运转正常后，逐渐关小副线，提高出口压力，待备用机出口压力与系统压力相等时，逐渐开启出口阀，同时开启在用机副线阀，关闭其出口阀。

② 停在用机，关闭其进口阀。

③ 倒机过程中，开、关阀门要缓慢，以保持系统气体压力，流量的稳定，防止抽负或系统压力突然升高及气量波动。

注意备用机出口压力未开至在用机出口压力时，不得倒车。

（四）静电除尘器运行操作

设备安装完毕后，必须进行空载调试（在不通煤气的情况下进行电性能升压试验），合格后才能投入运行。

1. 空试前检查与准备

① 试验间断冲洗装置。各喷头应畅通、喷洒均匀、水量充足，试验完毕后关闭间断冲水阀门。

② 检查防爆装置是否符合要求（防爆铝片要求为工业纯铝，厚度 0.2mm）。

③ 检查供电系统的所有设备是否正常、各接地装置是否良好可靠。本体接地电阻不大于 2Ω。

④ 用 2500V 的仪表检查电除尘器电晕极对地的绝缘电阻，其值应不小于 800MΩ。

⑤ 检查器内有无留存工具和杂物，合上人孔盖。

⑥ 缓慢打开蒸汽阀，对绝缘箱进行升温，使绝缘箱内温度在控制指标范围内，1h 后准备空载试验。

2. 空载试验

接通电源，调节开关，使二次电压逐步升高。在 20kV 以下升压可快些，20kV 以上升压速度应慢些，并每挡稳压 3min，最后在最高电压（55kV 左右或二次电流满载）下稳定 5min，不发生放电和其他故障，试验方为合格。

在空试过程中，如发生闪路、击穿现象，应停止送电，切断电源，并将电晕极接地。对电场进行检查调整后，重新空试，空载合格后待运。

3. 含氧控制

每 2h 做一次进口氧含量分析，并应通过氧跳闸示警电路监控，保证氧含量 < 0.6%，确

保人身及设备安全。

每隔 8h（或根据具体情况决定）冲洗电晕极一次，冲洗时需先停止向电场送电，冲洗时间 10～15min，间断冲洗阀门关闭 5min 后，方可重新送电。

4. 停车

① 接到停车通知后，停止向电除尘器送电，切断整流机组电源，挂上"禁止合闸"工作，封静电进出口水封。

② 打开间断冲洗水阀门，开泵冲洗 10～15min 后关闭待运。

五、一般事故分析及处理

电除尘器事故分析及处理见表 2-4。

表 2-4　电除尘器事故分析及处理

序号	事　故　状　况	原　因　分　析	处　理　方　法
1	高压送不高或体内放电	瓷绝缘子表面污染； 绝缘子损坏； 绝缘子表面结露水； 电晕线断线； 在沉淀极和电晕极上附着的焦油太厚； 电晕线偏心，尺寸不合格； 蒸汽压力不足	用布清洗干净； 更换； 绝缘箱温度 80～110℃； 更换； 用蒸汽清扫，使焦油流下； 使电晕线偏心＜5mm； 检查蒸汽压力
2	内温度绝缘箱值下限低于规定	蒸汽压力不足； 排水管中积存冷凝液； 供给蒸汽量不足	检查蒸汽压力； 检查蒸汽疏水器排水的排出情况； 调节阀门的开度
3	有电压无电流	本体接地断路	检查

1. 一般事故

① 煤气中氧含量大于 0.6% 时，如联锁不动作，应做紧急停电处理，同时汇报调度室，要连续两次取样分析 $\varphi(O_2)$＜0.6% 时方可送电。

② 防爆片破裂时，立即切断电源，汇报调度室，让煤气走旁路，换上新的防爆片后，对电除尘器进行置换操作，达到规定指标后，恢复供电。

③ 绝缘箱温度低于控制指标，按临时停电处理，并及时查明原因。消除后，恢复供电。

④ 电除尘器放电：发现放电时一方面要适当降低电压操作，另外根据放电情况，逐项检查原因，进行相应处理。

2. 罗茨鼓风机出口气体压力波动大

原因：清洗塔液位升高；清洗塔填料堵塞；清洗塔液位过低，造成排液管跑气。

处理方法：降低清洗塔液位；检修扒塔，清洗填料；适当提高清洗塔液位，严防跑气。

3. 罗茨鼓风机出口温度高

原因：进系统半水煤气温度过高；转子间隙过大，转子产生轴向外移，与机壳产生摩擦；回路阀开路过大。

处理方法：联系造气工段降低半水煤气温度；停车检修罗茨鼓风机；关小罗茨鼓风机回路阀，开启系统回路阀。

4. 罗茨鼓风机电流过高或跳闸

原因：罗茨鼓风机出口气体压力过高；静电除焦器效果不好，致使机内煤焦油黏结严重；水带入罗茨鼓风机内；电器部分出了故障。

处理方法：开启回路闸，降低出口气体压力；检修静电除焦器并倒车用蒸汽吹洗或清理煤焦油；排净机内和各清洗塔出口水封；检修处理电器部分故障。

5. 罗茨鼓风机响声大

原因：水带入罗茨鼓风机内；杂物带入机内；齿轮吻合不好或有松动；转子间隙不当或产生轴向位移；油箱油位过低或油质太差；轴承缺油或损坏。

处理方法：排净机内和各清洗塔水封内积水；紧急停车处理机内杂物；倒车检修齿轮；倒车检修转子；加油提高油位或换油；倒车轴承加油或更换轴承。

六、紧急事故处理

当出现下列情况时，须做紧急停车处理（按停车按钮或直接拉掉供电柜的相应电闸）。

① 煤气中氧含量超标而联锁未动作。

② 电器设备、线路着火。

③ 线路发生短路。

④ 设备、管道爆炸、着火和其他危及人及设备安全的恶性事故。

七、静电除尘器的维护与保养

① 静电除尘器通入介质后，应连续运行，停运时间不宜过长，以免停运时气体中的灰尘杂质凝结在电极丝和高压绝缘体上，影响使用效果，停运后应将设备冲洗干净待运。

② 设备应定期保养。高压绝缘体和穿墙导管每隔三个月左右，用纱布浸苯擦洗或无水酒精刷洗一次，根据使用情况，当性能指标不能满足工艺条件时，必须停车（一般 6 个月左右）检查。

③ 定期检查电晕线有无弯曲、损伤、折断等现象，酌情予以调整和更换，更换的电晕线应位于阳极管中心，其偏差应小于 5mm。

④ 检修后应检查本体接地电阻值，并进行空载调试。

第四节　半水煤气脱硫岗位操作

一、任务

用贫液吸收来自造气工段半水煤气中的硫化氢，使半水煤气得到净化。吸收硫化氢的富液在催化剂的作用下，经氧化再生后循环使用，根据全厂的生产情况，调节罗茨鼓风机气量，以均衡生产负荷。

二、反应方程式

$$Na_2CO_3 + H_2S \Longrightarrow NaHCO_3 + NaHS \tag{2-57}$$

$$2V^{5+} + HS^- \longrightarrow 2V^{4+} + S + H^+ \tag{2-58}$$

$$H_2S + 2TQ \longrightarrow 2THQ + S \tag{2-59}$$

$$TQ + V^{4+} + H_2O \longrightarrow V^{5+} + THQ + OH^- \tag{2-60}$$

$$2THQ + O_2 \longrightarrow 2TQ + H_2O_2 \tag{2-61}$$

$$2H_2O_2 + 2V^{4+} \Longrightarrow 2V^{5+} + 2OH^- + H_2O \tag{2-62}$$

$$H_2O_2 + HS^- \Longrightarrow H_2O + S + OH^- \tag{2-63}$$

$$NaHCO_3 + NaOH \Longrightarrow Na_2CO_3 + H_2O \tag{2-64}$$

式中，TQ 为醌态栲胶；THQ 为酚态栲胶。

三、工艺流程

流程简述：来自静电除焦器除去煤焦油等杂质的半水煤气，由罗茨鼓风机加压后送入脱硫塔，进入脱硫塔与塔顶喷淋下来的脱硫液逆向接触，半水煤气中的硫化氢被脱硫液吸收，脱硫后的半水煤气经清洗塔进一步降温至 30～50℃以下，去压缩机一段进口总气水分离器。吸收了硫化氢的富液，由富液泵打入喷射再生器，喷嘴向下喷射与喷射器吸入的空气进行氧化还原反应而得到再生，液体再进入再生槽继续氧化再生，再生后的贫液经液位调节器流入贫液槽再由贫液泵打入脱硫塔循环使用。

富液在再生槽中氧化再生所析出的泡沫，由槽顶溢流入硫泡沫储罐，再进入熔硫釜，回收液体后由地池泵直接打到贫液槽回收使用，制得的硫黄作为成品售出。

脱硫过程中消耗的栲胶液，由定期制备的栲胶液补充。

四、主要设备

湿法脱硫主要设备见表 2-5。

表 2-5　湿法脱硫主要设备

序号	设备名称	详　细　规　格	数量/台
1	脱硫清洗塔	$\phi 4000mm \times 30000mm$ 脱硫段：海尔环上层 $\phi 50mm$，$H=4000mm$ 　　　　　下层 $\phi 76mm$，$H=4000mm$（$100m^3$） 清洗塔：海尔环上层 $\phi 50mm$，$H=500mm$ 　　　　　下层 $\phi 50mm$，$H=4000mm$（$44.0m^3$）	1
2	罗茨鼓风机	$q_V = 346m^3/min$，$\Delta p = 5000mmH_2O$	4
3	富液泵	$q_V = 280m^3/min$，$H=63m$	3
4	贫液泵	$q_V = 288m^3/min$，$H=41.3m$	3
5	清洗塔水封	$\phi 600mm \times 6500mm$，$V=1.84m^3$	1
6	再生槽	$\phi 6300mm/5000mm \times 6500mm$	1
7	贫液槽	$\phi 5000mm \times 5000mm$	1
8	液位调节器	$\phi 1200mm \times 2200mm$	1
9	喷射器	$\phi 250mm/\phi 100mm \times 780mm$	16

五、操作要点

1. 保证脱硫液质量

① 根据脱硫液成分及时制备栲胶液，保证脱硫液成分符合工艺指标。

② 保证喷射再生器进口的富液压力，稳定自吸空气量，控制好再生温度，使富液氧化再生完全，并保持再生槽液面上的硫泡沫溢流正常，降低脱硫液中的悬浮硫含量，保证脱硫液质量。

2. 保证半水煤气脱硫效果

应根据半水煤气的含量及硫化氢的含量的变化，及时调节液气比，当半水煤气中硫化氢含量增高时，如增大液气比仍不能提高脱硫效率，可适当提高脱硫液中碳酸钠和栲胶含量。

3. 严防气柜抽瘪和机泵抽负、抽空。

① 经常注意气柜高度变化，当高度降至低限时，应立即与有关人员联系，减量生产，防止抽瘪。

② 经常注意罗茨鼓风机进出口压力变化，防止罗茨鼓风机和高压机抽负。

③ 保持贫液槽和脱硫塔液位正常，防止泵抽空。

4. 防止带液和跑气

控制冷却塔液位不要过高，以防气体带液。液位不要过低，以防跑气。

5. 巡回检查

① 根据记录报表，按时做好记录。

② 每 15min 检查一次气柜高度。

③ 每 15min 检查一次系统各点压力和温度。

④ 每 30min 检查一次各塔液位。

⑤ 每 1h 检查一次罗茨鼓风机贫液泵、富液泵运转情况。

⑥ 每 2h 检查一次再生槽泡沫和溢流情况。

⑦ 每 4h 检查一次气柜出口水封，排水一次。

⑧ 每班检查一次系统设备、管道等泄漏情况。

六、开停车操作

(一) 正常开车

1. 开车前的准备

① 检查各设备、管道、阀门，分析取样点及电器、仪表必须正常完好。

② 检查系统内所有阀门的开关位置是否符合开车要求。

③ 与供水、供电、供气部门及造气、压缩工段联系做好开车准备。

2. 开车时的置换

① 系统未经检修处于正压下的开车，不需置换。

② 系统检修后的开车，需先吹净、清洗后，再进行气密性实验、试漏和置换。其方法参照原始开车。

3. 开车

(1) 系统未经检修处于正压状况下的开车

① 排净气柜出口水封积水。

② 开启贫液泵进口阀，启动贫液泵，打开出口阀向脱硫塔打液，并控制好液位。

③ 待脱硫塔液位正常后，开启富液泵进口阀，启动富液泵，向再生槽打液。

④ 根据脱硫液体循环量和再生槽喷射器环管压力，调节好贫液泵、富液泵打液量，并控制好贫液槽、富液槽液位和再生槽液位。

⑤ 脱硫液成分控制在工艺指标范围内。

⑥ 开启罗茨鼓风机进口阀，打开回路阀，排净罗茨鼓风机内积水。盘车连轴盘动后，启动罗茨鼓风机运转正常后，逐渐关闭回路阀，待出口压力升至略高于系统压力时，开启出口阀，关闭罗茨鼓风机自身回路阀，用系统回路阀调节半水煤气流量。

⑦ 根据半水煤气的流量大小，调节好液气比，半水煤气脱硫合格后与压缩工段联系。

⑧ 根据再生槽泡沫形成情况，调节液位调节器，保持硫泡沫正常溢流。

(2) 系统检修后的开车

系统吹净、清洗、气密性实验、试漏和置换合格后，按"开车"(1)的步骤进行。

（二）停车

1. 短期停车

① 与造气、压缩工段联系，同时停止向系统补充脱硫液。

② 打开系统回路阀，逐渐打开罗茨鼓风机回路阀，关闭出口阀，全开回路阀，停罗茨鼓风机。

③ 关闭罗茨鼓风机进口，关闭冷却塔上水和排水阀，分别关闭贫液泵、富液泵出口阀，停泵并关闭泵的进口阀。

2. 紧急停车

如遇全厂性停电或发生重大设备事故及气柜高度处于安全下限位置以下（罗茨鼓风机大幅度减量而气柜高度仍无回升）等紧急情况时，须紧急停车。步骤如下。

① 立即与压缩工段联系，停止导气。

② 同时按停车按钮，停罗茨鼓风机，迅速关闭罗茨鼓风机出口阀。

③ 按短期停车方法处理。

3. 长期停车

① 按短期停车步骤停车。

② 停车后，系统中的贫液、富液，可由贫液泵、富液泵输送到再生槽储存（再生槽如需检修，系统中的溶液可送到其他容器内储存）。然后，再生系统用清水清洗、置换合格。

③ 气体系统用惰性气体进行置换（其方法参照原始开车）在压缩工段压缩机一段进口管取样分析，氧含量小于 0.5%，一氧化碳和氢气含量小于 5% 为合格。

④ 拆下罗茨鼓风机进口阀前短管，启动罗茨鼓风机送空气，对气体系统进行空气置换，在压缩机一段进口管处取样分析，氧含量大于 20% 为合格。

（三）倒车

① 按正常开车步骤启动备用机，待运转正常后，逐渐关小其回路阀，提高出口压力，当备用机出口压力与系统压力相等时，逐渐开启其出口阀；同时开启在用机回路阀，关闭其出口阀。

② 停在用机，关闭其出口阀。

③ 倒车过程中开、关阀门应缓慢，以保证系统气体压力、流量的稳定。防止抽负或系统压力突然升高及气量波动。

注意备用机出口压力未升到在用机出口压力时，不得倒机。

（四）原始开车

1. 开车前的准备

对照图纸，检查和验收系统内所有设备、管道、阀门、分析取样点及电器、仪表等，必须正常完好。

2. 单体试车

罗茨鼓风机、贫液泵、富液泵单体试车合格。

3. 系统吹净和清洗

（1）吹净前的准备

① 按气、液流程，依此拆开各设备和主要阀门的有关法兰，并插入挡板。

② 开启各设备的放空阀、排污阀及倒淋阀；拆出分析取样阀、压力表阀及液位计的气、液相阀。

③ 人工清理脱硫塔，装好人孔。

④ 拆除罗茨鼓风机进出口阀后短管。

（2）吹净工作

① 脱硫系统吹净。用罗茨鼓风机送空气，按气体流程逐台设备、逐段管段吹净（不得跨越设备、管道、阀门及工段间的连接管道）放空、排污、分析取样及仪表管线同时进行吹净。吹净时用木槌轻击外壁，调节流量，时大时小，反复多次，直至吹风气体清净为合格，吹净过程中，每吹完一部分后，随即抽掉有关挡板，并装好有关阀门及法兰。

② 蒸汽系统吹净。与锅炉岗位联系，互相配合，从蒸汽总管开始至各蒸汽管、各设备冷凝水排放管为止，参照上述方法进行空气吹净，直至合格。

（3）再生系统清洗

人工清理贫液槽、硫泡沫槽、再生槽后，对再生系统所有设备及管道进行清洗。

① 拆开贫液槽人孔，用清水清洗贫液槽，清洗合格后，装好人孔，加满清水。然后，拆开贫液泵进口阀前法兰，将贫液泵进口总管、支管用水清洗干净，然后装好法兰。

② 贫液槽再加满清水，启动贫液泵向脱硫塔打入清水；开启塔底溶液出口阀，开启富液泵，将清水打入泵出口系统（再生槽、喷射再生器、再生槽、液位调节器、硫泡沫槽），按流程顺序逐台设备进行清洗，清洗水从各设备排污管或有关法兰拆开处排出。每清洗完一台设备后，随即关闭排污阀或装好有关法兰，再进行下一台设备的清洗，清洗完后，停贫、富液泵，然后拆开富液泵进口阀前法兰，将富液泵进口总管、支管用清水清洗干净，然后装好法兰。

（4）系统气密性实验和试漏

① 脱硫系统气密性实验

a. 关闭各放空阀、排污阀、导淋阀及分析取样阀；在压缩工段一段进口阀前装好盲板。

b. 用罗茨鼓风机送空气，升压至 3.3kPa。

c. 对设备、管道、阀门、法兰、分析取样点和仪表等接口处及所有焊缝，涂肥皂水进行查漏。发现泄漏，做好标记，卸压处理，直至无泄漏，保压 30min，压力不下降为合格。打开放空卸压后，拆除压缩机一段进口阀前盲板。

② 蒸汽系统气密性实验。与锅炉岗位联系，缓慢送蒸汽暖管，升压至 0.6MPa，检查系统无泄漏为合格。

③ 再生系统试漏。贫液槽、再生槽加清水，用贫液泵、富液泵打循环，检查各泄漏点无泄漏为合格。然后，将系统设备及管道内的水排净。

（5）脱硫系统惰性气体和半水煤气置换

① 装好罗茨鼓风机进口阀后短管；开启罗茨鼓风机进、出口阀和回路阀。

② 与造气工段联系，由半水煤气气柜（正压）送惰性气体进行置换。惰性气体经罗茨鼓风机回路阀进入系统后，按流程依次开启各设备的放空阀、排污阀排放气体。充压、排气反复多次（罗茨鼓风机盘车数圈，进行机体内置换）。在压缩机一段进口管取样分析，直至氧含量小于 0.5%，一氧化碳和氢气总含量小于 5% 为合格。然后关闭各设备的放空阀、排污阀，使系统保持正压。

③ 系统惰性气体置换合格后，再由半水煤气气柜（正压）送半水煤气，按惰性气体置

换方法进行置换，直至合格。

④ 系统煤气置换合格后，按（一）正常开车步骤开车。

七、不正常情况及处理

1. 脱硫后硫化氢含量高的原因及处理方法

（1）原因

① 脱硫前硫化氢含量高。

② 脱硫液成分不正常。

③ 喷射器发生故障，自吸空气量不足。

④ 喷射器压力低自吸空气量不足或脱硫液中催化剂含量低、富液再生不完全。

⑤ 脱硫液中硫泡沫分离不好，悬浮含硫量高。

⑥ 进脱硫塔的半水煤气温度高。

（2）处理方法

① 适当加大脱硫液循环量并提高碳酸钠浓度。

② 调整好脱硫液成分。

③ 检修喷射器，增加自吸量。

④ 开足富液泵，用自身循环来调节循环压力，或适当提高催化剂含量。

⑤ 增加再生槽的硫泡沫溢流量。

⑥ 加大冷却塔上水量，降低气体温度。

2. 罗茨鼓风机出口压力波动大

（1）原因

① 前冷却塔液位高。

② 后冷却塔液位高。

a. 脱硫塔堵塞。

b. 冷却塔液位过低。

c. 脱硫塔液位过低。

（2）处理方法

适当调节各冷却塔的上水和排水阀门，清洗脱硫填料，打开系统回路阀，降低脱硫塔内压力等，脱硫塔液位恢复正常再加压。

3. 罗茨鼓风机气体出口温度高

（1）原因

① 进系统半水煤气温度高。

② 回路阀开得过大。

③ 罗茨鼓风机间隙大。

（2）处理方法

开大综合洗气塔上水阀，关小回路，如设备有问题停机检修。

4. 罗茨鼓风机电流高、响声大或跳闸

（1）原因

出口气体压力高，机内煤焦油黏结严重，水带入机内，杂物带入机内，齿轮口齿合不好，油箱油位过低，轴承损坏。

（2）处理方法

气体出口压力高，打开回路阀，检查各油位是否正常，水打入机内要赶快打开排污排水，检查气柜、水封、洗气塔是否液位过高。假如杂物带入机内要立即停机，如为设备问题，倒罗茨鼓风机通知维修人员检修，要经常检查油位，油质差的要立即换油。

5. 溶液组分浓度低

（1）原因

① 补充水太多；

② 溶液物料补充不足或不及时；

③ 煤气带水严重。

（2）处理

① 控制补充水量；

② 及时补充适量的物料；

③ 联系调度，加强分离。

6. 溶液变浑浊

（1）原因

① 空气量不足，再生不理想；

② 副反应高；

③ 悬浮硫高；

④ 杂质含量高。

（2）处理

① 清理喷头，增大空气量；

② 控制工艺条件在指标内；

③ 加强硫回收，抓好泡沫溢流；

④ 静置处理或部分排液。

7. V^{4+} 浓度高

（1）原因

① 总碱度高；

② 溶液温度高；

③ 再生不好。

（2）处理

① 控制工艺条件至正常；

② 适当降低溶液温度；

③ 强化再生。

8. 熔硫釜温度达不到指标

（1）原因

① 蒸汽压力低；

② 釜内水分杂质含量大；

③ 加热时间短。

（2）处理

① 联系调度，提高蒸汽压力；

② 严格控制釜内各指标；

③ 继续加热。

第五节　硫黄的制取

一、任务

将脱硫再生系统溢流的硫泡沫中的硫单质进行加热，釜底制得的成品硫黄出售，釜顶制得的清液回收利用。

二、工作原理

连续熔硫是在专用设备熔硫釜内进行的。硫泡沫进釜过程，也是一个不断加热的过程，受热的气泡破裂，粘于壁上细小硫的颗粒集聚变大向下沉降，进入到釜底高温区熔融后，连续排出釜外。与硫分离的清液上浮，从釜的上部排出，回沉淀池供脱硫使用。

三、工艺流程

将泡沫池中的液体用泵打入熔硫釜中，利用夹套蒸汽间接加热、加压至所需温度，硫从底部放硫阀排出，制成硫黄块，液体从上部出来回收至沉淀池沉淀后回清液池中供脱硫使用。

四、主要设备性能一览表

主要设备性能一览表见表 2-6。

表 2-6　主要设备性能一览表

设 备 名 称	规格及型号		台数
熔硫釜	高 4m　　夹套内径 1m	外径 1.2m	2
沉淀池	自制		4
地池	自制		4
泡沫槽	自制		4
熔硫泵	3BA-9　　电机 7.5kW		1
	IH-40-250　　电机 15kW		

五、正常操作要点

① 在每次的开停车过程中，必须保证进出口管道畅通，压力表、温度计准确。

② 保证蒸汽压力≤0.4MPa，釜内压力 ≤0.4MPa。不得超压，以免造成设备变形损坏。

③ 清液中的悬浮硫不能大于 1g/L。如初期液体混浊，可泵入硫泡沫槽，不得泵入清液槽。

④ 清液温度要严格控制，避免副盐的增加。

⑤ 每天白班必须排渣一次，特殊情况加大排渣。

六、开、停车步骤

1. 开车

① 检查熔硫釜系统各管道、阀门、仪表、熔硫泵是否齐全、畅通好用。

② 打开熔硫釜蒸汽冷凝液排出阀。

③ 开启熔硫泵，将泡沫液打入熔硫釜中，缓开蒸汽阀，将熔硫釜温度逐步提高，待出口清液温度升至 60℃以上，稍开清液出口阀。观察清液成分，若液体混浊，回泡沫槽；若清液较清打开去沉淀槽阀门。关闭去泡沫槽阀门，进行连续熔硫，釜内压力≤0.4MPa。

④ 适当调整清液温度、蒸汽压力，根据清液温度（达 80℃时）打开釜底放硫阀，排放硫黄。

⑤ 平衡好进液流量，出清液流量，调整好釜内温度，连续熔硫。

2. 停车

① 在每次熔硫结束后，关蒸汽，停熔硫泵，利用釜内压力把釜内的液体和硫放尽，以防堵塞。

② 打扫环境卫生，堆放硫黄。

七、安全操作注意事项

① 操作人员必须严格执行工艺指标，严禁超温、超压。

② 操作人员必须掌握安全消防知识。

③ 各管道、阀门必须畅通、开关灵活。

④ 各压力表必须齐全好用。

⑤ 人在放硫时必须站在放硫阀一侧，严禁站在对面，以防烫伤。

⑥ 堆放硫黄现场严禁有明火，以防引燃硫黄。

八、环保注意事项

① 精心操作，严格控制，及时熔硫脱硫送来的泡沫液。做到合理安排熔硫时间。

② 确保泡沫槽不外流，泡沫槽液位保持 1/2 以下，回收池保持 1/2 以下。

③ 定期排放熔硫釜内的渣，釜内排出的渣回收到指定地点集中处理。

④ 按时把成品硫黄送到车间库房，集中管理。

⑤ 严禁在送硫过程中丢失。

⑥ 确保岗位卫生清洁和设备卫生清洁。

附：岗位工艺指标

蒸汽压力	≤0.4MPa
熔硫釜液体压力	≤0.4MPa
熔硫温度	60～90℃（以清液出口为准）
液体中悬浮硫	＜1g/L
泡沫槽液位	＜2/3

第六节 原料气的脱硫生产控制指标的计算

一、工艺参数

① 采用 ADA 法脱除半水煤气中硫化氢；

② 半水煤气流量 20000m³/h；

③ 脱硫塔操作压力 1.8MPa（绝压）；

④ 进硫塔半水煤气温度 37℃；

⑤ 脱硫液循环量 200m³/h；

⑥ 进脱硫塔半水煤气中 H_2S 含量 2g/m³；

⑦ 出脱硫塔半水煤气中 H_2S 含量 0.02g/m³；

⑧ 硫黄回收率 85%；

⑨ 再生空气用量 360m³/h；

⑩ 再生塔内径 2m；

⑪ 脱硫塔内径 1.6m。

二、生产控制指标的计算

1. 脱硫效率

$$\eta = \frac{2 - 2.02}{2} \times 100\% = 99\%$$

2. 硫黄产量

$$q_m = \frac{20000 \times (2 - 2.02)}{1000} \times 85\% \times \frac{32}{34} = 31.68 \text{kg/h}$$

3. 脱硫塔液气比

$$200/20000 = 0.01 \text{m}^3/\text{m}^3 = 10 \text{L/m}^3$$

4. 空塔速度

入塔气体在操作状态下的体积流量为

$$\frac{20000 \times (273 + 27)}{3600 \times 18 \times 273} = 0.35 \text{m}^3/\text{s}$$

则空塔速度为

$$\frac{0.35}{0.785 \times 1.6^2} = 0.174 \text{m/s}$$

5. 再生塔吹风速度

$$\frac{360}{0.785 \times 2^2} = 114.7 \text{m}^3/(\text{m}^2 \cdot \text{h})$$

复 习 题

1. 在合成氨生产过程中为什么要对原料气进行脱硫？

2. 铁钼催化剂的性能及型号是什么？

3. 铁钼转化器的作用是什么？反应原理与操作条件是什么？

4. 氧化锰催化剂的作用及反应原理是什么？

5. 低变前为什么要设氧化锌脱硫槽？其反应原理是什么？

6. 干法脱硫的工艺流程是怎样的？它包括哪些主要设备？结构又是如何？

7. 干法脱硫容易发生什么事故？怎样进行处理？

8. 氧化锰脱硫剂使用前为什么要进行还原？写出还原反应方程式。

9. 氧化锌脱硫剂的型号及性能是什么？

10. 铁钼催化剂使用前为什么要进行硫化？

第三章 一氧化碳的变换

从脱硫工段来的半水煤气含 CO 约 40%。一氧化碳不但不是生产合成氨的原料，而且对氨合成催化剂有毒害，所以在送往合成工序之前必须彻底清除掉。生产中一般分两步进行：首先是一氧化碳与水蒸气作用生成 H_2 和 CO_2 的变换反应，除去大部分 CO，这一过程叫做 CO 的变换，反应后的气体称为变换气，变换生成的 CO_2 容易除去，同时又制得了等体积的 H_2，所以 CO 的变换一方面是原料气的净化过程，同时也是制造合成气的继续；第二步是用铜洗、甲醇化、甲烷化法等清除变换气中残余的少量 CO。

在实际生产中 CO 变换反应均在催化剂作用下进行。20 世纪 60 年代前，主要使用以三氧化二铁为主体的变换催化剂，使用温度范围为 350～550℃，气体经变换后仍含有 3%～4% 的 CO。20 世纪 60 年代以后，采用了活性高的氧化铜催化剂，操作温度为 180～260℃，残余 CO 可降至 0.3%～0.4%。为区别上述两种催化剂温度的变换过程，前者称为中温变换（或高温变换），后者称为低温变换。两种催化剂分别称为中温变换（或高温变换）催化剂与低温变换催化剂。甲烷化法清除残余的 CO，要求变换气中 CO 含量小于 0.5%，因此，必须采用中温变换串低温变换的工艺流程。

第一节 基 本 原 理

一、CO 变换的化学平衡

变换反应用下式表示：

$$CO + H_2O \Longrightarrow CO_2 + H_2 \quad \Delta H = -41.19 kJ/mol \tag{3-1}$$

此反应的特点是可逆、放热、等体积的反应，无催化剂时反应较慢。只有在催化剂作用下反应速率才能加快。

1. 平衡常数

在一定条件下，当变换反应的正、逆反应速率相等时，反应达到平衡状态，其平衡常数

$$K_p = \frac{p_{CO_2} \times p_{H_2}}{p_{CO} \times p_{H_2O}} = \frac{y_{CO_2} \times y_{H_2}}{y_{CO} \times y_{H_2O}} \tag{3-2}$$

式中　p_{CO_2}，p_{H_2}，p_{CO}，p_{H_2O}——各组分的平衡分压，atm；

　　　y_{CO_2}，y_{H_2}，y_{CO}，y_{H_2O}——各组分的平衡组成，摩尔分数。

平衡常数 K_p 表示反应达到平衡时，生成物与反应物之间的数量关系，因此，它是衡量化学反应进行完全程度的标志。从上式可以看出，K_p 值越大，即 y_{H_2} 与 y_{CO_2} 的乘积越大，说明 CO 反应越完全，反应达到平衡时变换气中 CO 含量越少。

因变换反应是放热反应，降低温度则利于平衡向右移动，因此，平衡常数随温度的降低而增大。平衡常数与温度的关系通常用下列简化式表示

$$\lg K_p = \frac{1914}{T} - 1.782 \tag{3-3}$$

式中　T——热力学温度，K。

不同温度下 CO 变换反应的平衡常数值见表 3-1。若已知温度，就能求出 K_p 值，从而可算出不同温度、压力和气体成分下的平衡组成。

表 3-1 CO 变换反应的平衡常数

温度/℃	$K_p = \dfrac{p_{CO_2} \times p_{H_2}}{p_{CO} \times p_{H_2O}}$	温度/℃	$K_p = \dfrac{p_{CO_2} \times p_{H_2}}{p_{CO} \times p_{H_2O}}$
250	86.51	650	1.923
300	39.22	700	1.519
350	20.34	750	1.228
400	11.7	800	1.015
450	7.311	850	0.855
500	4.878	900	0.762
550	3.434	950	0.637
600	2.527	1000	0.561

2. 变换率

CO 的变换程度一般用变换率表示，其定义为已变换的 CO 量与变换前的 CO 量之比的百分数。若反应前气体中有 a molCO，变换后气体中剩下 b molCO，则变换率为

$$X = \frac{a-b}{a} \times 100\% \tag{3-4}$$

在实际生产中，变换气中除含有 CO 外，还有 H_2，CO_2，N_2 等成分，其变换率可根据反应前后的气体的成分来计算。由变换反应方程式可知，每变换掉 1 个体积的 CO，便可生成 1 个体积的 CO_2 和 1 个体积的 H_2，因此变换气的体积（干基）等于变换前气体的体积加上被变换掉的 CO 体积。设变换前气体的体积（干基）为 1，并以 $\varphi(CO)$，$\varphi'(CO)$ 分别表示变换前后气体中 CO 的体积百分数（干基），则变换气的体积为 $[1 + \varphi(CO) \cdot X]$，变换气中 CO 的含量为

$$\varphi'(CO) = \frac{\varphi(CO) - \varphi(CO) \times X}{1 + \varphi(CO) \times X} \times 100\% \tag{3-5}$$

在一定条件下，变换反应达到平衡时的变换率称为平衡变换率，它是在该条件下变换率的最大值。以 1mol 干原料气为基准时，平衡常数与平衡变换率的关系式为

$$K_p = \frac{(c + aX^*)(d + aX^*)}{(a - aX^*)(b - aX^*)} \tag{3-6}$$

式中　a，b，c，d——反应前气体中 CO、$H_2O(g)$，CO_2，H_2 的含量，摩尔分数；

　　　　X^*——平衡变换率，%。

由式(3-6)可计算出不同温度和组成条件下的平衡变换率，然后再根据式(3-5)可求出变换气中残余的 CO 平衡浓度。平衡变换率越高，说明反应达到平衡时变换气中一氧化碳残余含量越少。在工业生产中，由于反应很难达到平衡，因此，变换率也不可能达到平衡变换率。生产中可用实际变换率与平衡变换率的接近程度来确定生产条件的好坏。

二、影响变换反应平衡的因素

1. 温度的影响

由式(3-3)及 CO 变换反应平衡常数表可知，温度降低，平衡常数增大，有利于变换反应向右进行，而平衡变换率增大，变换气中 CO 含量减少，温度与平衡变换率的关系见图 3-1。当参加反应中的 $\varphi(H_2O) : \varphi(CO) = 1 : 1$ 时，生产中温度变换

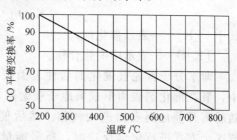

图 3-1　温度与平衡变换率的关系图

后再进行低温变换，就为的是变换反应在较低的温度下继续进行，从而提高变换率，降低变换气中的 CO 含量。

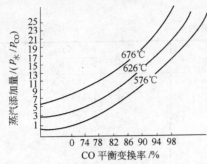

图 3-2 不同温度下蒸汽加入量与 CO 平衡变换率的关系图

2. 蒸汽添加量的影响

增加蒸汽量，可使反应向右进行。因此，在实际生产中总是向系统中加入过量的蒸汽，以提高变换率。不同温度下蒸汽加入量与 CO 平衡变换率的关系如图 3-2 所示。

由图 3-2 可知，达到同一变换率时，反应温度降低，蒸汽用量减少。在同一温度下，蒸汽量增大，平衡变换率随之增大，但其趋势是先快后慢。因此，蒸汽用量过大，变换率的增加并不明显，然而蒸汽耗量却增加了，且还易造成催化剂层温度难以维持。

3. 压力的影响

由于变换反应是等分子反应，反应前后气体的总体积不变，生产中压力对变换反应的化学平衡并无明显的影响。

4. CO_2 的影响

在变换反应过程中，如能把生成的 CO_2 及时除去，就可以使变换反应向右进行，提高 CO 变换率。

5. 副反应的影响

CO 变换过程中，可能发生 CO 分解析出炭和生成甲烷等副反应，其反应式如下

$$2CO \Longrightarrow C + CO_2 + Q \tag{3-7}$$

$$CO + 3H_2 \Longrightarrow CH_4 + H_2O + Q \tag{3-8}$$

$$2CO + 2H_2 \Longrightarrow CH_4 + CO_2 + Q \tag{3-9}$$

$$CO_2 + 4H_2 \Longrightarrow CH_4 + 2H_2O + Q \tag{3-10}$$

以上副反应是在压力高、温度低的情况下容易产生，它不仅消耗了有用的 H_2 和 CO 且增加了无用的成分甲烷的含量，CO 分解析出的炭附着在催化剂表面，降低了催化剂活性，对生产十分不利。在正常生产工艺条件下，一般不会发生副反应现象。

三、变换反应机理

CO 与水蒸气的反应如在气相中进行，即使温度提到 1000℃，水蒸气用量很大，反应速率也很慢，必须有相当大的能量，因而变换反应的进程是比较困难的。在催化剂存在时，反应则按下述两步进行

$$[K] + H_2O \Longrightarrow [K]O + 2H \tag{3-11}$$

$$[K]O + CO \Longrightarrow [K] + CO_2 \tag{3-12}$$

式中　[K]——表示催化剂；

　　　　[K]O——表示中间化合物。

即水分子首先被催化剂活性表面吸附，并分解成氢与吸附态的氧原子。氢进入气相中，氧在催化剂表面形成氧原子吸附层。当 CO 撞到氧原子吸附层时，便被氧化成 CO_2，随后离开催化剂表面进入气相。然后催化剂表面继续吸附水分子，反应接着向下进行。按这个方式进行化学反应时，所需能量小，所以变换反应在催化剂存在时，速率即可大大加快。

在反应过程中，催化剂能改变反应进行的途径，降低反应过程所需的能量，缩短达到平衡的时间，加快反应速率，但不能改变反应的化学平衡。反应前后催化剂的化学性质与数量不变。

第二节 一氧化碳变换催化剂

一、中温变换催化剂

中温变换催化剂按组成可分为铁铬系和钴钼系两大类，前者活性高，机械强度好，耐热性能好，能耐少量硫化物，使用寿命长，成本低，工业生产中得到了广泛应用。钴钼催化剂的突出优点是有良好的抗硫性能，适用于含硫化物较高的煤气，但价格较贵。

铁铬系催化剂的各项指标简介如下。

1. 组成与性能

铁铬系催化剂主要组分为三氧化二铁和助催化剂三氧化二铬。三氧化二铁含量约为 $70\% \sim 90\%$，三氧化二铬含量约为 $7\% \sim 14\%$，另外还含有少量氧化钾、氧化镁和氧化钙等物质。三氧化二铁还原成四氧化三铁后，能加速变换反应；三氧化二铬能抑制四氧化三铁再结晶，阻止催化剂形成更多的微孔结构，提高催化剂的耐热性能和机械强度，延长催化剂的使用寿命；氧化镁能增强催化剂的耐热和抗硫性能；氧化钾与氧化钙均能提高催化剂的活性。

催化剂的活性除与化学组成及使用条件有关外，还与其物理参量有关，催化剂的物理参量主要有以下几种。

① 颗粒外形与尺寸。

② 堆密度。指单位堆积体积（包括催化剂颗粒内孔及颗粒间空隙）的催化剂具有的质量，即：堆密度＝催化剂的质量/催化剂堆积体积，一般中温变换催化剂的堆密度为 $1.0 \sim 1.6 \text{g/cm}^3$。

③ 颗粒密度。指单位颗粒体积（包括催化剂颗粒内微孔；不包括颗粒间空隙）的催化剂具有的质量。即：颗粒密度＝颗粒质量/催化剂颗粒体积

中温变换催化剂的颗粒密度一般为 $2.0 \sim 2.2 \text{g/cm}^3$。

④ 真密度。指单位骨架体积（不包括催化剂颗粒内孔和颗粒间空隙）的催化剂具有的质量，即：真密度＝催化剂的质量/催化剂的骨架体积

一般中温变换催化剂的真密度为 4g/cm^3 左右。

⑤ 比表面积。指 1g 催化剂具有的比表面积（包括内表面积和外表面积）单位为 m^2/g。中温变换催化剂的比表面积一般为 $30 \sim 60 \text{m}^2/\text{g}$。

⑥ 孔隙率。指单位颗粒体积（包括催化剂和骨架体积）含有微孔体积的百分数，即：

孔隙率＝催化剂的微孔体积/催化剂的颗粒体积

一般中温变换催化剂的孔隙率为 $40\% \sim 50\%$。

⑦ 比孔体积：指单位质量催化剂具有的微孔体积，简称为比孔体积，可用下式表示。即：

比孔体积＝催化剂的微孔体积/催化剂质量

比孔体积的单位为 mL/g。

铁铬系催化剂是一种棕褐色圆柱体或片状固体颗粒，在空气中易受潮，使活性下降。还原后催化剂遇空气则迅速燃烧，失去活性。硫、氯、硼、磷、砷的化合物及油类物质，都能

使催化剂暂时或永久性中毒，各类铁铬催化剂都有一定的活性温度和使用条件。国产 B107 中温变换催化剂的性能见表 3-2。

表 3-2　中温变换催化剂的性能

项　目	指　标	项　目	指　标
化学组成	含 Fe_2O_3 为 90%，含 Cr_2O_3 为 5%	常压空间速度/(h^{-1})	700
颜色及外形	棕褐色圆柱体颗粒	加压空间速度/(h^{-1})	因催化剂不同而不同
规格 ϕ/mm	9×(5~7)	5~7kgf/cm^2（表压）	相应 1000
堆密度/(kg/L)	1.45~1.55	30~40kgf/cm^2（表压）	相应 1500~2000
比表面/(m^2/g)	55~70	入炉气温 330℃	
机械强度/(kgf/cm^2)	正压>200,侧压>20	原料气中硫含量/(mg/m^3)	<300
蒸汽/原料气(干基)(体积比)	0.7~0.8		

2. 催化剂的还原与氧化

因为催化剂的主要成分三氧化二铁对一氧化碳变换反应无催化作用，需还原成四氧化三铁后才有活性，这一过程称为催化剂的还原。一般利用煤气中的氢和一氧化碳进行还原，其反应式如下

$$3Fe_2O_3 + CO = 2Fe_3O_4 + CO_2 \qquad \Delta H = -50.945\text{kJ/mol} \tag{3-13}$$

$$3Fe_2O_3 + H_2 = 2Fe_3O_4 + H_2O(g) \qquad \Delta H = -9.26\text{kJ/mol} \tag{3-14}$$

当催化剂用循环氮升温至 200℃ 以上时，便可向系统配入少量煤气开始还原，由于还原反应是强烈的放热反应，为防催化剂超温，应严格控制 CO 含量小于 5%。当催化剂床层温度达 320℃ 后，反应剧烈，必须控制升温速度不高于 5℃/h。为防止催化剂被过度还原而生成金属铁，还原时应加入适量的水蒸气。催化剂在制造当中含有硫酸根，会被还原成硫化氢而随气体带出，为防止造成后面低温变换催化剂中毒，所以在还原后期有一个放硫过程。当分析中变炉出口 CO 含量≤3.5%，出入口 H_2S 含量相等时，即可认为还原结束。

氧能使还原后的催化剂氧化生成三氧化二铁，反应式如下

$$4Fe_3O_4 + O_2 = 6Fe_2O_3 \quad \Delta H = -464.73\text{kJ/mol} \tag{3-15}$$

此反应热效应很大，生产中必须严防煤气中因氧含量高造成催化剂超温，在停车检修或更换催化剂时，必须进行钝化。其方法是用蒸汽或氮气以 30~50℃/h 的速度将催化剂的温度降至 150~200℃，然后配入少量空气进行钝化。在温升不大于 50℃/h 的情况下，逐渐提高氧的含量，直到炉温不再上升，进出口氧含量相等时，钝化工作即告结束。

3. 催化剂的中毒和衰老

硫、磷、砷、氟、氯、硼的化合物及氢氰酸等物质，均可引起催化剂中毒，使活性显著下降。磷和砷的中毒是不可逆的。氯化物的影响比硫化物严重，但在氯含量小于 $1×10^{-6}$（质量分数）时，影响不明显。硫化氢与催化剂的反应如下

$$Fe_3O_4 + 3H_2S + H_2 = 3FeS + 4H_2O \tag{3-16}$$

硫化氢能使催化剂暂时中毒。提高温度，降低硫化氢含量和增加气体中水蒸气含量，可使催化剂活性逐渐恢复。

原料气中灰尘及水蒸气中无机盐高时，都会使催化剂活性显著下降，造成永久性的中毒。

催化剂活性下降的另一个重要因素是催化剂的衰老。主要原因是在长期使用后，催化剂的活性逐渐下降。因为长期处在高温下，会使催化剂逐渐变质；另外气流冲刷，也会破坏催

化剂表面状态。

4. 催化剂的维护与保养

为了保证催化剂具有较高的活性，延长使用寿命，在装填及使用过程中应注意以下几点。

① 在装填前，要进行过筛除去粉尘和碎粒。使催化剂的装填时要保证松紧一样。严禁直接踩在催化剂上，并不许把杂物带入炉内。

② 在开、停车时，要按规定的升、降温速度进行操作，严防超温。

③ 正常生产中，原料气必须经过除尘和脱硫（氧化型的催化剂），并保持原料气成分稳定。控制好蒸汽与原料气的比例及床层温度，升降负荷时要平稳。

二、低温变换催化剂

1. 组成和性能

目前工业上采用的低温变换催化剂均以氧化铜为主体，经还原后具有活性组分的是细小的铜结晶。但耐温性能差，易烧结，寿命短。为了克服这一弱点，向催化剂中加入氧化锌、氧化铝和氧化铬，将铜微晶有效地分隔开来，防止铜微晶长大，提高了催化剂的活性和热稳定性。按组成不同，低温变换催化剂分为铜锌、铜锌铝和铜锌铬三种。其中铜锌铝型性能好，生产成本低，对人无毒。低温变换催化剂的组成范围为：CuO 含量为 15%～32%。B202 型低温变换催化剂的主要性能如下。

主要成分：　　　　　CuO，ZnO，Al_3O_2

规格/mm　　　　　片剂 $\phi 5 \times 5$

堆积密度/(g/cm³)　1.3～1.48

使用温度/℃　　　　180～260

操作压力/MPa　　　常压 1.2～3.0

空间速度/h⁻¹　　　1000～2000（2.0MPa）

2. 催化剂的还原与氧化

氧化铜对变换反应无催化活性，使用前要用氢或 CO 还原成具有活性的单质铜，其反应式如下

$$CuO + H_2 \Longrightarrow Cu + H_2O(g) \quad \Delta H = -86.526 kJ/mol \tag{3-17}$$

$$CuO + CO \Longrightarrow Cu + CO_2 \quad \Delta H = -127.49 kJ/mol \tag{3-18}$$

在还原过程中，催化剂中的氧化锌、氧化铝、氧化铬不会被还原。氧化铜的还原是强烈的放热反应，且低温变换催化剂对热比较敏感，因此，必须严格控制还原条件，将床层温度控制在 230℃以下。

还原后的催化剂与空气接触时产生下列反应

$$Cu + \frac{1}{2}O_2 \Longrightarrow CuO \quad \Delta H = -155.078 kJ/mol \tag{3-19}$$

若与大量空气接触，其反应热会将催化剂烧结。因此，要停车换新催化剂时，还原态的催化剂应通少量空气进行慢慢氧化，在其表面形成一层氧化铜保护膜，这就是催化剂的钝化。钝化的方法是用氮气或蒸汽将催化剂层的温度降至 150℃左右，然后在氮气或蒸汽中配入 0.3% 的氧，在升温不大于 50℃的情况下，逐渐提高氧的含量，直到全部切换为空气时，钝化即告结束。

3. 催化剂的中毒

硫化物、氯化物是低温变换催化剂的主要毒物，硫对低温变换催化剂中毒最明显，各种形态的硫都可与铜发生化学反应造成永久性中毒。当催化剂中硫含量达 0.1%（质量分数）时，变换率下降 10%；当含量达 1.1% 时，变换率下降 80%。因此，在中温变换串低温变换的流程中，在低温变换前设氧化锌脱硫槽，使总硫精脱至 1×10^{-6}（质量分数）以下。

氯化物对低温变换催化剂的毒害比硫化物大 5～10 倍，能破坏催化剂结构使之严重失活。氯自水蒸气或脱氧软水中来，为此，要求蒸汽或脱氧软水中氯含量小于 3×10^{-8}（质量分数）。

第三节　一氧化碳变换工艺条件的选择

一、中温变换工艺条件

1. 操作温度

① 操作温度必须控制在催化剂活性温度范围内。反应开始温度应高于催化剂活性温度 20℃ 左右，并防止在反应过程中引起催化剂超温，一般反应开始温度为 320～380℃，最高使用温度为 530～550℃。

② 要使变换反应全过程尽可能在接近最适宜温度的条件下进行。由于最适宜温度随变换率的升高而下降，因此，随着反应的进行，需要移出反应热，降低反应温度。生产中通常采取两种办法：一种是多段间接式冷却法，用原料气或蒸汽进行间接换热，移走反应热；另一种是直接冷激式，在段间直接加入原料气、蒸汽或冷凝液进行降温。这样，一段温度高，可以加快反应速率，使大量一氧化碳进行变换反应，下段温度低，可提高一氧化碳变换率。

2. 操作压力

压力对变换反应的平衡几乎无影响，但加压变换比常压变换有以下优点。

① 可以加快反应速率和提高催化剂的生产能力，因此可用较大空间速度增加生产负荷。

② 由于干原料气体积小于干变换气的体积，因此，先压缩原料气后，再进行变换的动力消耗，比常压变换后再压缩变换气的动力消耗低很多。

③ 需用的设备体积小，布置紧凑，投资较少。

④ 湿变换气中蒸汽的冷凝温度高，利于热能的回收利用。

但压力提高后，设备腐蚀加重，且必须使用中压蒸汽。

加压变换有其缺点，但优点占主要地位，因此得到广泛采用。目前大、中型氨厂变换操作压力一般为 1.2～3.0MPa，有的高达 8.2MPa，小氨厂一般为 0.6～1.2MPa。

3. 汽气比

汽气比一般指蒸汽与原料气中一氧化碳的摩尔比或蒸汽与干原料气的摩尔比。增加蒸汽用量，可提高一氧化碳变换率，加快反应速率，防止催化剂中 Fe_3O_4 被进一步还原。使析炭及甲烷化等副反应不易发生。同时增加蒸汽能使湿原料气中一氧化碳含量下降，催化剂床层的温升减少，所以改变水蒸气用量是调节床层温度的有效手段。但过大则耗能高，不经济，也会增大床层阻力和余热回收设备负担。因此，应根据气体成分，变换率要求，反应温度，催化剂活性等合理调节蒸汽用量，中温变换水蒸气比例一般为：汽/气（干原料气）=

$0.6 \sim 0.8$。

4. 空间速度

空间速度的大小，既决定催化剂的生产能力，又关系到变换率的高低。在保证变换率的前提下，催化剂活性好，反应速率快，可采用较大空间速度，充分发挥设备的生产能力。若催化剂活性差，反应速率慢，空间速度太大，则气体在催化剂层停留时间短，来不及反应而降低变换率，同时，床层温度也难以维持。常压变换的空间速度一般为 $300 \sim 550h^{-1}$，加压变换一般为 $600 \sim 1500h^{-1}$。

二、低温变换工艺条件

1. 温度

设置低温变换的目的是为了使变换反应在较低的温度下进行，以便提高变换率，使低温变换炉出口的一氧化碳含量降到 0.4% 以下。但反应温度并非越低越好，若温度低于湿原料气的露点温度，就会出现析水现象，破坏与粉碎催化剂，因此，入炉气体温度应高于其露点温度 $20℃$ 以上，一般控制在 $190 \sim 260℃$ 之间。

2. 压力和空间速度

低温变换炉的操作压力决定于原料气具备的压力，一般为 $1.0 \sim 3.0MPa$。空间速度与压力有关，压力高则空间速度大。当压力为 $2.0MPa$，空间速度为 $1000 \sim 1500h^{-1}$，压力在 $3.0MPa$ 时，空间速度为 $2500h^{-1}$ 左右。

3. 入口气体中一氧化碳

含量高，需用催化剂量多，寿命短，反应热量多，易超温。所以低温变换要求入口气体中一氧化碳含量应小于 6%，一般为 $3\% \sim 6\%$。

第四节　变换工段的工艺流程及操作要点

一、任务

将来自压缩工段的半水煤气中的一氧化碳，在高温、加压条件下，借助催化作用，与水蒸气进行变换反应，生成二氧化碳和氢气，制得合格的变换气，系统中设有若干换热设备，以合理利用反应热和充分回收余热，降低能耗。

二、变换工段工艺流程

变换工段工艺流程见图 3-3。

来自压缩工段二段出口总油分离器的半水煤气，经过丝网过滤器去除油污和杂质后，由塔底进入饱和塔与热水逆流接触，增湿升温后由塔顶出来经汽水分离器分离掉水滴后进入热交换器（管内）、电炉，由热交换器加热到一定温度后并列进入预变换炉13，气体出来后进入增湿器14，通过增湿降温后进入变换炉一段，从变换炉一段出来后进入增湿器15，经冷却降温再入变换炉二段，从二段出来后进热交换器（管间），和首次进入热交的冷气体换热后，再进入变换炉三段，从三段出来后依次进入水加热器，再次经过冷却降温后，进入热水塔，回收三段出来的热量，进一步降低变换气温度，再进入软水加热器，充分回收三段出来的余热，最后进入冷凝塔，把变换气冷却至指标后，进入气水分离器，分离掉水后去二次脱硫进行脱硫。

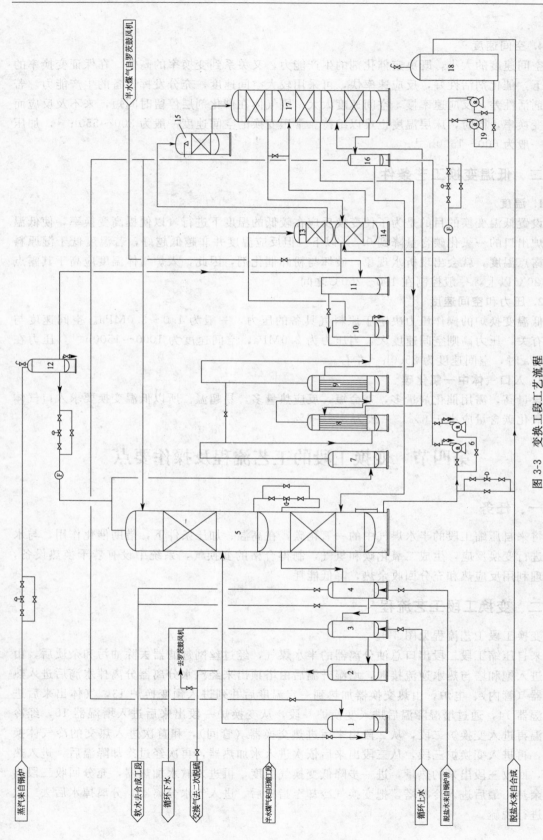

图 3-3 变换工段工艺流程

1—丝网除油过滤器；2—变换气水分离器；3—冷凝器；4—软水加热器；5—饱和热水塔；6—热水循环泵；7—第一水加热器；8—预腐蚀器；9—热交换器；10—第一电加热器；11—第二电加热器；12—气水分离器；13—预变换炉；14—变换炉；15—增湿器；16—水加热器；17—增湿器；18—脱盐水储槽；19—喷盐水计量泵

副线流程：

水流程

$$热水塔→热水泵→水加热器（管内）→饱和塔→热水塔$$

硫化副线

罗茨鼓风机出口→电炉进口→预变炉→变换炉→热水塔→冷却塔→脱硫塔→清洗塔→罗茨鼓风机进口

电感应炉是为变换炉开车时升温还原时加热气体而设置的，正常生产时切断电源不用。

三、变换工段的主要设备

1. 饱和热水塔工作原理

来自压缩机的半水煤气［温度（30±5）℃、压力 1.95MPa、主要化学成分：CO 占 （32±2）%；CO_2 占（6±1）%；N_2+H_2 占（60±2）%；惰性气体占 0.5%～1.0%；H_2S 含量≤40mg/L］进入饱和塔入口，经两层填料与自上而下的热水均匀接触，温度提高到（120±5）℃成为饱和的半水煤气，再经蒸汽混合器、变换炉、换热器等系列设备由热水塔下部进入。此时气体成分为：CO_2 0～3.5%（指标根据产品种类定）；CO_2 27%～30%；（N_2+H_2）含量≥68%；O_2 含量<0.1%；H_2S 含量≤120mg/L，温度（140±2）℃。气体经填料层同热水逆向接触，从热水塔再到冷却塔并送出变换工段。热水为循环运行，从热水泵再经一、二水加热器到饱和塔、热水塔循环。补入系统水为脱盐水，排出系统为总固体≥500mg/L 污水。

饱和塔作用增热、增湿；热水塔减热、减湿。该设备目的是维持系统热平衡和水平衡。对于年产 5 万吨合成氨工段来讲，应耗蒸汽 580kg/tNH_3，实际生产中一般为 1.1～1.8t/tNH_3，经计算当饱和塔出口温度 133℃，可带水 1320kg/tNH_3，再加上补入过热蒸汽，实际上远大于 580kg。即使将出口温度降到 120℃，那么仍可以带水 800kg/NH_3，因此必须设置热水塔以回收多带入系统的水，另外温度从 133℃降到 120℃时，虽然带水量减少了，可有效气体却增加 20%，因此，在催化剂处于高活性时，应降低饱和塔的出口温度。

饱和热水塔为联合装置，饱和塔在上，热水塔在下、中间由弓形隔板分离开。塔体为 16mm 不锈钢复合钢板制成，内装填料，填料装在工字钢和算子板上，填料上有一圆形不锈钢喷管。

为防止饱和塔气体带水，在塔顶上有一层小瓷环分离段，作为气水分离，并设有不锈钢丝网除沫器。在热水塔为了防止破碎瓷环被气流带走，在气体出口管处设有不锈钢制的挡板。

在饱和热水塔上还设有人孔和卸料口，以便检修和装卸瓷环时使用，还设有液位计，以监视液位的高度。

2. 饱和热水塔的腐蚀形式

饱和热水塔是气液传质、传热过程。正是由于液气接触导致该设备服役条件恶劣，易被腐蚀，是安全生产的制约因素。

介质对塔器及内件的腐蚀从反应机理分析腐蚀主要表现在以下几种情况。

（1）物理摩擦

主要表现为气（液）流体对所经管件、设备部件及塔体的冲刷；其次，填料在气（液）流作用下，上下的湍动也会导致塔件及塔体的机械磨损。另外，塔盘等件由于自身固定不好也会产生局部的磨损。

（2）电化学腐蚀

在饱和热水塔工作环境中主要是电化学腐蚀。由于热水循环过程中 SO_4^{2-}、SO_3^{2-}、S^{2-}、Cl^-、AlO^{3-}、H^+、OH^- 等离子形成电解质，对于一般设备材质为 16Mn、16MnR、0Cr18Ni9、1Cr18Ni9Ti 等合金材质在其表面形成原电池产生反应。也有的厂家填料用 Al 矩鞍环、铁环、瓷环、不锈钢环等，由于多种元素的存在，在其表面部易形成电化学腐蚀。

（3）应力腐蚀

由于塔设备缝道比较多，存在原始焊接缺陷。这样二次应力的存在会在其焊缝上及热影响区发生腐蚀，造成泄漏或断裂。

3. 饱和热水塔的防腐措施

（1）改进原始的结构设计

在饱和热水塔的局部做一些改进，对于克服气液偏流和壁流现象还是很有效的。

① 喷淋方式的改进。原先的喷头喷淋方式，喷头易被杂物堵塞，造成热水偏流或壁流。改进后，采用盘式分布器，先将热水加在分布盘上，再通过溢流管均匀地喷洒在整个截面上，有效避免热水偏流和壁流现象。

② 进气管的改进。气体进气管的改造要有利于气体分布均匀，防止斜切口式进气管对管口对面塔壁的冲刷，避免产生非正常腐蚀区。

③ 注意填料装填高度，一般填料层高度与塔径之比控制在 4～5，这样即可防止壁流产生，而且在装填料时，应严格按装填要求装填，防止填料松紧不一，高低不平，填料面呈倒锥形等。

（2）电化学保护

① 金属表面钝化保护。阳极保护是利用金属钝化现象的一种电化学保护技术。当金属在一定的电解质溶液中进行阳极极化时，金属表面就生成一层致密的钝化膜（氧化膜）。在这层钝化膜的保护下，金属离子进入溶液的速度大大减缓，金属以很小的速率溶解，使金属得到保护。

水汽对塔壁的冲刷，填料的相对运动，使塔壁表面金属钝化膜不断地被破坏，加快了这些部位金属溶解速度，产生局部过快地腐蚀。为此，保证水汽分布均匀，防止填料湍动是保护金属钝化膜，预防电化学腐蚀的有效措施。

循环热水中氯离子含量较高时，会使金属表面钝化膜受到破坏，产生严重的孔蚀（坑蚀），故要严格控制软水质量和循环热水氯离子含量。

② 极化保护。极化是使金属表面腐蚀电池的两极电位差减小，腐蚀电流减少或终止。使金属得到保护。

可以通过减少循环热水总固体含量，减少循环热水中催化剂粉的悬浮量来降低循环热水的导电率，降低腐蚀电池的工作电流，达到减缓腐蚀，保护金属的目的。

③ 消除去极化剂。H^+ 和 O_2 是典型的去极化剂。降低半水煤气中的氧含量，减少硫化氢和二氧化碳在水中的溶解度，保持循环热水的 pH 值在 7～9 之间，都是消除去极化剂防止去极化作用，减缓金属腐蚀的有效措施。

（3）处理腐蚀介质保护

对腐蚀介质进入处理，降低或清除各种腐蚀介质，可以降低或消除腐蚀介质对金属的腐蚀。要通过一定的工艺手段和管理上的措施控制半水煤气中的 O_2、H_2S 和 CO_2 的含量。变换气中的 O_2 和 CO_2 无法控制，但变换气中的 H_2S 可通过有机硫的脱除来解决。活性炭脱硫可以脱除部分有机硫，这对降低变换气中的 H_2S 含量有一定好处。

（4）覆盖层保护

在金属表面施用覆盖层，是普遍采用的行之有效的防腐方法。覆盖层的作用在于使金属与腐蚀介质隔开，改善腐蚀环境，以阻止金属表面的腐蚀。覆盖层一般应满足下列要求：

① 覆盖层致密、完整、无孔隙；

② 与底层金属有很好的结合力；

③ 有良好的物理力学性能。

饱和热水塔的腐蚀是客观存在的。采取上述几种防腐措施在一定程度上可以减缓饱和热水塔的腐蚀，保证了安全运行。

4. 变换炉结构

中温变换炉是变换主要设备，也是变换的反应器。对于通过 $20000m^3/h$ 半水煤气要求的对应变换炉：直径 $\phi3600mm\times18mm$，材料 16Mn 低碳合金钢，内衬 150mm 硅酸铝纤维的隔热层，中变炉实际内径 $\phi3300mm$，上下均为椭圆封头焊接，壁厚 20mm，内装三层中温变换催化剂，分别为 1100mm、1200mm、1300mm 中间一块为弓形隔板，催化剂由栅栏支撑，设备总高 15.397m 原料气流方向上进、下出、目前小氮肥设计压力 0.9MPa，工作压力 0.85MPa，设计壁温 350℃，焊接系数 1.0，腐蚀裕度 2mm，容器类别 Ⅱ。

5. 预腐蚀分离加热器

规格 $\phi1200mm\times12mm$，属一类压力容器，设计压力 1MPa，腐蚀裕度 2mm，焊接系数 0.85，$H=7.58m$，下封为椭圆形与筒体为焊接，上封头为法兰连接，筒体材料为 20R，设备分上、下两部分，上部为 $158m^2$ 列管换热器，下部为装填 1.6m 铁屑，装填体积 $1.8m^3$，安置在栅板上，栅板上铺三层金属丝网，冷的半水煤气从底部进入穿过填料进入上部列管换热器的管内，变换气走管间半水煤气带水从底部排入地沟，变换气的冷凝水回收到冷凝液地槽。

四、正常操作要点

1. 催化剂层温度的控制

根据半水煤气成分、流量以及蒸汽压力的变化，及时调节冷激煤气和蒸汽的加入量，以稳定催化剂层温度，温度波动范围应控制在 ±10℃ 以内。在保证变换气中 CO（一氧化碳）含量合格的前提下，应尽可能采用冷激煤气来调节催化剂层温度，严禁用蒸汽调节床层温度，控制各段温度以控制进口为主，热点温度作参考。

2. 变换气中一氧化碳含量的控制

根据半水煤气流量，循环热水温度以及一氧化碳变换率等变化及时调节汽气比，以保证变换气中一氧化碳含量符合工艺指标。如蒸汽压力过低或变换气中一氧化碳含量过高，应及时与锅炉岗位和醇化或双甲岗位联系。

3. 加强热量回收，降低能量消耗。

根据双甲岗位负荷及变换催化剂活性情况，来确定变换气中较经济的一氧化碳含量指标，采用适当的热水循环量，提高饱和塔出口的半水煤气温度，以减少外加蒸汽的消耗量，并尽可能降低热水塔和水加热器出口的气体温度，以减少系统的热量损失和提高热量的回收率。

4. 防止带液和跑气

保持饱和塔的水质良好，并控制液位不要过高，以防其带液；液位不要过低，以防半水煤气串气。控制热水塔的液位不要过高，以防止气体带液；液位不要过低，以防止热水泵抽空或跑气。

5. 循环水质

循环水质中总固体含量<500mg/L，各补水、喷水要使用合格的冷凝液和脱盐水，严格控制 Cl^-<5mg/L。

五、开、停车操作

（一）正常开车

1. 开车前的准备

① 检查各设备、管道、阀门、分析取样点及电器、仪表等必须正常完好。

② 检查系统所有阀门的开、关位置，应符合开车要求。

③ 与供水、供电、供汽部门及压缩工段联系，做好开车准备。

2. 开车前的置换

① 系统未经检修处于保压、保温状况下的开车，不需置换。

② 系统检修后的开车，必须先吹净、清洗后，再进行气密检验、试漏，其方法参照原始开车，然后置换，其方法参照系统需检修停车中的 f 步骤。

3. 开车

① 系统未经检修处于保压、保温状况下的开车。

a. 与锅炉岗位联系送蒸汽，逐渐开启蒸汽阀，开启导淋阀，排净管内积水。

b. 启动热水泵，开启饱和塔和热水塔 U 型水封调节阀，调节好饱和热水塔液位。

c. 开启冷却塔上水阀。

d. 与压缩工段联系送气，开启饱和塔前放空阀，分析合格后即关闭。当进口压力略高于系统压力后，开启饱和塔气体进口阀，向系统送气充压，稍开蒸汽阀，向系统添加蒸汽。同时开启各导淋排放冷凝水；随着系统生产负荷增加，逐渐开大蒸汽阀用冷凝塔放空量来控制系统压力和调节催化剂层温度。

e. 根据催化剂层温度和系统各点温度，气体流量等情况，调节蒸汽添加量，负荷由小到大逐渐增加。

f. 当变换气中一氧化碳含量合格后，开启冷凝塔后气体出口阀送气；关闭冷凝塔放空阀。

② 系统检修后的开车。系统吹净、气密试验、试漏和置换合格后拆除变换炉进出口盲板。

a. 催化剂层温度在活性温度范围时的开停车：可按开车①的步骤进行。

b. 催化剂层温度低于活性温度时的开车：系统送气后，同时开启电感应炉进行加热升温，调节电感应炉的功率及冷凝塔气体放空量，控制升温速率。升温速率按原始开车中升温还原操作规定的指标。催化剂层温度升到活性温度后，停用电感应炉，然后按开车①中的e、f 步骤进行。

（二）停车

1. 短期停车

① 系统保压、保温状况下的停车。

a. 停车前将催化剂层温度提高 5～15℃，各排污阀、导淋阀排放一次。

b. 与锅炉岗位及压缩、变脱工段联系逐渐减量。随着气量的减少和催化剂层温度的下降，根据进变换炉一段气体进口温度，逐渐关小喷头直至停增湿器计量泵，然后逐渐关小蒸汽阀，直至关闭；同时关闭冷激煤气阀。

c. 压缩工段停止送气后，关闭饱和塔气体进口阀，冷凝塔气体出口阀。

d. 关闭饱和热水塔 U 形水封调节阀，保持饱和热水塔液位在 $1/2\sim2/3$ 关闭热水泵出口阀，停热水泵。

e. 关闭冷凝塔排水阀。

f. 系统处于保压、保温状态。

② 系统需检修的停车。

a. 与压缩、变脱工段联系，切断气源，关闭饱和塔气体进口阀，冷凝塔气体出口阀，蒸汽阀、冷激煤气阀。

b. 开启饱和塔、冷凝塔放空阀，系统卸压。

c. 关闭热水泵出口阀，停热水泵。

d. 关闭冷却塔上水阀。

e. 变换炉在正压的情况下，进出口处装好盲板。

f. 变换炉前、后系统分别用蒸汽进行置换，直至饱和塔冷凝塔放空管处有大量蒸汽冒出为止。

2. 紧急停车

如遇全厂停电、停气或发生重大设备事故等紧急情况时，需紧急停车。步骤如下。

立即与锅炉岗位及压缩、变脱工段联系，切断气源，迅速关闭饱和塔气体进口阀，冷凝塔气体出口阀、蒸汽阀、冷激煤气阀。然后按短期停车处理。

如遇半水煤气中氧气含量突然升高，催化剂层温度暴涨时应立即与造气工段联系，同时与压缩、变脱工段联系，切断气源，迅速关闭饱和塔气体进口阀，冷凝塔气体出口阀，微开冷凝塔放空阀，根据情况调节冷激煤气阀，待催化剂温度有下降趋势时，氧含量合格后，联系压缩、变脱工段转入正常生产。

3. 长期停车及催化剂的降温与卸出

① 停车。见短期停车②a、b、c、d。停车若需降温，可采用加大蒸汽用量降低催化剂温度，当变换气中的一氧化碳含量升至 2% 时，与压缩、变脱工段联系，停止向后工段送气，打开放空，关死蒸汽，用煤气降温，也可用升温副线循环降温，当温度降至 $50\,^{\circ}\mathrm{C}$ 以下时，与调度和造气工段联系，改用惰性气置换，系统出口取样分析合格后，置换结束。

② 最后用氮气吹扫床层。

③ 打开卸料孔，将催化剂迅速卸出，运到干净水泥地面，摊开自然降至常温。

④ 将冷却至常温的低变催化剂装袋存放在室内阴凉干燥处备用。

注意事项如下。

a. 氮气吹扫床层要全面，使催化剂每个颗粒都吸附到氮气，在表面形成一层保护膜。

b. 要分段卸出，卸完上段后要用塑料薄膜将其人孔和卸料孔扎紧封好，然后再打开下段的人孔和卸料孔，防止产生"烟囱效应"，抽入空气使炉内催化剂氧化烧坏。

c. 卸出搬运速度要快，摊开的催化剂要均匀厚度以 $3\sim4\mathrm{mm}$ 为宜。

（三）原始开车

1. 开车前的准备

对照图纸，检查和验收系统内所有设备、管道、阀门、分析取样点及电器仪表等，必须完好。

2. 单体试车

比例泵、热水泵、单体试车合格。

3. 系统吹净和清洗

① 吹净前的准备。

a. 按气、液流程，依次拆开各设备和主要阀门的有关法兰，并插入盲板。

b. 开启各设备的放空阀、排污阀及导淋阀；拆除分析取样阀、气动薄膜阀、压力表及液位计的气、液相阀。

c. 人工清理饱和热水塔、变换炉、冷凝塔后，装好人孔及顶盖。

② 吹净操作。

a. 与压缩工段联系送空气，控制压力在 0.2～0.3MPa，按气体流程逐台设备、逐段管道吹净（不得跨越设备、管道、阀门及工段间的连接管道）。放空、排污、分析取样及仪表管线同时进行吹净，吹净时用木槌轻击外壁，调节量时大时小，反复多次，直到吹出气体清洁合格。吹净过程中，每吹完一部分后，随即抽掉有关盲板，并装好有关阀门及法兰。

b. 蒸汽系统吹净。与锅炉岗位联系，相互配合，从蒸汽管开始至蒸汽分汽缸、蒸汽出口管，参照上述方法进行蒸汽吹净，直至合格。

③ 系统清洗。

a. 脱盐水系统。与脱盐水岗位联系，用清水对水系统（包括合成废热锅炉、吹风气软水加、余热锅炉）直至各岗位法兰拆开外溢出清水为合格。

b. 热水系统。热水塔内加入清水，拆开热水泵进口阀前法兰，将热水泵进口总管、支管用水清洗干净。然后装好法兰，启动热水泵打清水，对热水系统顺流程进行清洗，直至各设备排污管流出清水为合格。

c. 冷却水系统。与供水部门联系送冷却水，拆开冷却水进口阀阀前法兰，将冷却水进口管用水清洗干净。然后装好法兰，对冷却水系统按流程，直至冷凝塔排水管流出清水为合格。

4. 装填催化剂

按装填方案和技术要求操作。

5. 系统气密试验和试漏

① 系统空气气密试验。

a. 关闭各设备放空阀、排污阀、导淋阀及分析取样阀，在冷凝塔气体出口阀或变脱岗位气体进口阀装盲板。

b. 与压缩工段联系送空气，升压至 0.8MPa。

c. 对设备、管道、阀门、法兰、分析取样点和仪表等接口处及所有焊缝用肥皂水进行查漏。发现泄漏，做好标记，卸压处理，直至无泄漏，然后保压 30min，压力不下降为合格。开启冷凝塔放空阀卸压，拆除冷凝塔气体出口阀或变脱气体进口阀处盲板。

② 蒸汽系统试漏。与锅炉岗位联系，缓缓送蒸汽暖管升压至 1.2MPa，检查系统（包括蒸汽分汽缸）无泄漏为合格。

③ 脱盐水系统试漏。与脱盐水岗位联系送脱盐水（1.6MPa）进行试漏，检查系统无泄漏为合格。

六、故障情况及处理

故障情况原因及处理方法见表 3-3。

表 3-3　故障情况原因及处理方法

序号	故障情况	原因或现象	处理方法
1	催化剂床层温度快升	1. 煤气中氧含量高 2. 负荷突增 3. 冷激副线调节不当 4. 喷水故障	1. 联系减量严重时停车 2. 加量不宜过猛,调节要及时 3. 及时开启副线调节 4. 查明原因排除故障
2	催化剂床层温度下降	1. 负荷降低或 CO 量减少 2. 蒸汽或煤气带水 3. 水质差,活性下降 4. 催化剂老化 5. 操作不当	1. 适当减少蒸汽量 2. 及时排污降低液位 3. 改善水质及时换水 4. 可适当提高进口温度或更换 5. 加强操作
3	变换系统阻力增大	1. 床层阻力增大,催化剂强度差,粉化 2. 温度波动大,催化剂破碎 3. 热交换器列管堵塞 4. 液位过高,系统有积水	1. 使用强度好不易粉化的催化剂,停车时过筛或更换 2. 稳定操作条件,不使其波动较大 3. 停车时清洗热交换器 4. 控制好液位,常排放积水
4	变换气中 CO 含量增高	1. 操作温度不达标,波动大 2. 空速过大超负荷 3. 蒸汽压力波动或加的过小 4. 催化剂失活,结皮 5. 水带入催化剂层,温度下降 6. 热交换器管漏,液位低串气 7. 操作不当,调节不及时	1. 注意床层温度、压力、气体成分变化,及时调节 2. 禁止超负荷生产 3. 蒸汽压力要适中,调节要及时 4. 可重新硫化或更换 5. 控制好液位,严禁水带入催化剂层 6. 可从热交换器出口气来判断,控制好液位 7. 精心操作,及时调节
5	变换热交换器腐蚀	煤气进口一端温度较低,煤气中硫化氢、二氧化碳等酸性气体和氧、水蒸气、雾等产生电化学腐蚀,使列管腐蚀穿孔	采用过热蒸汽,减少蒸汽夹带水滴,可减轻电腐蚀。把热交换器做成两段,煤气进口段列管用不锈钢材料,可延长热交换器使用寿命
6	变换系统阻力突然增大,饱和塔液位高,热水塔液位低液位控制困难,自调阀失控	1. 副操作工要立即打开调节阀的旁路,和主操作工密切配合,把液位控制在指标范围内,同时和班长、调度、车间值班领导取得联系 2. 关闭调节阀前后切断阀,通知仪表工对自调阀进行校验 3. 在校验过程中,主、副操作工要紧密配合,同时班长、车间值班领导要现场把关(但不能操作),把液位控制在指标范围内 4. 校验结束后,关旁路,投自调,确认恢复正常后,班长、车间值班领导方可离开现场 5. 如果自调阀未恢复正常,可重复上述步骤 6. 在整个操作过程中,如遇热水泵抽空,CO 指标跳高,要及时通知调度减量,不得中断生产,确保生产连续进行
7	脱硫后清洗塔(微机显示压力)出口压力高、开关调节阀效果不明显	1. 打开罗茨鼓风机副线,调整出口压力在指标范围内,同时和班长、调度、车间值班领导取得联系 2. 打开煤气副线旁路阀,关闭罗茨鼓风机副线,调整出口压力在指标范围内 3. 关闭调节阀的前后切断阀,通知仪表工对自调阀进行校验。校验结束后,关旁路,投自调,确认恢复正常后,班长、车间值班领导方可离开现场 注意:在确认自调阀是否失控时,要首先确认副线管道里是否有水,产生了水封。在倒用旁路阀时班长、车间值班领导要现场指导,要缓慢进行,要相互配合,严禁忙中出乱,造成事故
8	脱硫后清洗塔(微机显示压力)出口压力低、开关调节阀效果不明显	首先检查罗茨鼓风机各副线,自调旁路阀是否关闭,是否漏气,其他各备机进出口阀是否关闭,是否漏气,然后参照序号 7 故障处理步骤 3 处理

七、主要危险因素分析

1. 蒸汽压力低于系统压力，工艺气串入蒸汽系统

蒸汽压力如低于系统压力时，首先降低变换系统压力，确保蒸汽压力大于变换系统压力，防止变换气倒入蒸汽系统发生危险。

2. 蒸汽管路液击

蒸汽管道投运前进行暖管，暖管速度要缓慢，将冷凝水排净后方要投运，否则发生液击。

3. 饱和塔无液位，煤气冲破水封，串入变换气中

热水泵长时间不打液，饱和塔无液位；系统压差过大，水封封不住；饱和塔带水，无液位水夹带煤气进入热水塔，都要导致煤气串入变换气中。影响变换气质量，进而影响净化系统的操作。

4. 系统压差大

系统补充蒸汽量过大；热水循环量过大；煤气量大或加量太急；饱和塔热水塔填料太脏堵塞；热交列管或调温设备列管堵塞；催化剂粉碎或结皮；热水塔液位过高或系统积水等都可导致系统压差大，进而导致进口超压现象。

5. 低变系统电炉着火

电炉大盖因热变形泄漏或电炉丝焊接处泄漏；电线和炉丝的接点松，有打火现象，或者煤气温度高，都会造成着火，极易引燃泄漏的煤气。

6. 系统管道、设备腐蚀

饱和塔出口管线、热交近路、导淋接管等由于介质的腐蚀及材质的选用不当，都可能使管道腐蚀穿孔、破裂甚至引起爆炸。

7. 煤气氧含量超标

煤气中氧含量超标，极易导致变换炉超温，进而影响变换系统的温度，控制措施不及时，极易引起变换炉超温，进而影响变换系统其他设备的运行温度，处理不及时则易引起变换催化剂和设备损坏。

8. 中毒

变换岗位由于存在高浓度一氧化碳，在厂房或设备区内有泄漏时易造成中毒，泄漏量大时易引起火灾。

9. 高温法兰泄漏着火

变换岗位由于存在高温气体，当法兰出现泄漏时，容易着火，引发火灾。特别是热交出入口、低变炉出入口等高温法兰，极易泄漏着火。

10. 自控系统出现故障

变换岗位自控系统出现故障时，极易引起事故。

11. 系统超温超压

变换系统当出现超温超压时，极易发生法兰、设备泄漏着火及烧坏催化剂等恶性事故。

第五节　生产控制指标的计算

一、一氧化碳变换率

$$x = \frac{\varphi(CO) - \varphi'(CO)}{\varphi(CO)[\varphi'(CO) + 1]} \times 100\%$$

式中　x——变换率，%；

　$\varphi(CO)$——原料气中一氧化碳的体积分数；

　$\varphi'(CO)$——变换气中一氧化碳的体积分数。

【例 3-1】　进变换炉的半水煤气中一氧化碳含量为 28%，变换气中一氧化碳含量为 2%，求变换率。

解
$$x = \frac{0.28 - 0.02}{0.28 \times (1 + 0.02)} \times 100\% = 91\%$$

二、变换气体积

$$V_2 = V_1[1 + \varphi(CO) \cdot x]$$

式中　V_1——原料气体积，m^3；

　V_2——变换气体积，m^3。

【例 3-2】　进变换炉的半水煤气体积为 $2400m^3$，半水煤气中一氧化碳含量为 30%，变换率为 89%，求出变换炉的变换气体积。

解
$$V_2 = 2400 \times (1 + 0.89 \times 0.3) = 3041m^3$$

三、变换气成分

$$\varphi'(CO) = \frac{\varphi(CO) - \varphi(CO)x}{1 + \varphi(CO)x} \times 100\%$$

$$\varphi'(CO_2) = \frac{\varphi(CO_2) + \varphi(CO)x}{1 + \varphi(CO)x} \times 100\%$$

$$\varphi'(H_2) = \frac{\varphi(H_2) + \varphi(CO)x}{1 + \varphi(CO)x} \times 100\%$$

$$\varphi'(N_2) = \frac{\varphi(N_2)}{1 + \varphi(CO)x} \times 100\%$$

式中　$\varphi'(CO)$，$\varphi'(CO_2)$，$\varphi'(H_2)$，$\varphi'(N_2)$——分别为变换气中 CO、CO_2、H_2、N_2 的体积分数；

　$\varphi(CO)$，$\varphi(CO_2)$，$\varphi(H_2)$，$\varphi(N_2)$——分别为原料气中 CO、CO_2、H_2、N_2 的体积分数。

【例 3-3】　干半水煤气进变换炉之前，各组分的体积分数为：$\varphi(CO) = 27\%$，$\varphi(CO_2) = 10\%$，$\varphi(H_2) = 43\%$，$\varphi(N_2) = 20\%$。若变换率为 90%，求干变换气各组分的体积分数。

解
$$\varphi'(CO) = \frac{0.27 - 0.27 \times 0.9}{1 + 0.27 \times 0.9} \times 100\% = 2.17\%$$

$$\varphi'(CO_2) = \frac{0.1 + 0.27 \times 0.9}{1 + 0.27 \times 0.9} \times 100\% = 27.59\%$$

$$\varphi'(H_2) = \frac{0.43 + 0.27 \times 0.9}{1 + 0.27 \times 0.9} \times 100\% = 54.14\%$$

$$\varphi'(N_2) = \frac{0.20}{1 + 0.27 \times 0.9} \times 100\% = 16.09\%$$

四、煤气中的蒸汽含量

1. 煤气中饱和水蒸气含量

$$G_{饱和} = \frac{p_{H_2O}}{p - p_{H_2O}} \times \frac{1.8}{22.4}$$

式中　$G_{饱和}$——$1m^3$ 干煤气中饱和水蒸气量，kg/m^3；

p_{H_2O}——饱和水蒸气分压，MPa；

p——总压力，MPa。

2. 煤气中实际水蒸气含量

$$G=\frac{p_{H_2O}\cdot\varphi}{p-p_{H_2O}\cdot\varphi}\times\frac{1.8}{22.4}$$

式中　G——1m³ 干煤气中实际水蒸气量，kg/m³；

　　　φ——饱和度，表示气体的蒸气分压与同一温度下气体的饱和蒸汽分压之比，％。

【例 3-4】　饱和塔出口半水煤气温度为 151℃，压力为 1.147MPa，饱和度为 90％，入变换炉混合气体中水蒸气与干煤气的体积比为 1.2。设生产 1000kg 氨需半水煤气 3300m³，求饱和塔出口半水煤气中水蒸气含量和生产 1t 氨在饱和塔后需要补充的蒸汽量。

解　(1) 由饱和水蒸气压表查得 151℃时饱和蒸汽压为 0.499MPa，则

$$G=\frac{4.99\times0.9}{11.47-4.99\times0.9}\times\frac{1.8}{22.4}=0.517kg/m^3$$

(2) 中温变换炉入口半水煤气中需要的蒸汽量为

$$1.2\times3300\times18/22.4=3182kg/1000kg\ NH_3$$

饱和塔出口半水煤气带出的水蒸气量为

$$0.517\times3300=1706kg/1000kg\ NH_3$$

饱和塔后需补充的蒸汽量为

$$3182-1706=1476kg/1000kg\ NH_3$$

五、变换气的露点

【例 3-5】　低温变换炉入口气体中水蒸气与干原料气之比为 0.81，操作压力为 1.8MPa（绝压），操作温度 190℃，求气体的露点温度。

解　气体中水蒸气的分压 p_{H_2O} 为

$$p_{H_2O}=18\times\frac{0.81}{1+0.81}=0.8055MPa$$

当水蒸气压力为 0.8055MPa 时，饱和温度为 170℃（即气体的露点）。实际操作温度为 190℃，高于露点，所以不会有水析出。

六、循环水用量

【例 3-6】　某变换工序第一水加热器入口变换气温度为 240℃，出口温度 135℃，变换气量 6720m³/h，循环热水进口温度 130℃，出口温度 140℃，进口、出口变换气压力不变，其定压比热容为 33.6kJ/(kmol·℃)。求每小时循环水用量是多少？

解　变换气每小时放出的热量为

$$Q_{放}=\frac{6720}{22.4}\times33.6\times(240-135)=1.06\times10^6kJ$$

设每小时循环水用量为 $x$kg，则循环水吸收的热量为

$$Q_{吸}=x\times4.18\times(140-130)$$

根据热交换定律，如不考虑其他热损失。则变换气放出的热量应等于所吸收的热量。即

$$4.18\times10x=1.06\times10^6$$

则　　　　　　$x=1.06\times10^6/4.18\times10=25326kg/h$

复 习 题

1. 变换工段的任务是什么？变换反应有哪些特点？

2. 工艺条件如何选择？

3. 什么是变换反应的最适宜温度？

4. 如何防止催化剂中毒？

5. 变换阻力增高的原因？

6. 饱和塔和热水塔构造如何？有何作用？

7. 催化剂活性好坏根据什么判断？催化剂在使用前后期温度指标有什么不同？

8. 影响蒸汽比例的因素有哪些？

9. 为什么测定汽气比要在变换后？测汽气比的原理是什么？

10. 炉温剧烈波动的原因是什么？如何处理？

11. 变换炉内径 4m，分三层装填，各为 0.8m 高，共装入多少立方催化剂？若单炉通气量（半水煤气）2000m³/h，空间速度是多少？该空间速度是否适宜？

第四章 脱　　碳

各种原料制取的粗原料气，经 CO 变换后，变换气中除含氢、氮气外，还有大量二氧化碳、少量的一氧化碳和甲烷等杂质，其中以二氧化碳含量最高，二氧化碳既是合成催化剂的有害物质，又是生产尿素、碳酸氢铵等产品的重要原料。因此，二氧化碳必须脱除。工业生产中脱除二氧化碳方法一般采用溶液吸收法，根据吸收剂性能不同，分为两大类。

1. 物理吸收法

物理吸收适用 CO_2 含量＞15％，无机硫、有机硫含量高的煤气，目前国内外主要有：低温甲醇洗涤法、碳酸丙烯酯、聚乙醇二甲醚等吸收法。吸收 CO_2 的溶液仍可减压再生，吸收剂可重复利用。其中低温甲醇洗涤法由于需要足够多的冷量，因此一般和大化肥厂相连；碳酸丙烯酯由于生产中腐蚀较严重并且损失液量较大，因此聚乙醇二甲醚被广泛采用。

2. 化学吸收法

利用 CO_2 的酸性特性可与碱性物质进行反应将其吸收，常用的吸收剂有热碳酸钾法、有机胺法和浓氨水法等，其中热的碳酸钾适用 CO_2 含量＜15％时，浓氨水吸收最终产品为碳酸铵，该法逐渐被淘汰，有机胺法逐渐被人们所看好。

3. 脱碳目的和意义

目的：为合成氨提供合格原料气；为尿素合成提供合格的 CO_2 气体。

意义：既可制取尿素原料，又除去使合成催化剂中毒的 CO_2 气体。

第一节　物理吸收法

一、物理吸收剂

1. 碳酸丙烯酯

（1）物理性质

分子结构：$CH_3CHOCO_2CH_2$，沸点（0.1MPa）238.4℃，冰点 －48.89℃，密度（15.5℃）1.198g/cm³；

黏度（25℃）：$2.09 \times 10^{-3} Pa \cdot s$；比热容（15.5℃）：1.40kJ/(kg·℃)；饱和蒸气压（34.7℃）：27.27Pa；对二氧化碳溶解热 14.65kJ/mol；临界参数：临界温度 T_c 523.11K，临界压力 p_c 6.28MPa。

碳酸丙烯酯对 CO_2 吸收能力大，在相同条件下约为水的 4 倍。纯净时略带芳香味，无色，当使用一定时间后，由于水溶解 CO_2、H_2S、有机硫、烯烃等且水使碳酸丙烯酯降解，溶液变成棕黄色，密度 1.198kg/L，闪点 128℃，着火点 133℃，属中度挥发性有机溶剂，极易溶于有机溶剂，但对压缩机油难溶。吸水性极强，碳酸丙烯酯液吸收能力与压力成正比，与温度成反比，对材料无腐蚀性（无水解时），所以可用碳钢做材料投资少，但碳酸丙烯酯液降解后对碳钢有腐蚀，使碳酸丙烯酯颜色变成棕色，这一点应特别注意。各种气体在碳酸丙烯酯中的溶解度见表 4-1。

表 4-1　各种气体在碳酸丙烯酯中的溶解度

气体	CO_2	H_2S	H_2	CO	CH_4	COS	C_2H_2
溶解度(0.1MPa,25℃)/(m^3 气体/m^3)	3.47	12.0	0.025	0.50	0.3	5.0	8.6

（2）化学性质

水解性：
$$C_3H_6CO_3 + 2H_2O \Longrightarrow C_3H_6(OH)_2 + H_2CO_3 \tag{4-1}$$

$$H_2CO_3 \longrightarrow H_2O + CO_2 \uparrow \tag{4-2}$$

碳酸丙烯酯水解成 1,2-丙二醇。特点如下。

① 溶液含水量越多，溶剂被水解的量也多。

② 温度升高，能加快水解速率，增加碳酸丙烯酯溶液水解量。

③ 在酸性介质中，水解速率加快。

（3）溶解计算

最大吸收度经验式

$$\lg x_{CO_2} = \lg p_{CO_2} + \frac{727}{T} - 4.4 \tag{4-3}$$

式中　x_{CO_2}——液相中 CO_2 的摩尔分数；

$\quad\quad p_{CO_2}$——CO_2 在气相中平衡分压；

$\quad\quad T$——吸收液的热力学温度。

2. 聚乙二醇二甲醚（简称 NHD）

此吸收剂是美国 ALLied 化学公司，在 1965 年开发成功的物理吸收法，此法主要优点：对 H_2S、CS_2、C_4H_4S、CH_3SH、COS 等硫化物有较高的吸收能力，能选择吸收 H_2S，也能脱除 CO_2，并能同时脱除水；溶剂本身稳定，不分解，不起化学反应，损耗少，对普通碳钢腐蚀性小，无毒性，也不污染环境。

该溶剂的主要物理性质：分子结构 $CH_3-O\leftarrow C_2H_4\rightarrow_n CH_3$ ($n = 2 \sim 8$)；相对分子质量 $280 \sim 315$；凝固点 $-22 \sim -29$℃；闪点 151℃；蒸气压（25℃）< 1.33Pa；比热容（25℃）2.05kJ/(kg·℃)；密度（25℃）1.03kg/L；黏度（25℃）5.8×10^{-3} Pa·s；表面张力（25℃）34.3×10^{-5} N/cm^2；溶解 CO_2 释放出热量 374.30kJ/kg。

该溶剂能与水任意比例互溶，不起泡，也不会因原料气中的杂质而引起降解，加上溶剂的蒸气压低，损失非常少。

每处理 1000m^3 含 H_2S 为 0.5%，含 CO_2 为 31% 的气体，要求净化气中 H_2S 含量$< 1 \times 10^{-7}$（质量分数）。当 $\varphi(CO_2) = 31\%$，吸收压力为 3.5MPa 时；

溶剂消耗< 0.01kg，如代替二乙醇胺法脱除 CO_2，1t 氨约可节省能量 2.93GJ。

二、吸收的基本原理

碳酸丙烯酯吸收二氧化碳气体是一个物理吸收过程，二氧化碳气体在丙烯酯溶液中的浓度很低时，其平衡溶解度可用亨利定律来表示。

$$p_{CO_2} = E_{CO_2} X_{CO_2} \tag{4-4}$$

式中　X_{CO_2}——液相中二氧化碳的摩尔分数；

$\quad\quad E_{CO_2}$——二氧化碳的亨利系数，MPa；

$\quad\quad p_{CO_2}$——二氧化碳在气相中的平衡分压。

如果液相中二氧化碳的浓度用 kmol/m^3 表示，则亨利定律可用下式表示

$$c_{CO_2} = H_{CO_2} p_{CO_2} \tag{4-5}$$

式中　c_{CO_2}——液相中二氧化碳的浓度，$kmol/m^3$；

　　　H_{CO_2}——二氧化碳的溶解度系数，$kmol/(m^3 \cdot MPa)$；

　　　p_{CO_2}——二氧化碳在气相中的平衡分压，MPa。

对于纯二氧化碳在碳酸丙烯酯中溶解度的测定，温度范围为 $0\sim40℃$，二氧化碳压力 p 为 $0.22\sim1.655MPa$ 下。实验测得其溶解度数据见表4-1。

由表中数据经归纳的纯二氧化碳气体在碳酸丙烯酯中的溶解度关系式为

$$\lg x_{CO_2} = \lg p_{CO_2} + \frac{726.90}{T} - 4.838 \tag{4-6}$$

式中　x_{CO_2}——二氧化碳气体在碳酸丙烯酯中的溶解度，摩尔分数；

　　　T——碳酸丙烯酯溶液温度，K；

　　　p_{CO_2}——平衡时气相中的二氧化碳分压，MPa。

当二氧化碳气体压力大于 2.0MPa 后，其溶解度规律已逐渐偏离亨利定律。

由式(4-6)可知：提高系统压力（p_{CO_2}），降低碳酸丙烯酯溶液的温度，将增大二氧化碳气体在碳酸丙烯酯中的溶解度，对吸收过程有利。

合成氨变换气中，除含有二氧化碳外，还含有氢、氮、一氧化碳、甲烷、氩、氧、硫化氢气体。这些气体在碳酸丙烯酯中也有一定溶解度，只是大小不同。表4-1列出了这些工艺气体在该溶剂中的溶解度及其与二氧化碳溶解度的比较。

从表4-1可以看出，在实际生产中，碳酸丙烯酯脱除变换气中二氧化碳的同时，又吸收了硫化氢，在一定程度上起到了脱硫作用，而对氮、氢气体的吸收很小。

1. 吸收速率

在碳酸丙烯酯吸收二氧化碳的过程中，还存在着气体溶于液体的速率问题。二氧化碳气体溶于碳酸丙烯酯的过程，可以认为是二氧化碳分子通过气相扩散到液相（碳酸丙烯酯）分子中去的质量传递过程。如以气相二氧化碳分压做推动力，碳酸丙烯酯吸收二氧化碳的速率可写为

$$G_{CO_2} = K_G(p_{CO_2} - p_{CO_2}^*) \tag{4-7}$$

式中　G_{CO_2}——单位传质表面吸收 CO_2 的速率，$kmol/(m^2 \cdot h)$；

　　　K_G——传质总系数，$kmol/(m^2 \cdot MPa \cdot h)$；

　　　p_{CO_2}——气相中的二氧化碳分压，MPa；

　　　$p_{CO_2}^*$——与液相浓度相平衡时的二氧化碳分压，MPa。

从式(4-7)可知：欲提高吸收二氧化碳的速率，可通过提高吸收过程中的总传质系数 K_G 和（$p_{CO_2} - p_{CO_2}^*$）值。

$$1/K_G = 1/R_G + 1/(H \times R_L) \tag{4-8}$$

式中　R_G——二氧化碳在气相中的传质系数，$kmol/(m^2 \cdot MPa \cdot h)$；

　　　R_L——二氧化碳在液相中的传质系数，m/h；

　　　H——二氧化碳在碳酸丙烯酯中的溶解度系数，$kmol/(m^2 \cdot MPa \cdot h)$。

动力学研究结果表明，碳酸丙烯酯吸收二氧化碳气体，其传质总系数 K_G 与吸收过程中的气体速度、气体压力、气体中二氧化碳含量基本无关。而与溶剂（碳酸丙烯酯）的喷淋密度 L 有关。

实验测得：$K_G \propto L^{0.76}$ [L 单位 $m^3/(m^2 \cdot h)$]，传质阻力主要在液相，整个吸收过程中的速率取决于二氧化碳在液相中的扩散速率，属液膜扩散控制，则 $K_G \propto H \cdot R_L$，因此，加大溶剂喷淋密度可以使传质总系数增大。

提高传质推动力（$p_{CO_2} - p^*_{CO_2}$），也可提高吸收二氧化碳的速率。改变气相压力，对 K_G 无明显影响，但对气相二氧化碳的分压有很大的影响。气相压力升高后，（$p_{CO_2} - p^*_{CO_2}$）的差值将升高，从而提高了吸收二氧化碳的速率 G_{CO_2}。

温度的影响主要表现在溶解度系数 H 和二氧化碳与液相浓度平衡时的分压 $p^*_{CO_2}$ 方面。因为温度与溶解度系数 H 成反比，即温度升高，H 降低，故升高温度将使 K_G 降低；另一方面，由于温度升高，还会使液相浓度所对应的平衡分压 $p^*_{CO_2}$ 增大，致使吸收二氧化碳的推动力（$p_{CO_2} - p^*_{CO_2}$）降低。因此升高温度将降低吸收速率，反之，降低温度，因 K_G 和（$p_{CO_2} - p^*_{CO_2}$）值升高，碳酸丙烯酯吸收二氧化碳的速率会锐增。

根据碳酸丙烯酯吸收二氧化碳的传质机理，其控制步骤在液相扩散。因此，在脱碳塔的选择和设计上，应充分考虑提高液相湍动，气液逆流接触，减薄液膜厚度，以及增加相际接触面等措施，以提高二氧化碳的传递速率。在生产运行时，可通过加大溶剂喷淋密度或降低温度来提高吸收二氧化碳的速率。

2. 二氧化碳的吸收饱和度

在脱碳塔底部的碳酸丙烯酯富液中二氧化碳的浓度（c_{CO_2}）与达到相平衡时的浓度（$c^*_{CO_2}$）之比称为二氧化碳的吸收饱和度（Φ）。

$$\Phi = \frac{c_{CO_2}}{c^*_{CO_2}} \leqslant 1 \tag{4-9}$$

假设脱碳塔底部的碳酸丙烯酯与原料气中二氧化碳达到相平衡时，按亨利定律溶剂中的二氧化碳浓度为 $c^*_{CO_2} = Hp_{CO_2}$，因 $p_{CO_2} = py_{CO_2}$，则 $c^*_{CO_2} = Hpy_{CO_2}$

$$\Phi = \frac{c_{CO_2}}{Hpy_{CO_2}} \quad (y_{CO_2} \text{为二氧化碳的摩尔分数}) \tag{4-10}$$

Φ 的大小对溶剂循环量和脱碳塔塔高等都有较大影响。对溶剂循环量的影响还可以近似的用下式表达。

$$\frac{L}{q_V} = \frac{1}{\Phi Hp} \tag{4-11}$$

式中　L——溶剂流量；

　　q_V——原料气流量；

　　H——二氧化碳的溶解度系数；

　　p——吸收压力（脱碳塔内的压力）。

当处理原料气量 q_V 一定时，则溶剂量 L 可看作与吸收饱和度 Φ、溶解度系数 H 及吸收压 p 的乘积成反比。在操作温度和压力一定时，即 H 和 p 一定。则 L 与 Φ 成反比。所以提高 Φ 值对降低溶剂流量 L 是一项有效的措施。

对于填料塔，选择比表面积较大的填料和增大填料容量，以加大气液两相的接触面积，从而提高二氧化碳的吸收饱和度，降低溶剂流量 L。在设计中一般取 Φ 为 75%～90%。

3. 溶剂贫度

溶剂贫度（α）是指再生溶剂（贫液）中二氧化碳的含量，它主要对气体的净化度影响。若贫液中二氧化碳含量升高，净化气中二氧化碳的含量也将升高；反之则降低。一般溶剂贫度应控制在 0.1～0.2m³ CO_2/m³ 溶剂。

溶剂贫度的大小主要取决于汽提过程的操作。当操作温度确定后，在气液相有充分接触面积的情况下，溶剂贫度与汽提空气量有直接关系。若汽提空气量（或汽提气液比）越大，则溶剂贫度会越小；反之，汽提空气量（或汽提气液比）减小，则溶剂贫度将上升，但是，加大空气量（或气液比），要增加汽提鼓风机电耗，而且随汽提气带走的溶剂蒸气量也要增加。综合技术可行、经济合理。一般取汽提气液比在 6～12。可使溶剂贫度（α）达到所需程度。当溶剂操作温度较高时，如夏季温度，其气液比可取上述范围的低限；当溶剂温度较低时，如冬季温度，其气液比可取上述范围的高限。在生产过程中，根据贫液中二氧化碳含量来调节汽提气液比。

4. 吸收气液比的选择

吸收气液比是指单位时间内进脱碳塔的原料气体积与进塔的贫液体积之比。一般表示气体体积为标准状态下的体积。贫液体积为工况下的体积，该比值在某种程度上也是反映生产能力的一种参数。

吸收气液比对工艺过程的影响主要表现在工艺的经济性和气体的净化质量，若吸收气液比增大，意味着在处理一定的原料气量时，所需的溶剂量就可减小，因而，输送溶剂的电耗也就可以降低。在要求达到一定的净化度时，吸收气液比大，则相应地降低了吸收推动力。在单位时间内吸收同量的二氧化碳，就需要增大脱碳塔的设计容量，从而增加了塔的造价。对于一定的脱碳塔，吸收气液比增大后，净化气中的二氧化碳含量将增大，影响到净化气的质量。所以，在生产中应根据净化气中的二氧化碳的含量要求，调节气液比至适宜值。脱碳压力 1.7MPa 时为 25～35，脱碳压力 2.7MPa 时为 55～56。

5. 碳酸丙烯酯的解吸

在碳酸丙烯酯脱除二氧化碳的生产工艺中，解吸过程就是碳酸丙烯酯的再生过程，它包括闪蒸解吸、常压真空解吸和汽提解吸三部分。解吸过程的气液平衡关系亦用亨利定律来描述。

吸收了二氧化碳的碳酸丙烯酯富液中亦含有少量的氢、氮，经减压到 0.4MPa（绝压）进行闪蒸几乎全部被解吸出来，另有少量的二氧化碳液随氢、氮气一起被解吸。这是多组分闪蒸过程，各个部分具有不同的解吸速率和不同的相平衡常数。闪蒸过程中各组分在闪蒸气中的浓度是随闪蒸压力、温度而异。在生产过程中，调节闪蒸压力，可达到闪蒸气各组分浓度的调节。

经 0.4MPa（绝压）闪蒸后的碳酸丙烯酯在常压（或真空）下解吸。可近似作为单组分（二氧化碳）的解吸过程。忽略解吸的热效应，解吸过程温度恒定不变。在溶解的挥发因素可以忽略不计的情况下，气相只存在溶质（二氧化碳）组分，其摩尔分数为1，组分的气相分压也就等于解吸压力，气相传质单元数等于零，过程的进行程度取决于解吸压力和液相内传质。所以，在常压（或真空）解吸过程中应使碳酸丙烯酯有着良好的湍动。

碳酸丙烯酯溶剂的汽提时在逆流接触的设备中进行的。吹入溶剂的惰性气体（空气），降低了气相中的二氧化碳含量，即降低气相中的二氧化碳分压。使溶剂中残余的二氧化碳进一步解吸出来。以达到所要求的碳酸丙烯酯溶剂的贫度。

三、脱碳工段工艺流程

1. 碳酸丙烯酯脱碳

碳酸丙烯酯脱碳工艺流程见图 4-1。

自氢氮压缩机来的压力为 2.7MPa 的变换气，首先进入变换气分离器，分离出油水后进入活性炭脱硫槽进行脱硫。脱硫后的变换气由脱碳塔底部导入，碳酸丙烯酯液由脱泵打入过滤器，溶剂经冷却器冷却后从脱碳塔顶部进入与自下而上的气体进行逆流吸收，脱除二氧化碳气体的净化气经净化、分离后进入闪蒸洗涤塔中部，净化气碳酸丙烯酯回收段与稀液泵来的稀液逆流接触，

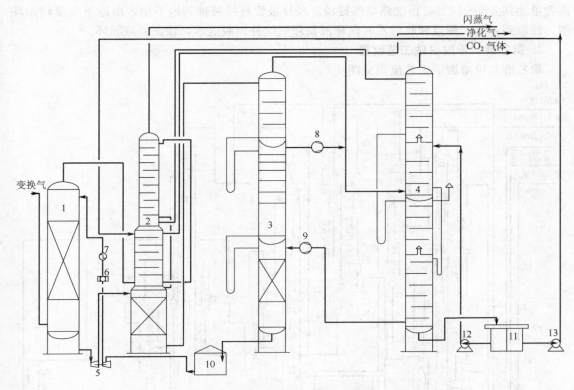

图 4-1 碳酸丙烯酯脱碳工艺流程

1—吸收塔；2—闪蒸洗涤塔；3—再生塔；4—洗涤塔；5—贫液泵—涡轮机；6—过滤器；7—贫液水冷器；
8—真空解吸风机；9—汽提风机；10—循环槽；11—稀液槽；12,13—稀液泵

回收碳酸丙烯酯后部分经洗涤分离器分离回收净化气中夹带碳酸丙烯酯，净化气送往氢氮压缩机。

　　吸收二氧化碳后的碳酸丙烯酯富液从脱碳塔顶部出来，经自动调节减压后，直接或间接经脱碳涡轮机回收能量后进入洗涤塔下部闪蒸段，在闪蒸段，闪蒸出氢气、氮气、二氧化碳等气体，闪蒸气经闪蒸洗涤塔上部回收段回收碳酸丙烯酯后放空。

　　闪蒸后的富液，经自动减压阀减压后，进入再生塔常压解吸段。大部分二氧化碳在此解吸。解吸后的富液经溢流管进入中部真空解吸段，由真空解吸风机控制真空解吸段真空度。真空解吸气由真空解吸风机加压后与常压解吸段解吸气回合后依次进入洗涤塔上部洗涤后，二氧化碳送往 CO_2 压缩工段。

　　真空解吸段碳丙液经溢流管进入再生塔下段汽提段。汽提段由汽提风机抽吸空气形成负压，汽提碳酸丙烯酯液与自下而上的空气逆流接触，继续解吸碳酸丙烯酯液中残余二氧化碳，再生后的贫液进入循环槽，经脱碳泵加压后，泵入溶剂冷却器，再去脱碳塔循环使用。汽提气依次进入洗涤塔下部洗涤后放空。

　　净化气回收段排出稀液进入闪蒸气洗涤段，回收的碳酸丙烯酯依次进入常压解吸器下段、洗涤段及汽提器下段，回收到稀液槽，经稀液泵加压去净化气回收段循环使用。由稀液泵出口经稀液洗涤塔常压解吸气上段，洗涤段及汽提气上段洗涤后回收到稀液槽，再经稀液加压后循环使用。另由泵出口配一管线，定期将部分稀液补入稀液泵进口稀液槽。

　　碳酸丙烯酯分离器排放的稀碳酸丙烯酯液回收到地下槽，由地下泵加压后补充到循环槽。液循环原则上由稀液泵系统循环含量达到 $2\%\sim4\%$ 时，补充给稀液泵循环系统。当稀

液含量达到 8%～12%，由洗涤塔汽提段下段排液管将稀液排到地下槽，由地下泵泵到循环槽，回收到系统。稀液回收后及时向稀液循环系统补加脱盐水，保证稀液循环。

2. 聚乙醇二甲醚脱碳工艺流程

聚乙醇二甲醚脱碳工艺流程见图 4-2。

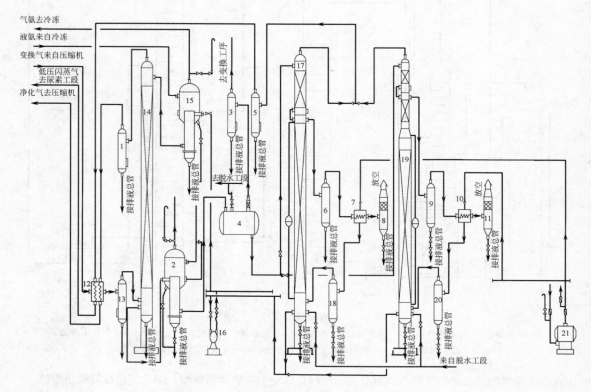

图 4-2　聚乙醇二甲醚脱碳工段工艺流程

1—脱碳气分离器；2,15—氨冷器；3—高压闪蒸气分离器；4—高压闪蒸槽；5—低压闪蒸气分离器；
6,9—解吸气分离器；7,10—空气冷却器；8,11—空气过滤器；12—气体换热器；13—进塔气分离器；
14—脱碳塔；16—贫液泵；17,19—低压闪蒸汽提塔；18,20—空气水分离器；21—鼓风机

变换气经压缩进入原料气分离器，分离油水后进入活性炭脱硫槽，进行脱硫，脱硫后的气体进入综合气体换热器（三流体）与净化气、低压闪蒸气换热降温，经塔前分离器进入脱碳塔，气体由下而上与从塔顶喷淋下来的溶液逆流接触，混合气体的二氧化碳被溶液吸收，脱除到 0.2% 以下，净化气经雾沫分离器分离掉夹带的少量雾沫后，进入三流体回收冷量再经氢氮压缩机压缩后送往精炼系统。

从脱碳塔底部出来的富液减压后，经高压闪蒸槽将部分溶解的二氧化碳和大部分氢氮气闪蒸解吸出来，经分离器后去压缩二段进口予以回收，高闪后的富液再经减压后进入低压闪蒸槽，闪蒸出的 40%～50% 的 CO_2，经低闪气分离器、三流体换热器回收冷量后，送往 CO_2 压缩机。低闪槽出口富液进入真解槽进一步解吸 CO_2，真解槽出口富液由富液泵打至气提塔，用空气气提再生贫液，贫液再由贫液泵加压送至氨冷器降温后进入脱碳塔，气提气经二流体换热器回收冷量后排入大气，真解气经真解分离器后，由真解风机抽至低闪气出口，合并送往 CO_2 压缩机。

脱水流程：由富液泵出口送至脱水的富液经溶液过滤器过滤后，一股经脱水塔上部换热

器冷却塔内冷却后进入脱水塔中部，另一股经板式换热器换热后也进入脱水塔中部，塔底得到含水＜3％的贫液，经板式换热器回收热量后，经溶液泵送往气提塔下部或溶液槽塔顶，水蒸气在冷凝器内被循环水冷却，冷凝为冷凝液排入冷凝液槽。

四、吸收与再生系统岗位操作

（一）原始开车

（1）开车前准备工作

① 检查并清除系统各设备、管道、阀门、安全装置存在的缺陷，使之处于良好状态。

② 检查各通信照明设施是否齐全好用，通道清洁畅通。

③ 检查各种消防工具、记录报表是否齐全好用，并放置在指定地点。

④ 检查分析器材、药品是否齐全，是否构成分析条件。

⑤ 检查各机泵润滑油，必要时加以补充或更换，并联系电工对电动机进行绝缘检查，合格后向各电动机送电。

⑥ 联系仪表工检查并开启所有仪表，本岗位人员配合检查全部调节阀及气动执行器，使之处于良好的备用状态，检查后调节均应处于手动关闭状态。

⑦ 检查岗位阀门。

应开：所有脱碳系统调节阀、流量计、前后切断阀、关其副线；所有压力表根部阀，所有安全阀底阀，放空总管、排放总管切断阀，各液体回收阀，塔前放空、塔后放空，高压闪蒸气相自动调节装置后放空阀。

应关：高压闪蒸、低压闪蒸槽排气阀，系统进口、出口阀脱碳进口气相阀，高压闪蒸气回收阀，CO_2 出口大阀，各机泵进口、出口阀，所有设备出口阀、导淋阀。

（2）贫气置换及充压

① 接到压缩工段送贫气通知后，开系统进口阀，置换压缩至脱碳管道、换热器及变换气水分离器，贫气由塔前放空阀放空。

② 慢开入塔气相阀，引贫气入塔，置换脱碳及脱碳气分离器、换热器，逐渐关闭塔前放空阀。

③ 开启系统出口阀，由压缩倒气置换脱碳至压缩管道，合格后关闭系统出口阀。

④ 置换脱碳塔同时，略开脱碳塔液位自调，向高压闪蒸槽送贫气置换，开启高压闪蒸气气相自动调节装置，贫气由高压闪蒸气放空阀放空。

⑤ 开启高压闪蒸气回收阀，由压缩用气置换高压闪蒸至压缩管道及高压闪蒸气分离器，贫气由高压闪蒸放空阀放空，合格后关闭回收阀。

⑥ 脱碳塔、高压闪蒸槽置换合格后，逐渐关小塔后放空阀，缓慢提高脱碳压力至 0.3～0.5MPa，关闭脱碳塔液位自调，必要时关闭后切断阀。关闭高压闪蒸气相调节阀前放空阀。

⑦ 将高压闪蒸压力、低压闪蒸压力分别置换于 0.5MPa、0.03MPa 打自动。

（3）建立溶液循环

① 启动一台溶液泵，向汽提塔充液。

② 汽提塔液位约 100％后，按岗位操作规程启动一台贫液泵，向脱碳塔充液。

③ 脱碳塔液位有液后，开启脱碳塔液位自调向高压闪蒸槽充液。

④ 高压闪蒸槽液位有液后，开启高压闪蒸液位自调向低压闪蒸槽充液。

⑤ 低压闪蒸槽液位有液后，开启低压闪蒸液位自调，向真空解吸槽充液，当真空解吸槽液位达 20％时，按岗位操作规程启动一台富液泵，向汽提塔充液，并启动真空解吸风机。

⑥ 启动风机，向汽提塔送空气。

⑦ 汽提塔液位开始逐渐上升或下降速度减慢时，溶液循环已建立。

⑧ 手动调节提高脱碳塔液位至设定值，投入自动控制。

⑨ 手动调节提高高压闪蒸槽液位至设定值，投入自动控制。

⑩ 手动调节提高低压闪蒸槽液位至设定值，投入自动控制。

⑪ 手动调节提高真空解吸槽液位至设定值，投入自动控制。

⑫ 汽提塔液位提至一较高液位时（50%～80%）关闭停溶液泵。

（4）升压及开车后调节

① 逐渐关小塔后放空阀，缓慢提高脱碳塔压力，通知压缩加大气量。

② 脱碳压力达 1.00MPa 后，加大贫液流量，洗涤贫气，压力由塔后放空维持。

③ 升压过程中注意调节各塔槽液位压力稳定。

④ 当出塔气中 CO_2 含量＜0.3% 后通知压缩回气置换精炼。

（5）引氨

① 开启氨冷液位调节阀，引气氨入氨冷器，开启气氨压力控制，将其置于一较高压力后投入自动控制，开启氨冷循环阀。

② 氨冷液位调节阀手控送氨，避免引氨太快，基本稳定后投入自动控制。

③ 逐步降低氨冷压力至 0.20MPa，串级调节投入运行。

④ 出氨冷溶液温度降至工艺指标后，引氨完成。

（6）贫气回收

① 通知压缩回气后，关小塔后放空，缓开净化气出口阀送气回压缩，通知压缩控制脱碳压力，关闭塔后放空阀。

② 检查本系统各调节阀是否正常。

③ 通知分析工分析溶液中水含量，超标后及时开脱水。

④ 本岗位至此原始开车结束，以后一切开停车均取决于本岗位的设备状况与氢氮压缩机是否供气，可按短时停车处理。

⑤ 压缩供变换气时，通知其控制脱碳压力≤1.75MPa。

（二）系统保压保液情况下开车

（1）开车前准备工作

①～⑥同"原始开车"。

⑦ 检查本岗位所有阀门。

应开：所有脱碳系统流量计，调节阀、前后切断阀，关其副线。所有压力表根部阀，所有安全阀底阀，放空总管、排放总管切断阀、各液位回收阀塔前放空阀，高压闪蒸气相自动控制放空阀。

应关：高压闪蒸槽、低压闪蒸槽排气阀、系统进出口气相阀，入塔气相阀，高压闪蒸气回收阀，CO_2 出口大阀，各机泵进出口阀，所有设备管线排液阀，导淋阀。

⑧ 开车前，排净各分离器内积液，并将高压闪蒸压力、低压闪蒸压力置自动控制。

（2）建立溶液循环

① 视各塔槽液位，首先提高汽提塔液位，以启动贫液泵，若脱碳塔液位、高压闪蒸液位、低压闪蒸液位、真空解吸液位高时可先启动富液泵与风机，汽提塔液位低时，启动溶液泵，向汽提塔充液。

② 汽提塔液位至 80% 以上时，或汽提塔液位因富液泵启动而开始上涨时，启动一台贫液泵，调节流量至最小避免液位抽空。

③ 脱碳塔液位开始上涨时，开启脱碳塔液位自调维持脱碳塔较高液位向高压闪蒸充液。

④ 高压闪蒸液位维持较低液位，开启高压闪蒸液位自动控制向低压闪蒸充液。

⑤ 低压闪蒸液位高于 20％时，开启低压闪蒸液位自动控制，向真空解吸槽充液，真空解吸槽有液位后，即可启动富液泵，向汽提塔充液，启动真空解吸风机。

⑥ 富液泵启动后，随即启动风机，向汽提塔送气。

⑦ 汽提塔液位下降速度变慢时，溶液循环已经建立，逐渐提高溶液循环量稳定各塔槽液位，并投入自动控制。

（3）引气调节

① 溶液循环建立后通知压缩送气至塔前，塔前放空维持至 1.70MPa 的压力。

② 缓开入塔气相阀，引气入脱碳塔。

③ 视脱碳压力逐渐关闭塔前放空，以塔后放空维持脱碳塔压力。

④ 调节气液比至适当位置，洗涤变换气，开始分析净化气中 CO_2。

⑤ 启动氨冷器逐渐降低入塔溶液温度。

（4）回气

① 净化气中 CO_2 合格后通知压缩回气。

② 开启系统出口阀，关闭塔后放空阀。

③ 通知压缩加量生产，并根据气量控制合适的液气比。

（5）高压闪蒸气回收

视送量情况，开启高压闪蒸气回收阀，关高压闪蒸气放空阀，送气回压缩。

（6）CO_2 送尿素界区

① 送气量大于四机后，开始分析 CO_2 纯度。

② CO_2 纯度合格后通知调度与 CO_2 压缩满足送气条件。

③ 接调度通知后，通知 CO_2 压缩送气。

④ 缓慢开启去 CO_2 压缩出口大阀，送气至 CO_2 压缩。

（三）脱碳停车

1. 长期停车

（1）停车前检查

① 检查所有消防器具完好齐备。

② 检查各排液排放管线、退液管线是否畅通，阀门是否好用。

③ 检查各有故障阀门、管件、设备，做好标志。

④ 检查地下槽液位及液下泵是否备用，地下槽液位抽至最低。

⑤ 检查溶液槽液位及溶液泵情况。

⑥ 检查并停脱水系统。

⑦ 检查软水管线是否畅通。

⑧ 停车前降低氨冷液位，停 CO_2 后停氨冷耗尽液氨。

（2）切气

① 接调度通知后，通知 CO_2 压缩停车，CO_2 压缩停车后，关死 CO_2 出口大阀。

② 关死高压闪蒸气回收阀，开高压闪蒸气放空阀。

③ 通知压缩机切气，本岗位依次关闭下列阀门：入塔气相阀、系统进口阀、系统出口阀。

④ 开塔后放空阀，脱碳压力约 0.50MPa 后关闭放空。

（3）停溶液循环

① 关闭脱碳塔液位、高压闪蒸液位自调、低压闪蒸液位自动控制。

② 通知副操作工停贫液泵、富液泵、风机。

（4）系统卸压及退液

① 退液前检查。

应开阀门：排液总管至溶液槽阀、退液总管至溶液槽阀。

应关阀门：排液总管至地下槽阀、脱水塔排液阀、脱水排液阀、溶液槽至溶液泵进出口阀、溶液槽至地下槽阀、排液总管与各处漏斗切断阀。

② 各处退液阀、排液导淋，向溶液槽排液，依次开启。

脱碳塔底退液阀、脱碳贫液泵出口总管排液阀、氨冷器排液阀、高压闪蒸液位自调后排液阀、低压闪蒸退液阀、富液泵出口总管排油阀、汽提塔退液阀、塔前分离器、净化气分离器、高压闪蒸、低压闪蒸汽提分离器排液阀。

③ 开启各泵低点导淋，排放泵内积液，由回收管线回收至地下槽。

④ 排液总管、排放总管向地下槽开启，各设备内积液回收到地下槽。

⑤ 在排液过程中，开启脱碳塔塔后放空、高压闪蒸放空，系统卸压。

（5）贫气置换

① 接压缩贫气置换通知后，开启塔前放空阀、系统进口阀、引气至塔前。

② 开启塔后放空阀、进塔气相阀，引气入塔，逐渐关闭塔前放空阀。

③ 通知压缩，由压缩倒气置换脱碳至压缩净化气管道，开启系统出口阀引气，置换完毕后关闭。

④ 通知压缩，由压缩倒气置换高压闪蒸回收管线，开启高压闪蒸气回收阀引气置换完毕后关闭。

⑤ 置换脱碳塔时，开启脱碳塔液位自动控制，置换高压闪蒸槽。

⑥ 置换过程中，注意开各分离器导淋，置换干净。

⑦ 各设备出口气中，$\varphi(CO_2 + H_2) < 5\%$ 时置换完成。

（6）空气置换

① 贫气置换结束后，通知压缩进行空气置换。

②～⑦同第（5）的①～⑥。

⑧ 高压闪蒸液位自调空气置换低压闪蒸槽及 CO_2 管道，开启 CO_2 出口大阀，置换 CO_2 出口管。

⑨ 开启风机置换汽提塔。

⑩ 各设备出口气中 $\varphi(O_2) > 20\%$ 空气置换结束。

（7）系统清洗

① 软水管线安装合适情况下，在贫气置换前或空气置换后，对系统清洗。

② 清洗前检查工作。

a. 通知软水岗位送软水。

b. 应开阀门：排液、排放总管至地下槽切断阀，各处液体回收阀、各调节阀前后切断阀。应关阀门：各设备导淋阀、排液阀、溶液泵与溶液槽、地下槽间所有阀门。

c. 引软水至溶液泵，启动溶液泵，加压至 0.60MPa 向系统清洗。

d. 由贫液泵出口总管向上充液清洗脱碳塔，清洗液排入地下槽。

e. 由富液泵出口总管向上充液清洗汽提塔，清洗液排入地下槽。

f. 脱碳塔、汽提塔清洗后，关闭进塔氨冷器阀门、低压闪蒸液位自调顺势清洗贫液泵、富液泵，清洗液由泵低点导淋排入地下槽。

g. 高压闪蒸、低压闪蒸及各分离器空气置换合格后，开人孔，用水管清洗氨冷器，清洗由高点卸开一处法兰冲水清洗，清洗液均由各低点导淋排入地下槽。

h. 地下槽液位高时，由液下泵泵入脱水塔进行脱水后，送地下槽。

（8）贫气洗涤泵

在合成需钝化催化剂或后续有甲醇或甲烷化时，必须进行贫气洗涤，贫气洗涤同正常生产，但压力控制在 1.00MPa，贫气洗涤后系统空气置换。

2. 系统保压保液停车

（1）切气

① 通知 CO_2 压缩停车，待 CO_2 压缩机停车后关闭 CO_2 出口大阀。

② 通知氢氮压缩机停回收，关闭高压闪蒸气回收阀，开高压闪蒸气放空阀。

③ 通知压缩减量至最小后切气，本岗位关闭以下阀门：进塔气相阀、系统出口阀、系统进口阀。

（2）停溶液循环

① 减量过程中逐步减小溶液循环量至最小，先各停一台贫、富液泵。

② 关闭脱碳塔液位自动控制、高压闪蒸液位自动控制、低压闪蒸液位自动控制。

③ 通知副操关闭：脱碳塔液位自动控制后切断阀、高压闪蒸液位自动控制后切断阀、低压闪蒸液位自动控制后切断阀。随即停贫液泵、富液泵、风机、真空解吸风机。

（3）停氨冷器

① 溶液停止循环后，关闭氨冷器液位自动控制。

② 通知副操作工，关闭氨冷器液位自动控制调后切断阀，关气氨大阀。

（4）停车后检查

① 检查系统各阀门是否泄漏，如有应积极消除。

② 检查调节阀等处泄漏，如有必要，关闭前后切断阀。

③ 检查放空阀等，保证系统保压。

3. 系统保压循环

系统保压循环存在有计划停车与氢氮压缩机等处紧急停车两种。

（1）有计划停车

切气同系统保压停车，系统切气后，减小溶液循环量至最小，保压循环。

（2）前工段有情况紧急停车

① 切气通知 CO_2 压缩机紧急停车，迅速关闭 CO_2 出口大阀，高压闪蒸气回收阀。

② 通知氢氮压缩机岗位，迅速关闭入塔气相阀、系统出口阀、系统进口阀。

③ 迅速减小溶液循环量，保压循环，停一台贫液泵与富液泵。

4. 紧急停车

本岗位紧急停车，系本岗位发生重大故障无法维持本岗位自身运转，必须紧急停车处理，此类情况包括：贫液泵跳闸、富液泵跳闸无法启动备用泵，断电、断仪表空气，自动控制系统死机、着火、爆炸，系统发生重大泄漏等。

（四）吸收与再生常见事故处理

（1）贫液泵跳闸

① 发紧急停车信号，通知 CO_2 压缩、氢氮压缩机岗位停车。迅速关闭脱碳塔液位自动

控制、高压闪蒸液位自动控制、低压闪蒸液位自动控制。

②通知副操作工迅速关闭 CO_2 出口大阀，高压闪蒸气回收阀，脱碳塔液位自动控制后切断阀，高压闪蒸液位自动控制后切断阀。

③关闭系统出口阀、系统进口阀。

④其余按保压保液处理。

（2）富液泵跳闸无法启动备用泵

①当真空解吸槽、低压闪蒸槽液位高时，以排液管线排入溶液槽。

②发紧急停车信号，通知 CO_2 压缩机、氢氮压缩机岗位停车。

③迅速关闭脱碳塔液位自动控制、高压闪蒸液位自动控制。

④通知副操作工迅速关闭 CO_2 出口大阀，高压闪蒸气回收阀，脱碳塔液位自动控制切断阀，高压闪蒸液位自动控制后切断阀，入塔气相阀。

⑤关闭系统进出口阀。

⑥其余按保压保液处理。

（3）断电

①迅速关闭脱碳塔液位自动控制、高压闪蒸液位自动控制、 CO_2 出口大阀，入塔气相阀，高压闪蒸气回收阀。

②停氨冷器液位自动控制。

③迅速通知副操作工停各机、泵。

④其余按保压保液处理。

（4）断仪表空气

①发紧急信号通知 CO_2 压缩机、氢氮压缩机停车。

②迅速关闭脱碳塔液位自动控制、高压闪蒸液位自动控制、低压闪蒸液位自调切断阀， CO_2 出口大阀，高压闪蒸气回收阀，停氨冷，入塔气相阀、系统进出口阀。

③其余按保压保液处理。

（5）自控系统故障

自控系统故障分为监视系统死机，下位机断电两种，必须分辨清楚。

①监视器死机。监视器死机后，下位机仍在工作，仪表状态显示正常，此时迅速启用监视器。

②下位机断电。监视器无故障时，显示均为下位机电源灯灭。下位机断电后，处理同仪表空气断。

（6）着火、爆炸

①迅速室内关闭所有阀门，按紧急停车按钮，通知 CO_2 压缩、氢氮压缩岗位紧急停车。

②视情况关闭着火处通道阀门，用灭火机灭火，停两泵一机。

③待火势小后，按长期停车处理。

（7）系统发生重大泄漏

①接急停信号令 CO_2 压缩、氢氮压缩停车。

②按着火爆炸处理。

（8）系统严重超压

①发急停信号，通知 CO_2 压缩、氢氮压缩岗位紧急停车。

②迅速开启塔后放空，系统卸压至正常范围。

③注意调节系统自控系统稳定。

④ 其余各项均按保压循环处理。

五、脱水系统岗位操作

（一）脱水开车要点

1. 开车前检查

① 应关阀门：溶液槽至溶液泵进口阀、溶液泵出口各阀、脱水塔排液阀、脱水液位前排液阀。

② 应开阀门：加热器蒸汽进口阀、冷凝液回收阀、各调节阀、流量计、前后切断阀，并关副线阀、脱碳来溶液阀、脱水塔排液底阀、水冷器冷却水阀、水冷放空阀。

③ 检查各仪表投运情况。

2. 引蒸汽

缓开系统蒸汽进口阀，由导淋出检查蒸汽量。缓慢引蒸汽入加热器，待出口冷凝液管发烫后，提高蒸汽压力至约 0.30MPa。

（1）引溶液

① 开启去脱水富液流量，并置去脱水富液流量于一定值投入自动控制，引溶液入脱水系统。初次开车时，先排净溶液过滤器中空气。

② 由溶液分流阀控制去上部与去中部流量的比例。

③ 视情况开大蒸汽阀，维护蒸汽压力 0.30～0.40MPa。

④ 脱水塔液位传达给定值后，将脱水液位由手动调节转换为自动控制。

⑤ 开启溶液泵，向汽提塔送液。

（2）调节

① 调节分流比，去脱水塔上部控制塔上部温度在指标内，并保证出换热器贫液温度<35℃。

② 视情况调节蒸汽量，保证脱水塔温度在指标内。

③ 视进脱碳塔贫液温度，适当调节去脱水富液流量，避免进脱碳塔温度超高。

（二）脱水停车要点

1. 一般性停车

① 关闭蒸汽阀及冷凝液回收阀，开启蒸汽导淋。

② 关闭脱水系统各调节阀、温度计切断阀。

③ 关闭水冷器冷却水阀。

④ 停溶液泵。

2. 长期停车

① 一般性停车后，开启各低点导淋及排液阀，将管道设备中溶液放入地下槽。

② 各处死角有积液者，可用蒸汽吹扫入脱水塔后排入地下槽。

③ 视必要以软水冲洗系统，清洗水放入地下槽。

第二节　化学吸收法

一、热的钾碱法吸收原理

1. 纯碳酸钾水溶液和二氧化碳的反应

碳酸钾水溶液吸收 CO_2 的过程为：气相中 CO_2 扩散到溶液界面；CO_2 溶解于界面的溶

液中；溶解的 CO_2 在界面液层中与碳酸钾溶液发生化学反应；反应产物向液相主体扩散。据研究，在碳酸钾水溶液吸收 CO_2 的过程中，化学反应速率最慢，起了控制作用。

纯碳酸钾水溶液吸收 CO_2 的化学反应式为

$$K_2CO_3 + H_2O + CO_2 \Longrightarrow 2HKCO_3 \qquad (4\text{-}12)$$

脱碳后气体的净化度与碳酸钾水溶液的 CO_2 平衡分压有关。CO_2 平衡分压越低，达到平衡后溶液中残存的 CO_2 越少，气体中的净化度也越高；反之，平衡后气体中 CO_2 含量越高，气体的净化度越低。碳酸钾水溶液的 CO_2 平衡分压与碳酸钾浓度、溶液的转化率（表示溶液中碳酸钾转化成碳酸氢钾的摩尔分数）、吸收温度等有关。当碳酸钾浓度一定时，随着转化率，温度升高，CO_2 的平衡分压增大。

2. 碳酸钾溶液对原料气中其他组分的吸收

含有机胺的碳酸钾溶液在吸收 CO_2 的同时，也可除去原料气中的硫化氢、氰化氢，硫酸等酸性组分，吸收反应为

$$H_2S + K_2CO_3 \Longrightarrow KHCO_3 + KHS \qquad (4\text{-}13)$$

$$HCN + K_2CO_3 \Longrightarrow KCN + KHCO_3 \qquad (4\text{-}14)$$

$$R\text{-}SH + K_2CO_3 \Longrightarrow RSK + KHCO_3 \qquad (4\text{-}15)$$

硫氧化碳、二硫化碳首先在热钾碱溶液中水解生成 H_2S，然后再被溶液吸收。

$$COS + H_2O \Longrightarrow CO_2 + H_2S \qquad (4\text{-}16)$$

$$CS_2 + H_2O \Longrightarrow COS + H_2S \qquad (4\text{-}17)$$

二硫化碳需经两步水解生成 H_2S 后才能全部被吸收，因此吸收效率较低。

二、吸收溶液的再生

碳酸钾溶液吸收 CO_2 后，碳酸钾为碳酸氢钾，溶液 pH 减小，活性下降，故需要将溶液再生，逐出 CO_2，使溶液恢复吸收能力，循环使用，再生反应为

$$2KHCO_3 \Longrightarrow K_2CO_3 + H_2O + CO_2 \qquad (4\text{-}18)$$

压力越低，温度越高，越有利于碳酸氢钾的分解。为使 CO_2 能完全从溶液中解析出来，可向溶液中加入惰性气体进行汽提，使溶液湍动并降低解析出来的 CO_2 在气相中的分压。在生产中一般是在再生塔下设置再沸器，采用间接加热的方法将溶液加热到沸点，使大量的水蒸气从溶液中蒸发出来。水蒸气再沿塔向上流动，与溶液逆流接触，这样不仅降低了气相中的 CO_2 分压，增加了解析的推动力，同时增加了液相中湍动程度和解析面积，从而使溶液得到更好的再生。

碳酸钾溶液吸收 CO_2 越多，转变为碳酸氢钾的碳酸钾量越多；溶液再生越完全，溶液中残留的碳酸氢钾越少。通常用转化度或再生度表示溶液中碳酸钾转变为碳酸氢钾的程度。转化度 F_c 的定义为

$$F_c = \frac{\text{转换为 } KHCO_3 \text{ 的 } K_2CO_3 \text{ 的物质的量}}{\text{溶液中总的 } K_2CO_3 \text{ 的物质的量}} \qquad (4\text{-}19)$$

再生度 i_c 的定义为

$$i_c = \frac{\text{溶液中总的 } CO_2 \text{ 的物质的量}}{\text{总 } K_2O \text{ 的物质的量}} \qquad (4\text{-}20)$$

转化度与再生度的关系见表 4-2。

表 4-2 转化度与再生度的关系

物　质	物质的量/mol	CO_2 的物质的量/mol	K_2O 的物质的量/mol
K_2CO_3	$N(1-F_c)$	$N(1-F_c)$	$N(1-F_c)$
$KHCO_3$	$2NF_c$	$2NF_c$	NF_c

设原始溶液中只有碳酸钾，含量为 N mol，当转化度为 F_c 则根据再生度的定义为

$$i_c = \frac{CO_2 \text{ 的物质的量}}{K_2O \text{ 的物质的量}} = \frac{N(1-F_c)+2NF_c}{N(1-F_c)+NF_c} = \frac{N(1+F_c)}{N} = 1+F_c \tag{4-21}$$

即 i_c 比 F_c 大 1。对纯碳酸钾而言，$F_c=0$，$i_c=1$；对纯碳酸氢钾而言，$F_c=1$，$i_c=2$。再生后溶液的再生度越接近于 0，或再生度越接近于 1，表示溶液中碳酸氢钾含量越少，溶液再生的越完全。

三、操作条件的选择

1. 溶液的组成

（1）碳酸钾浓度

增加碳酸钾浓度，可提高溶液吸收 CO_2 的能力，从而可以减少溶液循环量与提高气体的净化度，但是碳酸钾的浓度越高，高温下溶液对设备的腐蚀越严重，在低温时容易析出碳酸氢钾结晶，堵塞设备，给操作带来困难。通常维持碳酸钾的含量为 25%～30%（质量分数）。

（2）活化剂的浓度

① 二乙醇胺在溶液中的浓度增加，可加快吸收 CO_2 的速度和降低净化后气体中 CO_2 含量，但当二乙醇胺的含量超过 5% 时，活化作用就不明显了，且二乙醇胺损失增高。因此，生产中二乙醇胺的含量一般维持在 2.5%～5%。

② 氨基乙酸浓度增加，吸收 CO_2 速率和溶液再生速度均增加，且气体净化度随之提高。但当氨基乙酸浓度增加到 50～60g/L 时，再增加氨基乙酸的浓度，吸收速度和气体的净化度就不再增加，因此，生产中氨基乙酸的浓度一般为 30～50g/L。向溶液中加入硼酸，可以加快吸收 CO_2 的速度，从而减少氨基乙酸的用量，向溶液中加入 15～20g/L 的硼酸，可以使氨基乙酸的添加量由 50g/L 降至 20g/L 左右，并可保持同样的净化效果。

③ 缓蚀剂。热碳酸钾溶液和潮湿的 CO_2 对碳钢有较强的腐蚀作用。生产中，防腐蚀的主要措施是在溶液中加入缓蚀剂。有机胺催化热钾碱法中一般以偏钒酸钾（KVO_3）或五氧化二钒为缓蚀剂。五氧化二钒在碳酸钾溶液中按下式转变为偏钒酸钾

$$V_2O_5 + K_2CO_3 =\!=\!= 2KVO_3 + CO_2 \tag{4-22}$$

④ 偏钒酸钾是一种强氧化物质，能与铁作用，表面形成一层氧化铁保护膜（或称钝化膜），从而保护设备免受腐蚀。通常溶液中偏钒酸钾的含量为 0.6%～0.9%（质量分数）。以偏钒酸钾表示的含量乘以 0.659，等于以五氧化二钒表示的含量。

⑤ H_2S、H_2、CO 等还原性气体均能使五价钒还原成四价钒，降低缓蚀作用，向溶液中通入空气、氧或亚硝酸钾等氧化剂，能使四价钒重新氧化为五价钒。生产中保持溶液中五价钒的含量为总钒含量的 20% 以上即可。

⑥ 消泡剂。有机胺催化热的钾碱溶液，生产中使用很易起泡，从而影响溶液的吸收与再生效率，严重时会造成气体带液，被迫减产或停车处理。向溶液中加入消泡剂可以防止或减少起泡现象。消泡剂是一种表面活性大，表面张力大的一类物质，能迅速扩散到泡沫表面

并造成泡沫表面张力的不均匀，使泡沫迅速破灭或不易形成。常用的消泡剂有硅酮类，聚醚类及高级醇类等。消泡剂在溶液中的浓度一般为每千克几个到几十个毫克。

2. 吸收压力

提高吸收压力可增强吸收推动力，加快吸收速率，提高气体的净化度和溶液的吸收能力，同时也可使吸收设备的体积缩小，但压力达到一定程度时，上述影响就不明显了。生产中吸收压力由合成氨工艺流程来确定。在以煤、焦为原料制取合成氨的流程中，一般压力为 $1.3 \sim 2.0 MPa$。

3. 吸收温度

提高吸收温度可加快吸收反应速率，节省再生的耗热量。但温度增高，溶液上方 CO_2 平衡分压也随之增大，降低了吸收推动力，因而降低了气体的净化度。即吸收过程温度产生了两种相互矛盾的影响。为了解决这一矛盾，生产中采用了两段吸收两段再生的流程，吸收塔和再生塔均分为两段。从再生塔上段出来的大部分溶液（叫半贫液，占总量的 $2/3 \sim 3/4$），不经冷却由溶液大泵直接送入吸收塔下段，温度为 $105 \sim 110℃$。这样不仅可以加快吸收反应，使大部分 CO_2，在吸收塔下段被吸收，而且吸收温度接近再生温度，可节省再生热耗。而从再生塔下部引出的再生比较完全的溶液（称贫液，占总量的 $1/4 \sim 1/3$）冷却到 $65 \sim 80℃$，被溶液小泵加压送往吸收塔上段。由于贫液的转化度低，且在较低温度下吸收，溶液的 CO_2 平衡分压低，因此可达到较高的净化度，使出塔碱洗气中 CO_2 降至 0.2% 以下。

4. 再生工艺条件

在再生过程中，提高温度和降低压力，可以加快碳酸氢钾的分解速率。为了简化流程和便于将再生过程中解吸出来的 CO_2 送往后工序。再生压力应略高于大气压力，一般为 $0.11 \sim 0.14 MPa$（绝压），再生温度为该压力下溶液的沸点，因此，再生温度与再生压力和溶液组成有关，一般为 $105 \sim 115℃$。

再生后贫液和半贫液的转化度越低，在吸收过程中吸收 CO_2 的速率越快。溶液的吸收能力也越大，脱碳后的碱洗气中 CO_2 浓度就越低。在再生时，为了使溶液达到较低的转化度，就要消耗更多的热量，再生塔和煮沸器的尺寸也要相应加大。在两段吸收两段再生的流程中，贫液的转化度约为 $0.15 \sim 0.25$，半贫液的转化度约为 $0.35 \sim 0.45$。

由再生塔顶部排出的气体中，水气比 $\varphi(H_2O)/\varphi(CO_2)$ 越大，说明煮沸器提供的热量越多，溶液中蒸发出来的水分也越多，这时再生塔内各处气相中 CO_2 分压相应降低，所以再生速率也必然加快。但煮沸器向溶液提供的热量越多，意味着再生过程耗热量越多。实践证明，当 $\varphi(H_2O)/\varphi(CO_2)$ 等于 $1.8 \sim 2.2$ 时，可得到满意的再生效果，而煮沸器的耗热量也不会太大。再生后的 CO_2 纯度到 98% 以上。

四、二段吸收二段再生典型流程

图 4-3 为以天然气为原料的本菲尔特脱碳的工艺流程。

含二氧化碳 18% 左右的低变气于 $2.7 MPa$、$127℃$ 下从吸收塔 1 底部进入。在塔内分别用 $110℃$ 的半贫液和 $70℃$ 左右的贫液进行洗涤。出塔净化气的温度约 $70℃$，二氧化碳含量低于 0.1%，经分离器 13 分离掉气体夹带的液滴后进入甲烷化工段。

富液由吸收塔底引出。为了回收能量，富液进入再生塔 2 前先经过水力透平 9 减压膨胀，然后借助自身的残余压力流到再生塔顶部。在再生塔顶部，溶液闪蒸出部分水蒸气和二氧化碳后沿塔流下，与由低压变换气再沸器 3 加热产生的蒸汽逆流接触，被蒸汽加热到沸点并放出二氧化碳。由塔中部引出的半贫液，温度约为 $112℃$，经半贫液泵 8 加压进入吸收塔

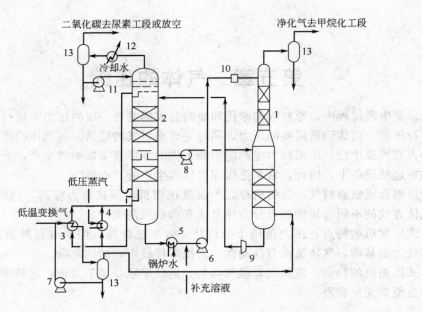

图 4-3　本菲尔特脱碳工艺流程

1—吸收塔；2—再生塔；3—低温变换气再沸器；4—蒸汽再沸器；5—锅炉给水预热器；

6—贫液泵；7—淬冷水泵；8—半贫液泵；9—水力透平；10—机械过滤器；

11—冷凝液泵；12—二氧化碳冷却器；13—分离器

中部，再生塔底部贫液约为 120℃，经锅炉给水预热器 5 冷却到 70℃左右由贫液泵 6 加压进入吸收塔顶部。

　　再沸器 3 所需要的热量主要来自低温变换气。低温变换炉出口气体的温度约为 250～260℃。为防止高温气体损坏再沸器和引起溶液中添加剂降解，低温变换气首先经过淬冷器（图中未画出），喷入冷凝水使其达到饱和温度（约 175℃），然后进入低温变换气再沸器。在再沸器中和再生溶液换热并冷却到 127℃左右，经分离器分离冷凝水后进入吸收塔。由低温变换气回收的热能基本可满足溶液再生所需的热能。若热能不足而影响再生时，可使用与之并联的蒸汽再沸器 4，以保证贫液达到要求的转化度。

　　再生塔塔顶排出的温度为 100～105℃，蒸汽与二氧化碳摩尔比为 1.8～2.0 的再生气经二氧化碳冷却器 12 冷却至 40℃左右，分离冷凝水后，几乎纯净的二氧化碳气被送往尿素工段。

复 习 题

1. 温度、压力对脱碳有何影响？

2. 影响碳酸丙烯酯水解操作因素有哪些？

3. 叙述 NHD 的再生过程？

4. 吸收塔的液位波动的原因？

5. 影响吸收度的因素有哪些？

第五章　气体的压缩

在合成氨生产过程中，原料气的净化和氨的合成均是在一定的压力下进行的，因此需要对气体进行压缩，以达到所需要的压力，同时完成原料气的输送。故气体的压缩在合成氨工艺过程中占有重要地位，压缩机的生产能力和工作的好坏直接影响着生产，合成氨的动力也主要消耗在这些设备上，因此，常常把压缩机比作生产的"心脏"。

用于压缩合成氨原料气的压缩机称之为氢氮压缩机，因其压力较高，通常称为高压机。按压缩气体方式的不同，压缩机可分为往复式和离心式两类。

往复式压缩机的特点：压力范围十分广泛，效率比较高；但缺点是外形尺寸和质量较大，需要较大的基础，气体流动有脉动性，易损零件较多，结构复杂。

离心式压缩机的特点：流量大，供气均匀，运转平稳，调节方便，运转率高，易损零件少，维修方便，无油润滑。

第一节　往复式压缩机

一、工作原理

往复式压缩机是依靠活塞在汽缸内的往复运动来压缩气体的。压缩气体的过程可分为四个步骤：吸气过程、压缩过程、压出过程和膨胀过程。

气体压缩机主要由汽缸，活塞，吸入阀和排出阀组成，活塞主要依靠动力机构的带动，在汽缸中做往复运动，当汽缸的容积增大时，吸入气体，当汽缸的容积缩小时，使气体分子相互接近，从而提高气体压力，并最终压出气体。单作用式压缩机是活塞在汽缸内往复运动一次，气体经过吸气、压缩、排气和膨胀四个阶段完成压缩全过程，见图5-1。

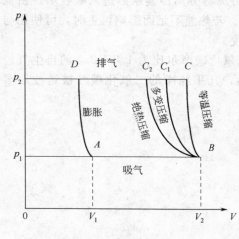

① 当汽缸内压力低于吸入管道内压力时，吸入气顶开气阀进入汽缸，称该过程为等温膨胀。

② 当进气管中气体被吸入汽缸后，直到活塞移至左边末端为止，称这一过程为吸气阶段。

③ 当活塞调转方向从左向右移动时，气体体积不断缩小，压力也随之上升，直到汽缸内气体压力上升到略大于排气管内气体压力时，排气阀被顶开，气体冲入排气管，称这一过程为压缩。

④ 当汽缸内压力略大于排出管道压力时，排气阀被顶开，压缩气体冲出汽缸内进入排出管，直到活塞移到最右端（又称右止点）为止，称这一过程

图 5-1　气体压缩示功

为排气过程。然后活塞又转向左移动，重复上述过程，把排出压力（绝压）与吸入压力（绝压）之比，称为压缩比。

如果汽缸两端均设有吸入阀和排出阀，要完成一个工作循环，就要吸气两次，排气两

次，称之为双作用式。

在压缩机中，活塞和汽缸之间必须留有一定量的余隙，原因如下。

① 可避免活塞与汽缸盖因安装误差或受热膨胀，发生撞击而损坏。

② 气体所含水蒸气或其他易冷凝气体在压缩过程中可能析出液体，因为液体是不可压缩的，若无余隙就会发生"水击"事件，而导致损坏机器。

③ 残余在余隙容积内的气体膨胀后再吸入气体，起到了缓冲作用，使吸入阀开关比较平稳，减轻了阀门和阀片的撞击作用。

由上述原因可见，汽缸中留有余隙容积能给压缩机的装配、操作和安全使用带来很多好处，一般情况下，余隙容积约为汽缸工作容积的 3%～8%，而在压力较高，汽缸直径较小的压缩机中，所留余隙容积通常为 5%～12%。

气体被压缩时，由于外力对气体做了功，会产生大量的热量，使气体的温度升高，气体受压缩的程度越大，放出的热量越多，汽缸内气体温度升得越高。压缩气体时所产生的热量，除了大部分使气体温度升高外，还有一部分传给汽缸，使汽缸温度升高，并有少量热量通过汽缸壁被冷却水带走。要将一定数量的气体，由低压压缩到某一高压时，如果气体的温度越高，压缩气体时所消耗功越大，反之越小，这一点从示功图可以明显看出，并且随压缩比增大而增大，同时过高压缩比给压缩带来很大负面效应，其原因如下。

① 由于气体温度升高，功耗增大。

② 由于气体温度升的过快，会使压缩润滑油黏度降低，甚至烧成炭渣，完全失去润滑作用，且加快汽缸套磨损，直接影响打气量。

③ 压缩比越高，残留在汽缸余隙中气体压力升高，在吸气膨胀时，占据汽缸容积数增加，因而降低吸入量，直接影响打气量。

④ 压缩比过大，活塞两端压差增加，活塞、汽缸、连杆、十字头销和主轴，所承受压力均增加，为此势必要求采用优质材料和加大各部件尺寸，从而增加压缩机制造价和无谓功耗。

因此，压缩必采用多段压缩，且每段压缩后气体进入下一段前均要进行水冷和油分，可以降低总功耗。但压缩段数越多，制造越困难，附属设备越多，设计上一般不超过七段，各段压缩比 3 左右。

二、压缩气体的三种情况

气体被压缩时会产生大量的热量，其原因是外力对气体做了功。气体受压的程度越大，则温度升得越高。压缩过程耗功大小，与压缩时产生热量有关。根据热量移走程度的不同，可分为以下三种情况。

1. 等温压缩过程

在压缩过程中，能及时把由于压缩而产生的热量移走，使气体温度保持不变，称之为等温压缩过程（该过程为理想情况）。

2. 绝热压缩过程

在压缩过程中，气体与外界没有热量交换，压缩所产生的热量全部使汽缸内气体温度升高，称为绝热压缩过程。实际上由于热量损失是不可避免的，因此绝热压缩过程也是一种理想过程。

3. 多变压缩过程

气体在压缩过程中，既不完全等温，也不完全绝热的过程，称为多变压缩过程。要想降低压缩过程的功耗，必须使多变压缩过程尽量接近等温压缩过程，这就是在实际生产中为什么要用冷却水冷却压缩后气体的原因。冷却效果越好，压缩过程也就越接近等温过程。

三、多段压缩

如果用一段汽缸将气体压到很高的压力，压缩比必然很大，压缩以后气体的温度也会升得很高，从而产生很大的危害。

增加压缩机的段数，固然可以降低压缩机的功耗。但段数太多，气体经过进出口活门和中间冷却器的次数也随之增多，阻力就相应增大；同时压缩机的段数越多，压缩机的构造就越复杂，需要的附属设备越多，造价就越高。若超过一定段数以后，其所省之功还不能补偿设备制造费用的增加，因此，压缩机的段数不能太多。

四、往复式压缩机的构造

1. 分类

往复式压缩机分类方法很多，通常有以下几种。

① 按压缩机气体成分分类：空气压缩机、氢气压缩机、氢氮压缩机、氨气压缩机等。

② 按活塞往复运动一次，吸气排气的次数，分单动和双动。

③ 按气体受压缩的次数，分为单级压缩和多级压缩。

④ 按压缩机生产能力的大小，分小型（$10m^3/min$ 以下）、中型（$10\sim30m^3/min$）、大型（$>30m^3/min$）。

⑤ 按压缩机出口压力的高低，分低压（1MPa 以下）、中压（$1\sim10MPa$）、高压（大于 10MPa）。

⑥ 按汽缸空间排列位置不同，分立式、卧式、角式和对称平衡式。

2. 型号

压缩机的型号反映出压缩机的主要结构特点，结构参数及主要性能参数。一般往复式压缩机的型号由以下四部分组成。

汽缸排列方式、活塞推力、吸入状态排气量、终端排气压力。

例如，L3.3-17/320 即汽缸按 L 形排列，活塞推力 3.3t，吸入状态下的排气量为 $17m^3/min$，排气压力 32MPa。

又如，4M20-75/320 即汽缸列数为 4 列，活塞推力 20t，吸入状态下的排气量为 $75m^3/min$，最终压力 32MPa，电动机在一侧的对称平衡型压缩机。

3. 往复式压缩机的结构

压缩机是压缩工序的主要设备，它是由运动机构、汽缸部分和机身三部分组成。运动机构包括主轴、连杆、滑道、十字头、十字头销、活塞杆等；汽缸部分包括汽缸、填料箱、出入阀门、出入活门、活塞和活塞环等；机身包括机座、曲轴箱、筒节等。

4. 主要部件简述

① 主轴和主轴承：主轴在压缩机中是最重要的运动部件，电动机通过主轴输入动力，并由曲柄、连杆和十字头等转变为活塞的往复作用力。

往复式压缩机的主轴有两种：一种是曲柄轴，在曲柄上装有平衡铁，用以平衡造成震动的惯性力；另一种是曲拐轴，主轴用优质碳素钢锻制而成，并经过精细的机械加工。

主轴承的作用是支撑主轴。轴承的外壳由轴承盖组成，外壳中是铸钢制成的轴瓦，一般分上下两块，轴瓦表面浇铸有一层硬度小、耐磨和表面光滑的巴氏合金。在主轴承上安装有热电偶温度计用以测量主轴承的温度，在轴承盖上有润滑油注入孔。

② 连杆和十字头：连杆和十字头是使圆周运动变为直线运动的主要部件。大头与曲轴相连，做圆周运动；小头与十字头相连，做往复运动。连杆做上下摆动，实际上运动轨迹为锥形面，锥顶为小头面，锥底面为大头面，曲面为连杆所走过路径，连杆是用优质碳素钢锻制而成，两头连接处均装有轴瓦，并装有注油孔。

十字头功能是连接连杆和活塞杆，并将连杆的往复摆动转变成活塞杆的直线往复运动，十字头上下有两块滑板，在机身的滑道上往复运动，十字头是用铸钢制成的。

③ 汽缸与活塞：汽缸与活塞是压缩气体的重要部件，压缩气体的过程是依靠活塞在汽缸中做往复运动完成的。

汽缸上装有进气和排气活门、填料箱、润滑油注入孔和水冷夹套。汽缸内有铸铁制成的汽缸衬套，这样可以保护汽缸本体，汽缸套损坏后可以更换。一般低压段汽缸是双作用的，是由铸铁制成的，并且体积较大，高压段汽缸是单作用的，是用铸铁或优质碳素钢制成的，体积小。活塞连在活塞杆上，活塞与汽缸之间用活塞环密封，以防漏气。

④ 汽缸活门。汽缸的进出口活门的作用是随着活塞的往复运动，自动地及时开启或关闭，使气体均匀地吸入和排出汽缸。各段汽缸活门的工作原理完全一样，其结构大致相同，只是大小不同。

低压段排气活门：活门由活门座、升高限制器、活门片和弹簧等组成。低压活门座的材料为铸铁，高压段为铸钢或合金钢。活门座上开有同心的环形通道，供气体通过。活门座与活门片的接触面经过精细加工以求二者密合，减少漏气。活门片是采用高强度耐磨合金钢材质制成。升高限制器一般由铸钢制成，其装有弹簧，在装配时，依靠弹簧的弹力使活门片贴合在活门座上。活门座和升高限制器用螺杆和螺帽连接起来，为了防止螺帽松动，而用开口销固定之。

在压出过程中，汽缸内压力大于出气管内的压力，活门片被顶开，汽缸内气体排向出气管。当进入吸气和压缩时，汽缸内压力低于出气管压力，此时活门片被压向活门座上造成密封。

进出口活门的构造差不多，只是活门座与升高限制气的位置相互倒换。

⑤ 填料箱：在穿过活塞杆的汽缸盖上，装有阻止气体泄漏的填料箱，填料箱的操作情况好坏不仅直接影响到压缩机排气压力和排气量，而且在合成氨生产中可以防止一些有毒、易燃、易爆气体的泄漏，以保证操作人员的安全。此外，填料只有在停车时才能更换，因而要求填料箱可洗和耐久。

由于压缩机的结构和操作压力不同，填料箱结构也有差异。L形压缩机高压段汽缸的填料箱，填料箱体与汽缸本体铸成一体，其内放有五个填料盒，每个填料盒放有一组由巴氏合金或铸铜组成的密封元件，它具有梯形的断面，并以宽的底边贴在活塞杆上。每组密封元件由开有径向切口的T形环及两个也具有径向切口的T形环紧密靠着的单斜面环所组成的，在装配时，各环的径向切口相互错开一定的角度。密封元件用钢制的固定垫圈和压圈紧压着，固定垫圈置于填料盒内小弹簧上面，固定垫圈受到弹簧压力和压缩气体的轴向力作用，将力再传给密封元件，使其活塞杆产生径向压紧力，以达到密封的要求。

为了使填料箱工作良好，密封元件必须贴在活塞杆上，为此组成梯形截面的三个密封元件的侧面应同时加工，并仔细地与压圈及固定垫圈的锥形部分相配合。各填料盒及钢制压圈的端面也必须仔细磨合，这样，在密封轴向间隙的同时，径向间隙也得密封，以达到所需要的高度密封性。

　　润滑油通过填料压盖上的油孔注入填料箱并沿着油孔分别进入几个填料盒。为了保证润滑油通到活塞杆，在填料盒上开有径向油孔。为了使润滑油通道保持连通，用定位销将各填料盒固定。通过填料箱泄漏出来的气体和油从压盖上的回气孔排出。

五、影响压缩机参数的因素

1. 压缩机的生产能力及影响因素

　　在单位时间内压缩机所压缩气体数量，称为压缩机的生产能力，也称为打气量。影响生产能力的因素如下。

　　（1）余隙容积

　　汽缸内余隙容积越大，余隙内的高压气体在吸气时由于膨胀而占有的容积就越大，吸入的气量就越小，使压缩机的生产能力下降。

　　（2）泄漏损失

　　由于活塞环、吸入活门、压出活门、填料等密封不严，气体泄漏量较多，生产能力下降。

　　（3）吸入活门阻力

　　由于吸入活门具有一定的阻力，因而开启迟缓，使进入汽缸气量减少。生产能力下降。

　　（4）吸入气体的温度

　　压缩机汽缸容积是恒定的。如果吸入气体的温度高，则使汽缸内的气体密度减少，质量减少，从而降低了压缩机的生产能力。

　　（5）吸入压力

　　当气体的温度一定时，压力越高，吸入汽缸内气体的密度越大，生产能力也就越大。在生产中，往往采用提高吸入气体压力的办法提高压缩机的生产能力。

2. 压缩机的排气量及影响因素

　　（1）压缩机的排气量

　　压缩机在单位时间排出的气体量，称之为压缩机的排气量，也称生产能力或输气量。排气量均折合为第一段汽缸吸入状态下的体积流量来表示，单位为 m^3/min，压缩机的铭牌上，标出了在规定的吸入状态下的排气量，如果实际与之不符，应校正，公式为

$$q_V = 0.785d^2 Lni\lambda$$

式中　q_V——压缩机在吸入状态下的排气量；

　　　　d——活塞直径；

　　　　L——活塞冲程；

　　　　n——压缩机的转速；

　　　　i——压缩机一个工作循环吸气次数，双作用 $i=2$；

　　　　λ——排气系数，一般取 0.76。

　　（2）影响因素

　　为了挖掘往复式压缩机生产能力，提高排气量，在生产中采用以下几种办法。

　　① 增加曲轴转速。

　　② 向进口气体喷入少量水，降低进口气体温度（一般不用）。

　　③ 提高进口气体压力。

　　④ 加大汽缸直径。

　　⑤ 减少阀门、进口管道阻力，消除"跑、冒、滴、漏"。

六、压缩岗位的气体流程

1. 4M20 机

由脱硫工段来的温度为 35℃、压力为 4900Pa 的半水煤气首先进入水封槽，除掉水分和雾滴后，进入一段汽缸压缩至 0.182MPa，温度≤128℃。然后经一段缓冲器到一段冷却器，将油水分离后，温度≤40℃。进入二段汽缸压缩至 0.82MPa，温度≤135℃，经二段缓冲器到二段冷却器，油水分离后，温度≤130℃，进入变换工段。从变换工段来的气体进入三段汽缸压缩至 2.1MPa，温度≤140℃，分离油水后，温度≤40℃，进脱碳工段。脱去二氧化碳后，进压缩机四、五段，从五段出来的气体压力为 12.5MPa，进入铜洗工段，除去少量的 CO、CO_2、H_2S、O_2 后，进入压缩机六段，压力为 32MPa，进入合成工段。

2. 6M32 机

来自一次脱硫工段的半水煤气经氮氢压缩机一、二段压缩，压力升至 0.8MPa(g)，送变换工段。变换后变换气经二次脱硫，进氮氢压缩机三段压缩，压力升至 1.6MPa(g)。经活性炭脱碳及精脱硫后，净化气进四段、五段压缩压力升至 13MPa(g)，出口净化气再经醇化后，进六段压缩，压力升至 31.4MPa(g)。六段出口的醇后气，最后进入烃化及合成。

七、往复式压缩机的操作

1. 任务

将来自净化岗位、变换脱硫岗位、脱碳岗位、精炼岗位的气体分别加压，达到工艺指标所规定的相应压力，再输送到有关工段使用。

2. 工艺流程

压缩工段工艺流程见图 5-2。

来自净化工段的半水煤气，经一段汽水总分离器分离水后，进入压缩机一段加压。加压后的气体经冷却器冷却和油水分离器分离油水后，再进入压缩机二段加压。加压后的气体经二段冷却器及油水分离器冷却及分离油水，然后送变换工段。从变换气脱硫岗位来的变换气经三段汽水总分离器分离水后，进入压缩机三段进行加压，加压后的气体经三段冷却器及油水分离器冷却及分离油水，然后送脱碳工段。

从脱碳来的净化气经四段总分离器分离油水后，依次进入压缩机四、五段，继续逐段加压。每段加压的气体依次冷却、分离，送下一段加压。由五段油水分离器分离水后送甲醇（铜洗）工段。从甲醇（铜洗）工段回来的气体，进入压缩机六段加压，加压后的气体进行冷却和油水分离器后，送入烃化（合成）工段。各段出口油水分离器进一步排出的废油水汇集入集油器，回收废油。

3. 开车

① 接调度员通知后，做好开车前的准备工作。打开本机全部冷却水上水及全部回水，检查是否畅通（原始开车，启填料软水泵，打开出水阀，检查压力是否正确，水路是否通畅）。

② 检查各阀门开关情况。

a. 应开阀门：一进、一回一、二回一、二放、三回三、三放、五回四、五放、六回六、六放、1～6 段排油水阀及各根部备用阀。集油器排污阀，各级填料回气阀、各级压力表阀。

b. 应关阀门：二出阀、三进阀、三出阀、四进阀、五出阀、六进阀、六出阀、二三直通阀、三四直通阀，五六直通阀，集油器回收阀、各级填料放空阀。

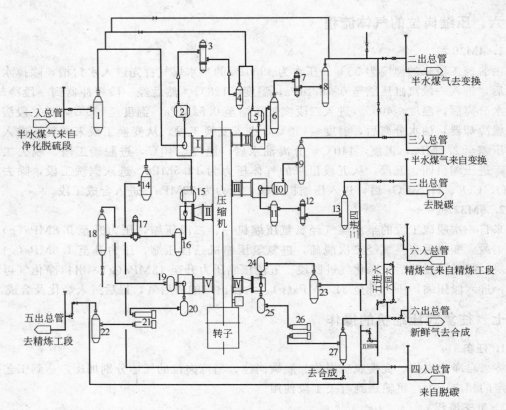

图 5-2　压缩工段工艺流程

1——段入口汽水分离器；2——段出口缓冲器；3——段冷却器；4——段出口油水分离器；5—二段入口缓冲器；
6—二段出口缓冲器；7—二段出口冷却器；8—二段出口油水分离器；9—三段入口汽水分离器；10—三段入口
缓冲器；11—三段出口缓冲器；12—三段冷却器；13—三段出口油水分离器；14—四段入口汽水分离器；15—四
段入口缓冲器；16—四段出口缓冲器；17—四段出口冷却器；18—四段出口油水分离器；19—五段入口缓冲器；
20—五段出口缓冲器；21—五段出口冷却器；22—五段出口油水分离器；23—六段入口汽水分离器；
24—六段入口缓冲器；25—六段出口缓冲器；26—六段出口冷却器；27—六段出口油水分离器

③ 启动注油器看注油是否正常。

④ 启动稀油站观察油泵是否正常运行，压力和油位是否在指标范围（冬季必须先开预热器给稀油站加温后方可启动油泵）。

⑤ 上好盘车装置，开电钮进行机械盘车数圈（正方向），看有无障碍，正常后，把盘车装置再放回停车位置。

⑥ 通知电工送电，向有关岗位发送开车或加量信号，待电工送电后启动主机，主机运转正常无异常后，迅速关1～6段排油水阀，微开三进、四进、六进，关二放、三放、五放、六放，用一回一、二回一、三回三、五回四、六回六阀调节各段压力，使气体自身打循环。同时再进一步检查机械各运转部件及活门的工作情况是否正常，待正常后关一回一、二回一、用二放置换2～3次，联系变换岗位送气。关死二放，当二出压力稍高于二段总管压力时，缓开二出、三进阀，直至两阀全开为止，变换岗位送气结束；关三回三，用三放置换气体2～3次，联系脱碳岗位送气。关死三放，待三出压力略高于三出总管压力时，缓开三出、四进阀，直至两阀全开为止，关五回四阀，用五放置换变换气体2～3次，向精炼岗位联系送气。关死五放，待五出压力稍高出五出总管压力时，开五出、六进阀，两阀全开为止，关

六回六阀，用六放置换气体 2～3 次，联系合成岗位送气。关死六放，待六出压力稍高于总管压力，缓慢开六出阀，直至全开为止。全系统送气结束后，检查各段压力，温度是否正常达标，各连接部位声音有无异常。

4. 停车（减量）

接调度通知后，向合成岗位联系切气（信号）。关六出阀微开六放，控制六段压力不大于 30MPa，直至六出关死，向精炼岗位联系切气。关五出、六进阀，全开六回六，微开五放控制精炼压力不超过 12MPa，直至五出、六进阀关死，向脱碳岗位联系切气。关四进、三出阀，开五回四，开三放控制三段出口压力不超过 1.7MPa，向变换岗位联系切气。关二出阀、三进阀、开三回三，用三回三调节三进压力在 0.6MPa，开二放，关死二出、三进阀、开二回一、一回一、全开六放、五放、三放、二放、一至六段排油水，待压力卸完后，停主机、停油泵、停风机、停注油器，关二放、三放、五放、六放、一进阀，关本机全部上水、回水阀（夏季停机后半小时关，冬季常开）。

5. 紧急停车

接调度通知或本岗位机械故障及外岗位出现严重事故时，本岗位应采取紧急停车，及时将主机电源切断（既直接按下停车按钮）迅速通知有关岗位及调度，及时关闭与外岗位有联系的阀门，随后按正常停车步骤处理。

6. 外系统无压力开车

① 接调度或值班长通知后，做好开车前的准备工作。打开本机全部冷却水上水及全部回水，检查是否畅通（开填料软水泵）。

② 检查各设备、管道、阀门、电器、仪表及各注油系统的油位，都必须正常完好。

③ 检查各阀门应开、应关情况。

a. 应开阀门：一进阀、一回一、二回一、二三通、三四通、五六通、二放、三放、五放、六放、1～6 段排油水阀及各备用根部阀、填料回气阀、各级压力表阀、集油器回收阀。

b. 应关阀门：二出、三进、三出、四进、五出、六进、六出、三回三、五回四、六回六、集油器排污阀、填料放空阀。

④ 启动注油泵各注油点是否正常供油。

⑤ 启动稀油站是否正常运行，压力和油位是否在指标范围内（冬季必须先开预热器给稀油站加温后再启动）。

⑥ 上好盘车装置，机械盘车数圈（正方向）无障碍后，将盘车装置再放回停车位置。

⑦ 开风机，通知电工送电，向有关岗位联系开车，电工送电后，启动主机，运转正常后，迅速关 1～6 段排油水阀，关二放、三放、五放、六放、一回一、二回一、用六放控制六段压力不超过 15～20MPa。

⑧ 接调度或班长通知向变换岗位送气后，本岗位向变换岗位发出送气联系信号，变换岗位同意后，缓慢打开二出阀，关小二三直通阀（变换压力升至 0.6～0.8MPa），接调度或班长通知接变换气后，打开三进阀，关死二三通阀及备用阀。

⑨ 接调度或班长通知向脱碳岗位送气，向脱碳岗位发出信号联系，脱碳岗位同意后，打开三出阀，关小三四通阀（当脱碳压力升至 1.4～1.7MPa）。接调度或班长通知接脱碳气后，打开四进阀，关死三四通阀及备用阀。

⑩ 接调度或班长通知向精炼岗位送气后，向精炼岗位发出信号联系，精炼岗位同意后，缓慢打开五出阀，关小五六通（待压力升至 10～12MPa）接调度或班长通知接精炼气时，

打开六进阀，关死五六通阀及备用。

⑪ 接调度或班长通知向合成岗位送气时，向合成岗位发出送气联系信号，合成岗位同意后，打开六出阀，关死六放阀。

7. 开机步骤

① 按正常操作步骤开启备用机。

② 待备机开启、运转、升压均正常，按正常停车步骤停在用机。

③ 在倒车过程中，两机操作应相配合，以减少系统气量和压力的波动。

附：工艺指标见表 5-1。

表 5-1　工艺指标

段数	项　　目					
	进气压力/MPa	排气压力/MPa	进气温度/℃	排气温度/℃	轴承温度/℃	循环油压/MPa
一	≤0.04	0.26～0.28	≤35	≤133		
二	0.26～0.28	0.78～0.85	≤40	≤149		
三	0.6～0.7	1.5～1.8	≤35	≤139	≤65	0.3～0.4
四	1.4～1.7	4.2～5.0	≤40	≤150		
五	4.2～5.0	11.5～12.5	≤40	≤148		
六	11.0～12.0	≤31.4	≤40	≤121		

第二节　离心式压缩机

一、工作原理

离心式压缩机的工作原理与输送液体的离心泵类似。气体从中心流入叶轮，在高速转动的叶轮作用下，随叶轮做高速旋转并沿半径方向甩出。叶轮在驱动机械的带动下旋转，把所得到的机械能通过叶轮传递给流过叶轮的气体，即离心压缩机通过叶轮对气体做了功。因此，气体在叶轮内的流动过程中，一方面由于旋转离心泵的作用增加了气体本身的压力，另一方面又得到了很大的动能。气体离开叶轮后，这部分动能在通过叶轮后的扩张器、回流器弯道的过程中转变为静压能，进一步使气体的压力得到提高。

由于叶轮对气体做功，所以气体从进叶轮到离开叶轮的速度就有很大的提高，为此在研究叶轮做功大小时，必须首先讨论气体在叶轮中的速度，主要是进口和出口处的速度。

① 气体在进出口处圆周速度 u 的变化，是由于气体做圆周运动时产生的离心力，此力直接增加了静压能，即

$$H_1=\frac{u_2^2-u_1^2}{2g} \tag{5-1}$$

式中　u_1——叶轮进口处的圆周速度，m/s；

　　　u_2——叶轮出口处的圆周速度，m/s；

　　　g——重力加速度，9.8m/s²。

圆周速度 u_1 和 u_2 可由式（5-2）求得

$$u_1=\frac{\pi D_1 n}{60} \tag{5-2}$$

$$u_2 = \frac{\pi D_2 n}{60} \qquad (5-3)$$

式中　D_1——进口处的叶轮直径，m；

　　　D_2——出口处的叶轮直径，m；

　　　n——叶轮的转速，m/min。

② 气体相对速度 w 的减少，是由于两叶片间的流道为扩压通道，气体流过此流道时产生了直接的扩压效果。由于相对速度减少而增加的静压能为

$$H_2 = \frac{w_1^2 - w_2^2}{2g} \qquad (5-4)$$

式中　w_1——叶轮进口处的相对速度，m/s；

　　　w_2——叶轮出口处的相对速度，m/s。

③ 气体的绝对速度 c 的增加，只是提高了气体离开叶轮时的动能。这部分动能将在扩压道上转变为静压能。

$$H_3 = \frac{c_2^2 - c_1^2}{2g} \qquad (5-5)$$

式中　c_1——叶轮进口处的绝对速度，m/s；

　　　c_2——叶轮出口处的绝对速度，m/s。

如果压缩机的工作效率为 100%，没有任何能量损失，以上这些压力的总和即为离心机所能产生的理论压头，即

$$\sum H_{理论} = \frac{u_2^2 - u_1^2}{2g} + \frac{w_1^2 - w_2^2}{2g} + \frac{c_2^2 - c_1^2}{2g} \qquad (5-6)$$

式中，前两项之和一般称为静压头，后一项称为动压头。这就是离心式压缩机能使气体压力升高的基本原理。方程式说明离心式压缩机的叶轮出口圆周速度 u_2 越大，所产生的压头越大。

在离心式压缩机中，气体经过一个叶轮压缩后压力升高是有限的。因此，通常情况下是由几个叶轮连续地进行压缩，直到最后一级出口达到要求的压力为止。

二、工艺流程

1. 透平机循环气工艺流程

从合成冷凝塔的二次出口来的气体，经高压截止阀和高压节流阀后，分两路从机身两侧对称进入机身高压筒体内。气体从电动机与高压筒体的环隙内纵向流过，带走电动机散发的热量。循环气再经中间接筒的气孔与保护气汇合进入叶轮，通过各级叶轮提压后，沿轴向流入高压管，经出口阀送至合成塔。

2. 保护气系统工艺流程

保护气是由新鲜气总管经滤油器分离油水后从塔盖上出口一道阀后引气出来，进入氨蒸发器，利用液氨蒸发降低气体温度后，进入油水分离器，分离油水后，再进入硅胶干燥器，利用硅胶吸附气体中残存的水分，经干燥后的气体进入透平机电动机的定子与转子间的环隙。保护气的作用是：一方面不使循环气进入电动机内，另一方面把电动机的热量带走，出电动机的保护气与循环气在中间接筒汇合，然后进入透平机的叶轮进行压缩。

3. 硅胶再生系统工艺流程

由滤油器来的新鲜气，经氨冷器、水分离器，进入电加热器提高气体温度（≤180℃），然后进入需再生的硅胶干燥器，依靠气体的热量将硅胶吸附的水分蒸发并进行干燥。出干燥

器的气体由放空管放空或回收，同时将水分带走。干燥器气体出口温度达 100～120℃ 后为再生合格。

三、透平循环压缩机操作要点

1. 开车前准备工作

详细检查所属设备、管线、阀门及附属设备是否完好、是否处于备用状态并联系调度准备开车。联系仪表工、电工，检查所属设备的仪表电器是否处于备用状态，并启动所属仪表。

关透平机进口二道阀、出口一道阀、近路阀、放空阀、排污阀。开保护气进口阀。用合格的保护气，按升压速度充压至 0.98MPa 左右连续置换三次，由出口副阀后的放空阀排放至电动机内气体中含 O_2 量≤0.2% 后，按升压速度充压至系统压力平衡。

联系电工，检测电动机绝缘。

2. 正常开车

准备工作就绪后，联系电工送电。

启动注油泵，向透平机各轴承点注油 30min。

按调度指令，在值班主任、班长统一指挥下，全开进口二道阀，由电工启动主机，当电流由最大降到最小时，开透平机出口一道阀。

透平机启动后一般用系统副阀调节循环量，但须保持气量在正常气量的 50% 以上，最小压差不得小于吸入压力的 3%，防止透平机喘振（透平机进出口副阀尽量少开）。

调节保护气量在工艺指标范围内。

再全面检查机械运转情况及工艺参数变化情况。

开车注意事项如下。

① 透平机开车前必须将系统置换合格，使 O_2 含量降至 0.2% 以下，以保证电动机安全和合成催化剂的安全。

② 透平机置换充压必须严格按升压速度进行，防止充压过快而损坏设备部件及"切断"仪表热电偶线。

③ 电动机绝缘应大于 0.5MΩ，才能启动主机。

④ 注油泵运转正常、润滑油畅通，要见到回油量正常后，才能启动主机。

⑤ 为防止压差大损坏机器，透平机必须带压启动。

⑥ 透平机开启后电流下降时，必须立即开出口阀。若半分钟内电流不下降，应立即停车。

⑦ 透平机启动后，保护气量必须控制在指标内（气量为 400～600m³/h），确保电动机绝缘在指标之内。

⑧ 透平机启动后应注意输气量的调节，最低限应在本机额定输气量的 50% 以上，防止喘振。

3. 正常停车

透平机的正常停车同开车一样是需要带负荷停车，严禁卸压后停车。

接到停车指令后，先按透平机停车电钮，后关透平机进出口阀及系统副阀，透平机副线阀，关电动机保护气阀。

缓慢打开放空阀或前后液缸排污阀，按降压速度卸压。

停车后为保护电动机，应通保护气对透平机进行置换（若全厂停或跳闸应用新鲜气总管余压进行置换）。

若停车后需要检修、卸压至零，置换后，在进口阀后，出口阀前上盲板，办理电动机切电手续后方能进行检修。

检修后试车合格或停车后不检修，置换后应用保护气充压准备开车（若改做备用机应充满保护气，每班置换一次保证绝缘在允许范围）。

停车置换后，停注油泵。

透平机停车注意事项如下。

① 透平机只能带负荷停车，严禁先卸压后停车。

② 停车后应把透平机压力按卸压速度卸掉，以防气体对部件腐蚀或电动机绝缘下降，卸压后一定要进行置换。

③ 如透平机不卸压时，应通保护气，否则会影响电动机的绝缘。

4. 透平机的倒车

两台透平机一开一备，当运行中出现故障或计划检修时，需进行倒车。

备用机：首先按正常开车做好开车前的各项准备工作，然后按正常开车步骤将备用机启动，并与系统联通，全面检查无问题后，准备在用机的停车。

在用机：备用机开启投入运行后，在用机按正常停车步骤停下（备用或交出检修）。

倒车操作注意事项如下。

① 备用机开启正常后，应尽快与系统联通，可用系统副线阀或出口阀调节。

② 尽量维持合成塔入塔气量的稳定，保证合成塔的正常操作。

③ 在用机停车后，不要急于卸压（但应通保护气保护电动机），待备用机开启运行正常后，再按要求卸压、置换、检修或备用。

④ 必须注意两台透平机保护气量（在指标范围内），确保绝缘合格。

5. 紧急停车

① 立即停止透平机运转（按停车电钮），同时发出事故信号并通知合成、班长、值班主任及调度。

② 按正常停车步骤做相应的处理工作。

6. 需紧急停车的几种情况

① 当电动机功率表出现"故障波峰"增值大于20kW，且电流升高、轴承温度超标并来不及倒车时应紧急停车。

② 当电动机绝缘下降至工艺指标以下，或突然"回零"，若不是仪表的问题，应立即倒换干燥器，调节保护气量，无效时应紧急停车。

③ 当电流（A）功率（kW）严重超标调节无效时应紧急停车。

④ 当透平机内发出异常响声或振动异常时应紧急停车。

⑤ 铜洗带铜液至合成系统时应紧急停车。

⑥ 当岗位或合成系统发生着火爆炸或突然新鲜气中断（保护气中断）时，应紧急停车。

⑦ 遇透平机断电时，应迅速关进口、出口阀、副线阀，微开放空阀置换。

⑧ 微量跑高，合成系统切断补充气二道阀时，应紧急停车。

第三节　气体压缩的工艺计算

一、气体压缩的三个过程

对于理想气体，等温压缩过程、绝热压缩过程和多变压缩过程，所消耗的功及压缩后的最终温度，可按下列方程式计算。

等温过程
$$L_{等温} = p_1 V_1 \ln \frac{p_2}{p_1} \tag{5-7}$$

$$T_{等温} = T_1 \tag{5-8}$$

绝热过程
$$L_{绝热} = p_1 V_1 \frac{\kappa}{\kappa-1} \left[\left(\frac{p_2}{p_1} \right)^{\frac{\kappa-1}{\kappa}} - 1 \right] \tag{5-9}$$

$$T_{绝热} = T_1 \left(\frac{p_2}{p_1} \right)^{\frac{\kappa-1}{\kappa}} \tag{5-10}$$

多变过程
$$L_{多变} = p_1 V_1 \frac{m}{m-1} \left[\left(\frac{p_2}{p_1} \right)^{\frac{m-1}{m}} - 1 \right] \tag{5-11}$$

$$T_{多变} = T_1 \left(\frac{p_2}{p_1} \right)^{\frac{m-1}{m}} \tag{5-12}$$

式中 $L_{等温}$，$L_{绝热}$，$L_{多变}$——分别表示等温、绝热、多变压缩过程消耗的功，J；

$T_{等温}$，$T_{绝热}$，$T_{多变}$——分别表示等温、绝热、多变压缩后的最终温度，K；

p_1，p_2——压缩开始和终了时气体的压力（绝压），Pa；

V_1——压缩开始时气体的体积，m^3；

T_1——压缩开始时气体的温度，K；

κ——等熵指数，随气体性质及工艺条件而变，对于双原子气体，约为1.4；

m——多变指数，其值一般小于绝热指数而大于1。

【例 5-1】 压缩机一段进口压力为 0.103MPa（绝压），温度为 15.6℃，若经等温压缩、绝热压缩、多变压缩后压力均为 0.266MPa（绝压）。求：①三种不同压缩过程一段出口气体温度；②压缩每 $1m^3$ 气体所消耗的功。

解 ①
$$T_{等温} = T_1 = 15.6℃$$

$$T_{绝热} = T_1 \left(\frac{p_2}{p_1} \right)^{\frac{\kappa-1}{\kappa}} \quad 取 \kappa = 1.4$$

$$= (273+15.6) \left(\frac{2.66}{1.03} \right)^{\frac{1.4-1}{1.4}}$$

两边取对数
$$\lg T_{绝热} = \lg 288.6 + \frac{1.4-1}{1.4} (\lg 2.66 - \lg 1.03)$$

$$= 2.578$$

$$T_{绝热} = 378K \quad 即 \ T_{绝热} = 378-273 = 105℃$$

$$T_{多变} = T_1 \left(\frac{p_2}{p_1} \right)^{\frac{m-1}{m}} \quad 取 m = 1.3$$

$$= (273+15.6) \left(\frac{2.66}{1.03} \right)^{\frac{1.3-1}{1.3}}$$

两边取对数
$$\lg T_{多变} = \lg 288.6 + \frac{1.3-1}{1.3} (\lg 2.66 - \lg 1.03)$$

$$= 2.5554$$

$$T_{多变} = 359.2K \quad 即 \ T_{多变} = 359.2-273 = 86.2℃$$

②
$$L_{等温} = p_1 V_1 \ln \frac{p_2}{p_1} = 0.103 \times 10^6 \times 1 \times 2.3 \lg \frac{2.66}{1.03}$$

$$=10300\times2.3\times(0.4249-0.0128)=97626\mathrm{J}$$

$$L_{绝热}=p_1V_1\frac{\kappa}{\kappa-1}\left[\left(\frac{p_2}{p_1}\right)^{\frac{\kappa-1}{\kappa}}-1\right]$$

设 $\left(\frac{p_2}{p_1}\right)^{\frac{\kappa-1}{\kappa}}=x$ 取对数则

$$\ln x=\frac{\kappa-1}{\kappa}(\lg p_2-\lg p_1)=\frac{1.4-1}{1.4}\times(\lg2.66-\lg1.03)$$

$$=0.2886\times(0.4244-0.0128)=0.1177$$

则 $x=1.311$

$$L_{绝热}=0.103\times10^6\times1\times\frac{1.4-1}{1.4}(1.311-1)$$

$$=112120\mathrm{J}$$

$$L_{多变}=p_1V_1\frac{m}{m-1}\left[\left(\frac{p_2}{p_1}\right)^{\frac{m-1}{m}}-1\right]$$

$$=0.103\times10^6\times1\times\frac{1.3-1}{1.3}\times(1.245-1)$$

$$=1.0938\times10^5\mathrm{J}$$

二、压缩机的生产能力及影响因素

在单位时间内压缩机所压缩的气体数量,称为压缩机的生产能力,也称为打气量或输气量。

生产能力的计算如下。

1. 在进口压力,温度条件下的打气量

$$q_V=0.785d^2L\times60ni\Phi \tag{5-13}$$

式中　q_V——进口压力、温度状态下的打气量,$\mathrm{m^3/h}$;

　　　d——活塞直径,m;

　　　L——活塞冲程,m;

　　　n——压缩机转数,$\mathrm{r/min}$;

　　　i——活塞往复一次所吸入气体的次数,对双作用压缩机,$i=2$;

　　　Φ——输气系数,一般取 0.76。

【例 5-2】 有一双作用压缩机,一段活塞直径 0.21m,冲程为 0.45m,转数为 125r/min,输气系数 0.76。求在吸入状态下的打气量为多少?

解　　　$q_V=0.785\times(0.21)^2\times0.45\times60\times125\times2\times0.76$

　　　　　　　$=177.6\mathrm{m^3/h}$

2. 标准状态下的打气量

$$q_{V_0}=\frac{pq_V}{p_0}\times\frac{273}{273+t}$$

式中　q_{V_0}——标准状态下的打气量,$\mathrm{m^3/h}$;

　　　p_0——标准状态下气体的压力,取 0.1MPa;

　　　p——进入压缩机一段缸气体的压力(绝压),MPa;

　　　q_V——吸入状态下的打气量,$\mathrm{m^3/h}$;

　　　t——进入压缩机一段缸气体的温度,℃。

氢氮混合气压缩机的生产能力，也可用每小时输送的气体所表示的氨量表示。

$$Q = \frac{q_V}{q_{V_{原}}} \times \frac{273}{273+t} \times \frac{p_{大气压}+p_入-p_{H_2O}}{760}$$

式中　Q——生产能力，1000kg NH_3/(h·台)；

　　　q_V——吸入状态下的打气量，m^3/h；

　　　$q_{V_{原}}$——生产 1000kg 氨时原料气消耗定额，m^3/1000kg NH_3，通常半水煤气采用 3300m^3/1000kg 氨，变换气采用 4300m^3/1000kg NH_3；

　　　t——进入压缩机一段缸气体的温度，℃；

　　$p_{大气压}$——当地大气压，mmHg；

　　　$p_入$——进入压缩机一段缸的气体压力（表压），mmHg；

　　p_{H_2O}——原料气中水蒸气分压，随原料气温度而变，mmHg。

【例 5-3】 L3.3-13/320 型氮氢压缩机一段打气量为 780m^3/h（吸入状态），半水煤气进气温度为 32℃，进气压力 20mmHg（表），当地大气压 750mmHg，求在此条件下，压缩机的生产能力是多少？

解　由于水蒸气分压表上查得，在 32℃ 时，$p_{H_2O}=35.25$mmHg，则压缩机的生产能力为：

$$Q = \frac{780}{3300} \times \frac{273}{273+t} \times \frac{750+20-35.5}{760}$$

$$= 204 \text{kg } NH_3/(h·台)$$

复 习 题

1. 往复式的压缩机的工作循环？
2. 为什么往复式压缩机要留有余隙？
3. 等温，绝热、多变在生产上有什么不同？
4. 影响往复式压缩机的生产能力的因素有哪些？
5. 离心机为什么能使气体的压力升高？

第六章 精 炼

经过变换和脱碳后，原料气中仍然存在少量的一氧化碳和二氧化碳。为了防止它们对催化剂的毒害，必须将它们除去，工艺要求（$CO+CO_2$）含量$\leqslant 1\times 10^{-5}$，因此原料气还需要进一步净化。常用方法如下。

1. 铜氨液洗涤法

该工艺从 1913 年至今已经相当成熟。在高压和低温的条件下，用铜氨液吸收少量的 CO、CO_2、H_2S、O_2，吸收后的气体称做精炼气，送合成工段，液体则再生循环使用。

2. 甲烷化

20 世纪 60 年代开发甲烷化，该法是将少量的 CO 和 CO_2 在催化剂的作用下与氢气转化成甲烷，将有毒气体转化成无毒气体。但缺点：一是甲烷化法蒸汽耗量大［由于工艺要求（$CO+CO_2$）含量$\leqslant 0.7\%$加大了变换程度］，根据中国中小型合成氨厂多以间歇法制得半水煤气中水蒸气含量少，不像国外以天然气重油制气，有大量饱和水蒸气，故变换蒸汽耗量大；二是消耗有用的氢气而产出无用的甲烷；三是合成放空时（为了保证惰性气体的含量稳定）又浪费了氢气、氮气和氨。因此，甲烷化仍然有待于进一步研究和完善。

3. 甲醇串甲烷化

甲醇串甲烷化以精制原料气为目的，达到联产甲醇和精制双重目的。

近年来国内外提出的合成氨原料气精制工艺即原料气甲醇化后甲烷化的方法，因达到甲烷化精制原料气的目的同时又可联产甲醇而受到人们的关注。目前国内外一般采用甲醇化和甲烷化在较低压力（5～15MPa）下进行，甲烷化后再压缩到高压去氨合成。

这种中压法甲醇甲烷化流程示意图如下。

变换气→ 脱碳气压缩 → 甲醇合成 → 醇分离 → 甲烷化 → 精炼气压缩 → 氨合成

（$CO+CO_2$）含量$<2.5\%$的脱碳气压缩到 $10\sim 13$MPa 后在甲醇塔中以空间速度 $6000h^{-1}$左右于甲醇催化剂上在约 250℃下合成甲醇，出塔气（$CO+CO_2$）含量$<0.5\%$，经冷却分离甲醇后进入甲烷化炉反应，出口（$CO+CO_2$）含量达到$<1\times 10^{-5}$的合成氨精炼气再送去氨合成。脱碳气的精脱硫在中压或低压下进行。这种由湖南安淳公司开发设计的中压甲醇甲烷化（简称双甲）精制合成氨新工艺在中国已有多个企业投产，它提供了丰富的经验，结果证明在 12MPa 左右中压下甲醇后串甲烷化工艺可行，在 12MPa 压力下进行甲烷化反应也是成功的，甲烷化催化剂可以满足要求。中压"双甲"作为合成氨精制原料气新工艺，成功达到目的，同时又可副产适量甲醇，这对于甲醇产量要求不高的情况下可满足要求。它与现有中小型氨厂铜洗精炼，中压联醇，铜洗工艺或低变-甲烷化相比，工艺稳定可靠，节能降耗，经济效益明显，对中国合成氨技术进步起了重要作用。

4. 合成氨等高压联醇串甲烷化装置

甲醇甲烷化法与中国现有的中压联醇不同。在中压联醇中，因醇后气用铜洗除去 CO，CO_2，允许出甲醇塔气中 CO 含量约 2%，故可采用提高进甲醇塔 CO 含量来达到提高甲醇产量的目的，在甲醇化和甲烷化联合进行时，其工艺要求不仅是副产甲醇，而且要保证进甲烷化炉气体中（$CO+CO_2$）含量$\leqslant 0.7\%$的指标，这就不能按现有的中压联醇的工艺条件来操作，即必须降低甲醇塔进口气空间速度及（$CO+CO_2$）含量，这就会影响甲醇产量的提高。针对上述甲醇甲烷化难以同时达到多产甲醇和甲烷化要求进口气 CO 低的问题,中国林达工业技术设计研究所开发了等高压型甲醇和氨的联合生产装置专利技术。合成氨等高压甲醇甲烷化技术就是将原料气直接加压到氨合成压力。经过精脱硫后总硫$<5\times10^{-8}$,醇合成中 CO 转化率达到 95% 以上。CO 转化率的提高,既增加了甲醇产量又降低了醇后气中(CO+CO_2)含量,大大减轻了甲烷化炉的负荷和甲烷生成量,满足了甲烷化的要求,降低合成氨原料气消耗量,可谓一举多得。等高压(30MPa)甲醇甲烷化,不必采用循环,空间速度约 $12000h^{-1}$,进塔 CO 含量 5%~8%,CO 转化率达 98% 以上,醇后气(CO+CO_2)仅为一般甲烷化控制指标之 1/10,总氨能力为 $10\times10^4t/a$,甲醇产量可达 20000~30000t/a,醇氨比 0.25~0.4,催化剂生产强度 20~35t/(d·m^3),为中压甲醇甲烷化的 4~6 倍。

5. 液氮洗法

1965 年以后国外新建氨厂几乎全用甲烷化法和液氮洗法代替铜洗。液氮洗法能脱除 CO、CH_4 和 Ar,但该法需液体氮,需与具有空气分离装置的重油制气等流程结合才经济合理。

第一节 铜氨液吸收法

一、铜氨液的制取

铜氨液组成比较复杂。以乙酸铜氨液为例,铜液由金属铜溶于乙酸、氨和水中而成,所用的水应该不含氯化物和硫酸盐,以免由于水质不纯而引起设备腐蚀,因此生产中用软水来配制铜氨液。因为金属铜不易溶于乙酸和氨中,制备新铜液时必须通入新鲜空气,这样金属铜就被氧化为高价铜。其反应式如下

$$2Cu+4HAc+8NH_3+O_2 =\!=\!= 2Cu(NH_3)_4Ac_2+2H_2O \tag{6-1}$$

生成的高价铜再被金属铜还原成低价铜,从而使铜逐渐溶解

$$Cu(NH_3)_4Ac_2+Cu =\!=\!= 2Cu(NH_3)_2Ac \tag{6-2}$$

铜液中各组分的作用如下。

1. 铜离子

铜氨液内有低价铜与高价铜离子两种。前者以 $Cu(NH_3)_2^+$ 形式存在,是吸收 CO 的活性组分;后者以 $Cu(NH_3)_4^{2+}$ 形式存在,没有吸收 CO 的能力,但溶液内必须有它,否则就会有金属铜析出。

$$2Cu(NH_3)_2Ac =\!=\!= Cu(NH_3)_4Ac_2+Cu \tag{6-3}$$

低价铜与高价铜离子浓度的总和称为"总铜",用 T_{Cu} 表示,两者之比称为"铜比",用 R 表示。从吸收 CO 角度来讲,低价铜浓度应该高一些好,若以 A_{Cu} 表示低价铜浓度,则

$$\frac{A_{Cu}}{T_{Cu}}=\frac{c[Cu^+]}{c[Cu^+]+c[Cu^{2+}]}=\frac{R}{R+1} \tag{6-4}$$

或

$$A_{Cu}=\frac{R}{R+1}T_{Cu} \tag{6-5}$$

极限铜比与总铜的关系见表 6-1。

表 6-1 极限铜比与总铜的关系

总铜/(mol/L)	0.5	1	1.5	2	2.5	3	3.5
极限铜比	37.4	18.5	12.6	9.69	8.06	6.17	5.88

总铜一般维持在 2.2～2.5mol/L。由表 6-1 可见，极限铜比应在 8～10 之间。但实际生产中为了有较高的吸收能力，同时又要防止金属铜的析出，铜比一般控制在 5～8 范围内。低价铜离子无色、高价铜离子呈蓝色。由于铜氨液中同时存在两种离子，所以铜氨液呈蓝色。高价铜离子越多，铜氨液颜色就越蓝。操作时可以从铜氨液颜色深浅来判断铜比的高低。

2. 氨

氨也是铜氨液中的主要组分，它以配合氨、固定氨和游离氨三种形式存在。所谓"配合氨"，就是与低价铜、高价铜配合在一起的氨。所谓固定氨，就是与酸根结合在一起的氨，例如，NH_4Ac、$(NH_4)_2CO_3$ 中的铵离子。所谓"游离氨"，就是物理溶解状态的氨。这三种氨浓度之和称为"总氨"。由于配合氨和固定氨的值随铜离子及酸根而定，所以总氨增加，游离氨也增加。因为原料气中含有 CO_2，而 CO_2 在溶液中与 NH_3 可建立下列反应的平衡

$$NH_3 + CO_2 + H_2O \Longleftrightarrow NH_4^+ + HCO_3^- \tag{6-6}$$

$$NH_3 + HCO_3^- \Longleftrightarrow NH_2COO^- + H_2O \tag{6-7}$$

$$NH_3 + HCO_3^- \Longleftrightarrow NH_4^+ + CO_3^{2-} \tag{6-8}$$

所以 CO_2 在溶液中可以有 CO_3^{2-}、HCO_3^-、NH_2COO^- 三种形式离子存在，但以何者占主要，说法尚不一致。有的认为主要是 CO_3^{2-} 形式，也有认为主要以 HCO_3^- 形式存在，但是也可以主要为 NH_2COO^- 形式，这个可由反应式(6-7) 的平衡常数 K 计算证明。

$$K = \frac{c[NH_2COO^-]}{c[NH_3]_{游} c[HCO_3^-]} \tag{6-9}$$

在 20℃ 时，反应式(6-7) 的平衡常数 K 为 3.4，不同温度下的 K 值见表 6-2。只要 $c[NH_3]_{游} > 0.3mol/L$，由式(6-7) 知 $c[NH_2COO^-] > 1mol/L$。实际生产中，铜液吸收温度比 20℃ 低，而游离氨保持 2mol/L 左右，则 $c[NH_2COO^-]$ 可以占多数。由于铜氨液中有游离氨存在，因而具有强烈的氨味。氨液对人的眼睛有强烈的伤害作用，操作时应严加防护。

表 6-2　不同温度下的 K 值

温度/℃	20	40	60	80	90
K	3.4	2.2	1.5	1.1	0.95

3. 乙酸

不论何种铜氨液，溶液中的配离子都需要酸根 $Cu(NH_3)_2^+$、$Cu(NH_3)_4^{2+}$ 与之相结合。为了确保总铜含量，乙酸铜氨液中需有足够的乙酸。操作中乙酸含量以超过总铜含量 10%～15% 较为合适，一般为 2.2～3.0mol/L，但有些工厂提高到 3.0mol/L。

4. 残余的 CO 和 CO_2

铜液再生后，总还有少量 CO 和 CO_2 存在。为了保证铜液吸收 CO 的效果，要求再生后的铜液中 CO 含量 $< 0.05m^3/m^3$ 铜液，CO_2 含量 $< 1.5mol/L$。

铜氨液的物理性质和其组成有关。铜氨液的密度、比热容、黏度等理化数据可参阅有关手册。

二、铜氨液吸收一氧化碳的基本原理

不论何种铜氨液，吸收一氧化碳的反应都按下式进行。

$$Cu(NH_3)_2^+ + CO + NH_3 \Longleftrightarrow Cu[(NH_3)_3CO]^+ \quad \Delta H = -52754kJ/mol \tag{6-10}$$

这是一个包括气液相平衡和液相中化学平衡的吸收反应，提高压力、降低温度，可以提高 CO 在铜氨液中的溶解度，有利于 CO 的吸收。同时 CO 与铜氨液的反应为可逆、放热和体积缩小的反应，降低温度、提高压力、增加铜氨液中低价铜及游离氨浓度，有利于吸收反应的进行。在实际生产中根据这一特点，在升高压力和降低温度的条件下，用铜氨液吸收 CO，而在减压和加热的条件下放出 CO，使铜氨液得以再生。

铜氨液除能吸收一氧化碳外，还可以吸收二氧化碳、氧和硫化氢，所以铜洗是脱除少量 CO 和 CO_2 的有效方法之一，而且在铜洗流程中也可以起到脱除硫化氢的最后把关作用。

1. 吸收二氧化碳的反应

由于有游离氨存在，吸收 CO_2 的反应如下

$$2NH_4OH + CO_2 \Longrightarrow (NH_4)_2CO_3 + H_2O \quad \Delta H = -41346kJ/mol \qquad (6\text{-}11)$$

生成的碳酸铵继续吸收 CO_2 而生成碳酸氢铵

$$(NH_4)_2CO_3 + CO_2 + H_2O \Longrightarrow 2NH_4HCO_3 \quad \Delta H = -70128kJ/mol \qquad (6\text{-}12)$$

上述反应进行时放出大量热量，使铜氨液温度上升，从而影响吸收能力，同时还要消耗游离氨。此外，生成的碳酸铵和碳酸氢铵在低温时易于结晶，甚至当乙酸和氨不足时，还会生成碳酸铜沉淀。因此，为了保证铜洗操作能正常进行，就需保持有足够的乙酸和氨含量。

2. 吸收氧的反应

铜液吸收 O_2 是依靠低价铜离子的作用。

$$4Cu(NH_3)_2Ac + 4NH_4Ac + 4NH_4OH + O_2 \Longrightarrow 4Cu(NH_3)_4Ac_2 + 6H_2O \quad \Delta H = -113729kJ/mol$$

$$(6\text{-}13)$$

这是一个不可逆的氧化反应，能够很完全的把氧脱除，但在吸收氧后，低价铜氧化成高价铜，1mol 氧可以使 4mol 的低价铜氧化，因此铜比会下降，而且还消耗了游离氨。所以，当原料气中氧含量过高时，能出现铜比急速下降的情况。

3. 吸收硫化氢的反应

铜液吸收 H_2S 是依靠游离氨的作用

$$NH_4OH + H_2S \Longrightarrow NH_4HS + H_2O \qquad (6\text{-}14)$$

而且溶解在铜液中的 H_2S，能与低价铜进行下列反应生成溶解度很小的硫化亚铜沉淀

$$2Cu(NH_3)_2Ac + 2H_2S \Longrightarrow Cu_2S \downarrow + 2NH_4Ac + (NH_4)_2S \qquad (6\text{-}15)$$

因此，在铜液除去 CO 的同时。也能有脱除 H_2S 的作用。但当原料气中 H_2S 含量过高时，可生成 Cu_2S 沉淀，易于堵塞管道、设备，还会增大铜液黏度和使铜液发泡。这样既增加铜耗，又会造成带液事故。为此，要求进铜洗系统的 H_2S 含量越低越好。总之，在正常生产情况下，铜液吸收 CO_2、O_2 及 H_2S 处于次要矛盾地位，但在特殊情况或处理不当时，往往会使次要矛盾上升为主要矛盾，因此，对进入铜洗系统的 CO_2、O_2、H_2S 含量必须予以足够重视。

三、铜洗操作条件

用铜液将 CO 脱除到合乎要求的含量是不成问题的。在吸收操作中需要考虑的是选定适宜的条件及铜液组成，以达到基本上脱除 CO_2 而又不影响 CO 的脱除，同时还要防止系统内产生沉淀。同前所述，在铜液组成一定条件下。降低温度、增加压力，对铜液吸收是有利。

1. 压力

铜液吸收能力与 CO 分压有关，见图 6-1。在 CO 含量一定时，提高系统压力，CO 分压也随之增加。从图中可以看出，在一定温度下，吸收能力随 CO 分压的增加而增加，但当超

过 0.5MPa 后，吸收能力随 CO 分压升高而增加的效果已不显著。而过高压力操作会增大输送铜液的动力消耗，吸收设备的强度也要增大。所以在这种情况下脱除 CO 并不经济。在不采用低温变换的净化流程中，进塔气体中 CO 含量一般为 3％～4％，因此，实际生产多在 12～15MPa 压力下操作。

2. 温度

降低铜液吸收温度，既可提高吸收能力，又有利于铜洗气中 CO 浓度的降低，见图 6-2。由图可知，在一定的 CO 分压下，温度越低吸收能力越大，这是因为 CO 在铜液中的溶解度是随着温度的降低而增加。同时，铜液上方的 CO 平衡分压是随着温度降低而减少，这样又有可能降低铜洗气中 CO 含量。温度与铜洗气 CO 含量关系如图 6-2 所示，此图试验条件为：铜液中总氨与总铜之比为 3.83，原料气中 CO 含量 2.88％，气液比 55.6～37.2，接触时间 3.94s。由图可见，当温度超过 15℃以后，铜洗气中 CO 含量升高很快。

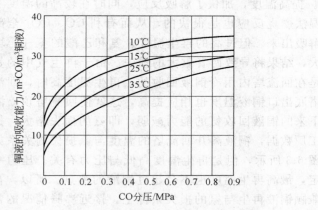 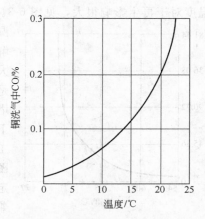

图 6-1　压力和温度对铜液吸收能力的关系　　　　图 6-2　温度与铜洗气中 CO 含量的关系

铜液吸收 CO、CO_2 等气体都是放热反应，所以，在塔中的铜液温度是随着吸收进行而升高，一般的升高 15～20℃。理论上铜液进塔的温度应该低一些好，但温度过低，铜液黏度将增加很多，同时还有可能析出碳酸氢铵堵塞设备，从而增加系统阻力。因此，温度又不能过低。一般以 8～12℃为宜。但是，以上条件是正常情况下用，当进口的 CO_2 浓度增大时温度相应要提高，以除去铜液中的碳酸铵晶体，否则会发生带铜液现象。

四、铜液的再生

为了使吸收 CO、CO_2 后的铜液能循环使用，必须经过再生处理。铜液再生比吸收复杂，因为再生过程不仅是把吸收的 CO、CO_2 完全解吸出来，而且要把被氧化的两部分高价铜还原成低价铜以恢复到适宜的铜比。此外，氨的损失要控制到最少。

1. 再生的化学反应

铜液再生是在低压和加热下按吸收反应的逆向进行

$$Cu[(NH_3)_3CO]^+ \longrightarrow Cu(NH_3)_2^+ + CO\uparrow + NH_3\uparrow \tag{6-16}$$

$$NH_4HCO_3 \longrightarrow NH_3\uparrow + CO_2\uparrow + H_2O \tag{6-17}$$

除此以外，还有高价铜还原成低价铜，但它不是低价铜氧化反应的逆过程，而是高价铜被溶解的 CO 还原的结果。由于 CO 在铜液内被氧化成易于放出的 CO_2，好比是 CO 的燃烧过程，也有称下述反应为湿法燃烧反应

$$Cu(NH_3)_3CO^+ + 2Cu(NH_3)_4^{2+} + 4H_2O \longrightarrow$$
$$3Cu(NH_3)_2^+ + 2NH_4^+ + CO_2 + 3NH_4OH \quad \Delta H = -128710kJ/mol \quad (6\text{-}18)$$

因此，再生与还原是互相依存的过程。

2. 再生的操作条件

铜液中 CO 残余量是再生操作的主要指标之一。影响 CO 残余量的因素有压力、温度和铜液在再生器内停留时间等。

（1）再生压力

降低再生系统压力对 CO、CO_2 气体解吸有利。但在减压下真空再生，流程与操作都比较复杂。因此多用常压再生。通常只要保持再生器出口略有压力，以便再生气能够克服管路和设备阻力达到回收系统为准。

（2）再生温度

温度对于再生影响很大，见图 6-3。提高温度，加快了解吸反应，同时在较高的温度下湿法燃烧反应也是很快的，从而有利 CO、CO_2 全部解吸出来。但过高的再生温度、氨和乙酸的蒸气压增大，结果将导致两者重大的损失。由于再生气中的氨是在回流塔内用冷铜液回收的，再生温度高时，回流塔底出口铜液温度也相应提高，这就使回流塔顶喷淋下来的铜液回收氨的能力减弱，即氨的损失增大。据工厂数据，铜液离开回流塔的温度与氨损失的关系如图 6-3 所示，但是再生温度高低与压力有关。压力一定，最高再生温度也不会超过铜液的沸点。所以，在兼顾铜液再生与氨的损失条件上，接近沸腾情况的常压再生温度以 76～80℃ 为宜。而离开回流塔的铜液温度不应超过 60℃。

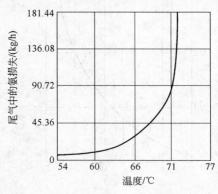

图 6-3　溶液离开回流塔的温度

（3）再生时间

铜液在再生器内的停留时间即为再生时间，据文献报道，在 79℃ 以下单凭反应式（6-16）尚不能将 CO 彻底赶完，还需依靠反应式（6-17）把 CO 氧化为 CO_2。这样，就需铜液在再生器内有一定的停留时间和蒸发面积。表 6-3 列出了在 77℃ 下铜液上方 CO 分压与再生停留时间的关系。

表 6-3　铜液上放 CO 的分压与再生停留时间的关系

时间/min	0	10	20	30	60
CO 分压/kPa	3	2.5	0.8	0.2	0.1

由表可见，停留时间越长，铜液再生越完全。实际生产中，铜液在再生器内停留时间不要低于 20min。停留时间由再生器的容积和铜液的循环量决定。在铜液循环量一定时，铜液的停留时间，用再生器的液位来控制，一般以控制在 1/2～2/3 高度比较合适。

3. 还原操作条件

前面讲到，只要原料气中有氧存在，铜液吸收过程就会有低价铜浓度下降而高价铜浓度上升，尽管不同的脱碳方法，原料气中含氧量可以不同，但在溶液再生时都有一个被氧化的那部分铜需要还原的问题，办法是利用溶解态的 CO 把高价铜还原。溶解态 CO 只是高价铜还原的必要条件，关键是反应式（6-17）的还原速率，表 6-4 为 65℃ 下还原时间与铜比的关系。

表 6-4 温度 65℃时，还原时间与铜比的关系

还原时间/h	0	0.5	1	1.5
铜比 $c(Cu^+)/c(Cu^{2+})$	3.00	9.69	11.42	12.11

影响高价铜还原的因素如下。

（1）还原温度

同绝大多数的反应一样。反应式（6-18）的速率是随温度升高而加快。但温度过高，溶解的 CO 迅速解吸，这样反而减弱了高价铜的还原。所以，在一定温度范围内，提高温度加快还原速率，超过某一温度，却对还原不利。实际操作时，采用 55～65℃为宜。

（2）高价铜和液相中的 CO 含量

实验结果表明，反应式（6-18）的速率与高价铜以及液相中的 CO 浓度乘积成正比，即属于二级反应。所以提高高价铜浓度及液相中的 CO 浓度都会加快还原速率，但在总铜浓度一定时，提高高价铜浓度，则意味着低价铜浓度降低，这样却又降低了铜液对 CO 的吸收能力。由于液相中 CO 含量是高价铜还原一个重要因素，它与铜液还原前的温度，即离开回流塔的铜液温度有关，某工厂数据见表 6-5。

表 6-5 离开回流塔铜液温度与 CO 的含量关系（进塔时 CO 含量 10L/L）

温度/℃	52	54	56	58	60
CO 含量/（L/L）	5.2	4.3	3.4	2.6	1.7

由表可知，随着回流塔出口铜液温度提高，铜液中 CO 含量减少。因此，回流塔中 CO 解吸量将直接影响铜比的高低，操作中可通过调节回流塔出口铜液温度来控制铜比，而浓度高低则与铜液再生温度有关。一般情况下，再生温度每提高 1℃，回流塔出口铜液温度可提高 2℃，所以控制再生温度是控制回流塔 CO 解吸和调节铜比的重要手段。有时，在生产中会碰到高价铜还原过度、铜比过高的问题，为使系统中保持适宜的铜比可加入空气直接使一部分低价铜氧化为高价铜。

五、工艺流程

铜洗流程由吸收和再生两个部分组成。工艺流程如图 6-4、图 6-5 所示。

在再生流程中必须考虑如下几方面。

1. 再生过程氨的回收

再生是在加热条件下进行的，氨易于挥发。流程中多采用回流塔进行氨的回收，未回收的少量氨于塔后设水吸收塔处理。尽管如此，氨仍有损耗，只有在流程中适当部分加氨补充。

2. 再生气的处理

再生气中含有 CO 应加以回收，一般送变换系统。

3. 能量的回收

吸收是在高压下操作，再生是在常压下进行，将 CO 吸收后的铜液减压时可回收一部分能量。铜液再生需加热到 76～78℃，而吸收在 8～12℃进行，这样可利用铜液余热进行换热。

4. 铜液的清理

吸收过程可能产生沉淀，也可能从铜液泵中带来油污而使铜液玷污，若铜液在吸收塔前

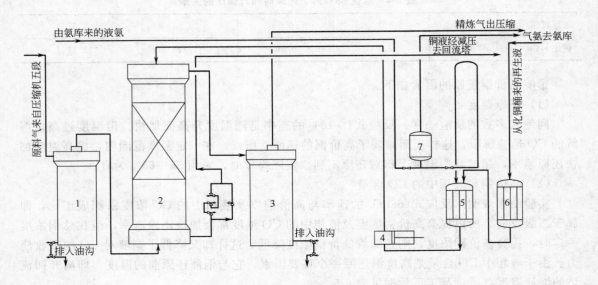

图 6-4　铜液吸收工艺流程

1—油分离器；2—铜洗塔；3—铜分离器；4—铜洗泵；5—氨冷却器；6—水冷却器；7—氨计量槽

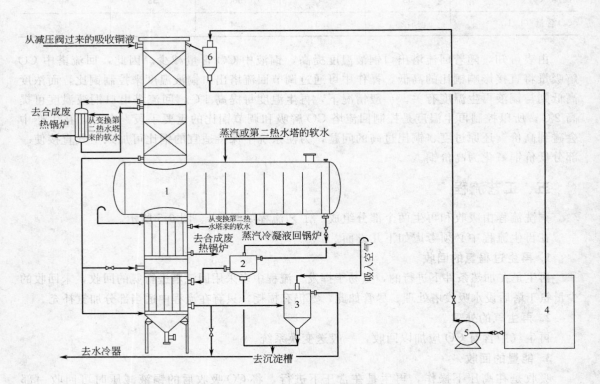

图 6-5　铜液再生工艺流程

1—再生塔；2—沉淀槽；3—化铜桶；4—氨水槽；5—氨水泵；6—高位吸氨器

不加清理，有可能引起铜液吸收塔堵塞。发生带液和微量（指 $CO+CO_2$）不合格。有的流程在铜液泵前设置过滤设备来处理铜液。

第二节 甲醇化和甲烷化精制工艺及操作

一、任务

甲醇化和甲烷化工段的主要任务有两个：一是净化合成氨原料气；二是合成甲醇。

将压缩来的脱碳气首先导入甲醇化系统，在适当的压力、温度下，通过甲醇催化剂的作用使少量的 CO、CO_2 和 H_2 合成甲醇并分离，分离醇后的醇后气还会有极少量的 CO、CO_2，再通过醇烃化子系统在适当的压力和温度条件下，通过醇烃化催化剂的作用使极少量的 CO、CO_2 与 H_2 反应生成醇、烃类物质，使醇烃化后气中（$CO+CO_2$）控制在 $25×10^{-6}$ 以下，符合合成工段的要求，送入合成工段。

二、生产原理及工艺流程

1. 生产原理

（1）甲醇化反应

主反应

$$CO(g)+2H_2(g)\!=\!\!=\!\!=CH_3OH(g) \quad \Delta H=-90.84kJ/mol \tag{6-19}$$

$$CO_2+3H_2\!=\!\!=\!\!=CH_3OH+H_2O \quad \Delta H=-49.57kJ/mol \tag{6-20}$$

副反应

$$2CO+4H_2\!=\!\!=\!\!=CH_3OCH_3+H_2O+Q \tag{6-21}$$

$$CO+3H_2\!=\!\!=\!\!=CH_4+H_2O+Q \tag{6-22}$$

$$4CO+8H_2\!=\!\!=\!\!=C_4H_9OH+3H_2O+Q \tag{6-23}$$

$$2CH_3OH\!=\!\!=\!\!=(CH_3)_2O+H_2O \tag{6-24}$$

甲醇化反应主反应是可逆放热反应，反应时体积缩小，并且只有在催化剂存在的条件下，才能较快进行，所以反应在较高压力和适当温度下进行，CO、CO_2 才能获得较高的转化率。

（2）醇烃化反应

$$CO(g)+3H_2(g)\!=\!\!=\!\!=CH_4(g)+H_2O(g)+Q \tag{6-25}$$

$$CO_2(g)+4H_2(g)\!=\!\!=\!\!=CH_4(g)+2H_2O(g)+Q \tag{6-26}$$

$$CO(g)+2H_2(g)\!=\!\!=\!\!=CH_3OH(g)+Q \tag{6-27}$$

$$2CO+4H_2\!=\!\!=\!\!=CH_3OCH_3+H_2O+Q \tag{6-28}$$

$$CO_2+3H_2\!=\!\!=\!\!=CH_3OH(g)+H_2O \tag{6-29}$$

$$(2n+1)H_2+nCO\!=\!\!=\!\!=C_nH_{(2n+2)}+nH_2O \tag{6-30}$$

$$nCO+2nH_2\!=\!\!=\!\!=C_nH_{2n}+nH_2O+Q \tag{6-31}$$

$$nCO+2nH_2\!=\!\!=\!\!=C_nH_{(2n+2)}O+(n-1)H_2O \tag{6-32}$$

$$(3n+1)H_2+nCO_2\!=\!\!=\!\!=C_nH_{(2n+2)}+2nH_2O \tag{6-33}$$

醇烃化反应是可逆放热反应，反应时体积缩小，并且只有在催化剂存在的条件下，才能较快进行，所以反应在较高压力下和适当的反应温度下进行，CO、CO_2 能转化得更彻底。

合成原料气中的甲烷在合成氨反应中为惰性气体，但甲烷含量高影响氨的反应速率，并且甲烷化反应是耗氢反应，所以要求甲烷化反应中产生的甲烷不能过多，这就要求甲醇化反应进行得较为彻底，尽量降低醇后气的 CO、CO_2 含量。

2. 工艺流程

双甲醇化工艺流程见图 6-6。

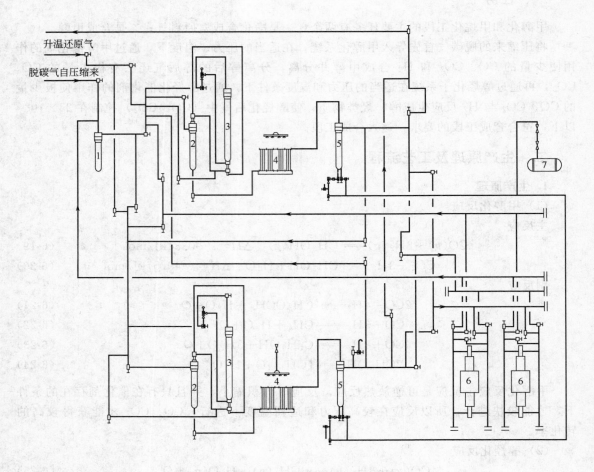

图 6-6　双甲醇化工艺流程

1—油分离器；2—醇化预热器；3—醇化塔；4—水冷却器；5—醇分离器；6—循环机；7—粗醇中间槽

(1) 甲醇化子系统

压缩送来的 12.5MPa 脱碳气经双甲补气油分离油污后分成两大股：一大股约 65%～70% 进塔前加热器管间提温至 100℃，从甲醇化塔底部进换热器管间，经高温气体加热至 220～240℃ 经中心管到达催化剂层第一段参加反应。另一大股又分为两小股：一股约 20%～25% 从塔下部经内外筒环隙引进冷管束进行换热进入一、二段之间的气体混合器和第一段来的反应气体混合一起进入二段反应，另一股约 10%～15% 进入第二、三段之间的气体混合器和第二段来的反应气体混合一起依次进入三、四、五段反应，然后进入塔下部换热器管内加热进第一催化剂层的气体，自身温度降至 170～200℃ 进入塔前加热器管内降温至 100℃，进水冷却器进一步降温至 40℃，再经醇分离器分离甲醇后进入下一工序。

上述流程是不带循环气，脱碳气一次性通过。出该子系统气体经压缩进醇烃化子系统。

如果该子系统需要循环时，进该子系统的气体由甲醇循环机送来的循环气和脱碳气组成，出该子系统的气体一部分进循环机，另一部分经压缩进醇烃化子系统。

如果甲醇化两个子系统并联且需要同时循环时，进甲醇化子系统气为循环气和脱碳气，同时进两个甲醇化子系统，出每个甲醇化子系统的气体都分成两股：一股入循环机参加循环；另一股经压缩加压进入醇烃化子系统参加醇烃化反应。

（2）醇烃化子系统

分离醇后的醇后气经压缩机提压至 31.4MPa 后送至醇烃化系统经过油水分离器，然后分成两股：一股约 80%～90% 经过醇烃化塔前预热器管间加热至 150℃，从醇烃化塔下部和另一股约 10%～20% 从醇化塔上部进塔内外筒环隙的气体汇合进入塔下部换热器管间加热至 180℃，经中心管进入催化剂层反应（如果达不到催化剂活性温度需用电加热器加热）。出催化剂层的反应气体进入塔下部换热管内，降温至 110～140℃ 出塔，再进入塔前加热器管内降温至 70℃ 经水冷却器、氨冷却器进一步降温 5～0℃，经水分离器分离水汽后送入氨合成。

三、正常生产操作要点

1. 双甲工段开停车（不包括催化剂还原）

① 设备安装完毕后的原始开车及催化剂还原的程序等，因涉及较广，过程较复杂，必须根据设备安装及催化剂型号等具体情况由车间、生产技术科、设计及施工单位组织专门的班子负责另行制定出详细的方案，本要点中仅列入正常开、停车程序。

② 所有正常的开停车都必须在厂生产调度及车间、班组的统一指挥下进行。

2. 系统开车

（1）吹除、排尽

检修部分应用氮气进行吹除，吹除压力≤0.8MPa（确无条件使用氮气而采用脱碳气进行对双甲部分吹除时，必须确保安全，并需经车间领导批准，维持压力 0.5MPa 吹至无水、无杂物为止），吹除时阀门不能猛开猛放。

（2）试漏置换

按工艺条件所规定的升压速度升压，试压时严防高压气体串入低压系统。按升压要求逐渐加压至 5.0MPa、10.0MPa、13.0MPa 查漏三次。

（3）升压置换

按要求升压：用脱碳气对双甲部分逐渐加压至 1.0MPa、2.0MPa、3.0MPa、4.0MPa 进行置换四次，氧含量＜0.5% 为合格。

（4）系统开车

① 准备工作。

a. 检查系统设备、管道、阀门检修是否完毕，连接是否牢固，盲板拆装是否正确，水、电、气、汽能否正常供应；

b. 联系电工、仪表工检查电气仪表是否处于良好备用状态；

c. 检查报表、记录本、防护用具、消防器材是否齐全好用；

d. 联系调度、压缩工段，做好开车准备。

② 开车。

a. 系统充压至 5.0MPa；

b. 开循环机使气体进入系统循环；

c. 水冷器加水冷却；

d. 启动电加热器进行升温；

e. 甲醇催化剂温度升至210℃，有甲醇合成反应，视情况提高压力，并逐步调节至正常操作条件；

f. 烃化催化剂一定要用合格的醇后气进行升温操作，以防止产生剧毒的羰基镍（铁）；

g. 如果临时停车时间短，甲醇催化剂温度在230℃以上，烃化催化剂温度在240℃以上，用电加热器加热可以直接并入系统投入生产。

③ 另外在双甲系统开车时，应注意如下几点。

a. 进入双甲系统的气体中除了氧含量合格外，必须是符合进入本工序的合格工艺气体（即：硫、氨、CO、CO_2 等是在工艺指标以内的脱碳气或精炼气）；

b. 双甲工段进行吹除、置换时对液位计等死角部分进行吹除直到合格；

c. 甲醇化塔、醇烃化塔升温至催化剂活性后，要注意抽试，分离设备及带有分离功能的设备若有液体则应控制液位。

3. 系统停车

如果要进行大修或因其他原因本系统需要比较长时间的停车时，则要进行系统停车操作。

停车前准备工作如下。

① 接调度指令，将有关连通阀切断。

② 停车。

a. 压缩机逐渐减量，直至切气；

b. 按降温速率，甲醇化塔与醇烃化塔同时循环降温；

c. 降温至80℃时，停止循环；

d. 停循环机，停水冷器循环水；

e. 系统卸压至大气压；

f. 用氮气或惰性气置换，可燃气体含量＜0.5％为合格。

③ 设备交出检修前必需的准备工作。

a. 加好盲板，并做好标记；

b. 气体分析合格；

c. 做好有关阀门禁动标记；

d. 填写设备交出检验单。

④ 在停车过程中应注意以下几个方面。

a. 双甲部分切气后，放醇阀应逐渐关小，甲醇化塔、醇烃化塔温度分别降至230℃、240℃以下，直至液位为零时，关闭上述阀门。

b. 系统修理时，要把醇分、粗甲醇中间槽的甲醇压至粗甲醇储罐。甲醇必须压净，以确保安全检修。

4. 临时停车

因外部或内部原因，不能维持生产时，可做暂时停车处理。此时应使催化剂层温度不下降或少下降。以便故障消除后尽快恢复生产。

① 联系值班长，通知有关岗位。双甲系统切断脱碳气导入系统阀门，停止导入气体并切断醇后气去压缩和烃后气送合成阀门。

② 对于双甲系统：关闭甲醇化塔、醇烃化塔的主、副线阀，循环可通过循环机近路进行循环或停循环机。

若双甲系统短时间停车可不封塔，此时可关小甲醇化塔，醇烃化塔副线阀，开启两系统循环机进口阀和出口阀，让循环气在甲醇化系统和醇烃化系统循环，并减少循环量，启动电加热器维持甲醇催化剂、醇烃化催化剂的温度。

5. 循环机的开车、停车

（1）双甲循环机的开停车

① 检查各处油位是否符合要求；

② 手摇循环油泵，检查油压及各润滑部位下油情况；

③ 启动注油泵，检查各注油点下油情况；

④ 盘车检查电动机、主机有无障碍，确认其是否正常可用；

⑤ 打开冷却水阀门给予冷却水；

⑥ 联系电工，检查电气设备，确认其是否正常可用；

⑦ 检查各处阀门的开关情况是否正常，进出阀处于关闭状态，近路阀处于开启状态，滤油器处于使用状态；

⑧ 联系调度送电；

⑨ 排掉滤油器内油水。

（2）开车

① 由值班长统一指挥，电工先启动电动机；

② 微开循环机进口阀，充压5MPa，然后关闭进口阀，用汽缸放空卸压，置换三次；

③ 置换合格后，缓慢打开进口阀充压，待压力与系统平衡后再全开进口阀；

④ 逐步关小近路阀憋压差，直至与系统压差相同时打开出口阀；

⑤ 对循环机各部位进行全面检查，并维持其正常运行。

（3）停车

① 正常停车。

a. 由值班长联系调度、电工及有关岗位做停车准备；

b. 关闭循环机进口阀同时相应地打开近路阀，关出口阀，用做缸放空卸压；

c. 停用滤油器（关补入及压出阀）；

d. 由电工停循环机主机、停风机；

e. 停注油泵；

f. 停冷却水（为防止冻裂设备管道，冬季应留适量防冻的长流水，切不可将进出口水阀门关死）；

g. 联系调度切断高压电；

h. 设备检修前应关闭填料排气阀。

② 紧急停车。

a. 停下主机，发出紧急停车讯号（如当时甲醇化塔或醇烃化塔加入循环塔正在使用电炉则必须立即通知甲醇化塔或醇烃化塔停用电炉）；

b. 关进、出口大阀，用汽缸放空阀卸压，并打开近路阀；

c. 盘车数转，检查机件是否正常；

d. 其他按正常停车处理。

（4）倒车

① 由值班长联系有关岗位；

② 按正常开车程序启动备用车，等运转正常后充压，憋压差；

③ 在打开刚开启的备用车出气阀的同时，逐渐打开待停车的近路阀，并在打开待停车的近路阀的同时，关闭已开备用车近路阀，在进行上述操作的过程中，必须保证循环量不发生大的波动，直到完全关闭待停车进、出口阀；

④ 待停车按正常停车处理。

6. 正常生产中的操作要点

在正常生产的情况下，经常检查、调节，严格控制工艺条件，并力求稳定。生产过程的操作调节多种多样，在操作过程中需要进一步摸索，这里仅举几个典型的例子。

（1）双甲部分

双甲部分串联阀在几种流程中的启闭情况，一般能满足各种设计之内各种甲醇产量之需要，但调节过程不能造成憋压，应尽量保证系统压力平稳。

（2）循环机

① 经常检查各项工艺指标；

② 经常检查各部位运转情况是否正常；

③ 经常检查循环油系统、注油系统、冷却系统；

④ 每 2h 滤油器排放油水一次；

⑤ 1h 记录一次，每班填写交接班记录。

第三节 铜洗岗位操作要点

一、任务

经过脱碳脱除 CO_2 后的气体中除了氢、氮、甲烷等气体外，还有少量的 CO、CO_2、O_2、H_2S 等有害气体。本工段就是通过乙酸铜氨液的洗涤，将气体中的有害成分清除干净，制成合格的铜洗气，保证氨合成的正常生产。

铜液吸收了有害成分，便失去了原有的吸收能力，需采用减压和加热的方法，使有害成分解吸，并补充铜液所需成分，恢复铜液吸收能力，即称为再生。再生后的铜液供铜洗循环使用。

二、工艺流程

如图 6-7 所示，由压缩机五段出口来的气体经油水分离器，分离器中的油水，由顶部出来再进入铜洗塔底部和顶部喷淋的铜液在填料上逆流接触，被铜液吸收其中的有害成分后，经铜液分离器分离铜液雾沫后返回压缩机六段进口。

铜液由铜泵加压至高于铜塔压力后从铜塔顶部进入向下喷淋，与下部来的气体逆流接触，吸收有害成分后，由底部出来经减压阀减压后进入一次回流塔顶部喷淋而下，在此回收再生时的热量和 NH_3，由一次回流塔底部出来流至下部换热器，与再生器出来的 80℃ 的热铜液利用管里管外进行换热，铜液从换热器列管内出来进入还原器，利用 CO 的湿法燃烧，恢复铜比，然后进入二次回流塔，从顶部喷淋而下在填料层和再生气逆流接触回收热量和预解吸部分有害气体，由二次回流出来的铜液升温至 60～70℃ 进入加热器，继续加热升至 70～80℃ 进入再生器，在此停留 30min，充分解吸其中有害成分，然后进入化铜桶补充铜的损失，出化铜桶后进入换热器列管外与一回流出来的冷铜液换冷后，再进入过滤器，使铜液中的沉淀分离沉降，纯净的铜液进入水冷却器，进一步冷却并补充再生时和吸收时的 NH_3，

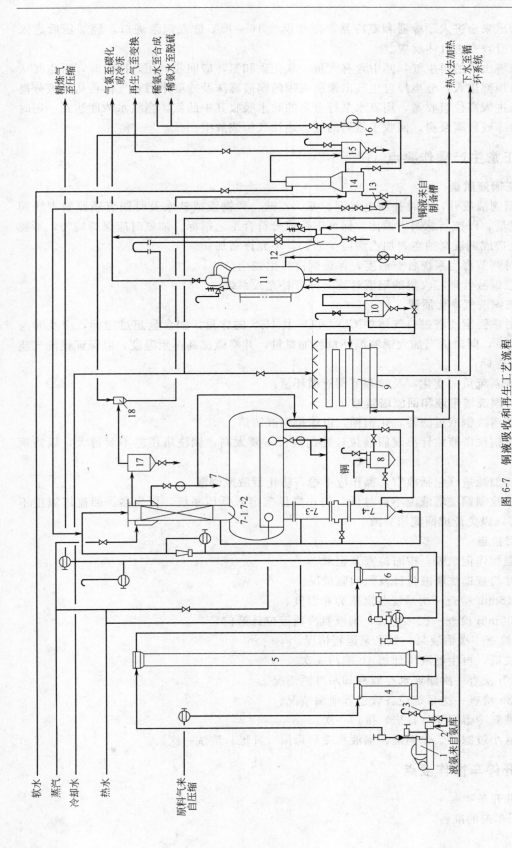

图 6-7 铜液吸收和再生工艺流程

1—铜液泵；2—小过滤器；3—缓冲桶；4—油分离器；5—铜洗塔；6—铜液分离器；7—再生塔（7-1 回流塔；7-2 再生器；7-3 还原器上加热器；7-4 还原器下加热器；8—化铜桶；9—水冷器；10—水冷器；11—氨冷器；12—铜液过滤器；13—低压铜泵；14—再生器氨回收塔；15—气液分离器；16—气液分离器；17—再生器缓冲桶；18—高位吸引器；

从水冷却器出来后进入预冷器和氨冷器，冷却铜液 10～15℃进入铜泵进口，经加压后进入铜塔，进行吸收有害气体反应。

从回流塔出来的再生气，其中含有大量一氧化碳和氨，应回收利用，回收时，再生气从气液分离器顶部进入，分离掉再生气出来所夹带的铜液雾沫及冷凝水后，气体再从气液分离器顶部出来进入高位吸收器，用氨水泵打上来的软水吸收其中的氨，当氨水浓度达到一定时候，送至冷冻或尿素泵房，回收了氨后的气体送往气柜或放空。

三、正常生产操作要点

1. 保证铜液质量

① 根据铜液成分，及时补加电解铜、氨、乙酸、稀铜液或软水及时调节还原器副线阀或添加空气量，以控制总铜、铜比，保证铜液成分符合工艺指标。加氨时应保持均匀，不要过快，以免造成铜液泵抽空，加乙酸应少而勤，不允许猛加。

② 及时调节再生系统各点温度，保证铜液再生完全。

③ 加强铜液管理，收集的铜液过滤后方可补充入系统。

2. 保证铜洗气净化质量

① 随时掌握铜洗塔进口气体中 CO、CO_2 及 H_2S 的含量，如含量超过指标，应及时与有关工段联系，同时适当加大铜液循环量和加氨量，并略微提高再生温度，以保证铜洗气质量符合工艺指标。

② 根据系统负荷变化，及时调节铜液循环量。

3. 严防铜洗塔带液和回流塔冒液

① 定期清洗铜液过滤器，化铜桶，以保持铜液清洁。

② 防止铜洗塔液位计出现假液位，控制液位不要太高，铜洗塔压差不要过大，以防铜洗气带液。

③ 系统加减量（包括放空）操作应平稳，防止带液或倒液。

④ 注意控制铜洗塔液位不要过低，防止高压气窜入低压系统，再生器、回流塔温度不要突然升高，以免造成回流塔冒液。

4. 巡回检查

① 根据操作记录表，按时检查及记录。

② 经常检查铜洗塔液位计及鼓泡瓶情况。

③ 每 15min 检查一次系统各点压力和温度。

④ 每 30min 检查一次再生器，铜液氨冷器液位计液位。

⑤ 1h 检查一次铜液泵，氨水泵运转情况。

⑥ 铜洗塔、再生器液位计每 4h 排污一次。

⑦ 每 8h 检查一次铜液水冷器冷却水淋洒情况。

⑧ 每 8h 检查一次系统设备管道等泄漏情况。

⑨ 铜液氨冷器每周（日班）排污一次。

⑩ 铜液小过滤器、化铜桶、铜液水冷器每周（日班）清洗一次。

四、开停车操作要点

1. 正常开车

（1）开车前的准备

① 检查设备、管道等正常完好。

② 检查阀门处于开车要求。

③ 与其他工段联系，做好开车准备。

（2）开车前的置换

系统如未检修不需置换，检修后，系统需先吹净，清洗后，再进行气密性试验、试漏和置换。

（3）开车

① 系统处于保压状态下的开车。

a. 铜液升温。逐渐开启蒸汽总管，使铜液缓缓加热。

b. 开启铜泵。

c. 温度基本正常时，联系压缩送气，当微量合格后，送至合成工段。

② 系统检修后的开车。

a. 系统吹净，清洗、气密性试验、试漏和置换合格后，检查各阀门处于正常状况，系统打入铜液。

b. 铜洗塔充压，然后按①的方法进行开车。

2. 停车

（1）短期停车

① 系统保压状况下的停车。

a. 与压缩工段联系停止送气后，关闭铜洗塔进出口阀门，系统保压。调节铜洗塔液位1/2~2/3处，停止开再生气回收。

b. 关氨冷器和再生系统加氨阀。

c. 停车时间较长时，停铜液泵，关铜液减压阀、蒸汽总阀、铜液水冷器冷却水阀。

② 系统需检修的停车，按长期停车步骤进行。

（2）紧急停车

如遇停电或发生重大设备事故，须紧急停车。

① 压缩联系停止送气。

② 根据不同情况，分别按下列步骤进行。

a. 迅速关闭铜洗塔气体进、出口阀，减压阀，停铜液泵。

b. 如遇本工段断电等紧急情况时，应立即停铜液泵，迅速关闭铜洗塔减压阀、铜液泵出口阀，再关铜洗塔气体进、出口阀。

（3）长期停车

① 停车前 1h，开启回流塔放空阀，关闭再生气回收阀，停止再生气回收。逐渐关小铜液氨冷器加氨阀，直至关闭。液氨计量瓶，铜液氨冷器内的液体在停车前应用完。

② 在压缩工段停止送气后，关闭铜洗塔气体进、出口阀，铜洗塔内保持一定的压力，再生系统的铜液在短时间内仍保持一定温度，使铜液继续循环再生，以清除铜液中有害气体。同时蒸发铜液氨冷器中残存的液氨。关闭上、下加热器，再生器蒸汽阀。待铜液温度降至 30~35℃时，停铜液泵，停止铜液循环然后利用余压将铜洗塔内铜液全部压入再生系统，开启铜洗塔放空阀，系统卸压，关闭铜液水冷器冷却水阀（冬天注意防冻）。

③ 铜洗系统，从压缩工段六段油水分离器至铜液分离器出口管道为止，用蒸汽进行置换，然后再用空气吹净，取样分析，氧含量大于 20% 为合格。

④ 再生系统内的铜液通过各设备排液管放入铜液制备槽，不能直接放入制备槽的铜液则排入废铜液地下槽，再由低压铜泵打入铜液制备槽储存。

⑤ 启动低压铜泵，将软水打入再生系统进行冲洗，冲洗后的稀铜液须回收。

⑥ 稀铜液回收后，向再生系统加水至再生器液位计充满为止，然后按流程顺序进行清洗，清洗结束后，由各设备排污管将水排净。

⑦ 启动空气压缩机，用空气将再生系统吹净，取样分析氧含量大于20％为合格。

⑧ 再生气回收系统用清水清洗置换合格。

⑨ 铜液氨冷器及气氨管线的抽真空和空气置换可与冷冻工段互相配合，同时进行，直到合格。要求与冷冻工段相同。

3. 原始开车

（1）开车前的准备

对照图纸检查和验收系统内所有设备、管道、阀门、分析取样点及电器、仪表等必须正常完好。

（2）单体试车

铜液泵、低压铜泵、空气压缩机单体试车合格。

（3）系统吹净和清洗

① 吹净前的准备。

a. 按气液流程，依次拆开各设备和主要阀门的有关法兰，并插入挡板。

b. 开启各设备的放空阀，排污阀及导淋阀；拆除分析取样阀，压力表阀及液位计的气液相阀。

② 吹净操作。

a. 铜洗系统吹净。与压缩联系送气至10～20MPa按流程逐步吹净，放空排污，分析取样及仪表管线同时吹净。每吹完一部分，随即抽掉有关挡板，并装好阀门及法兰。

b. 再生系统吹净。开启铜液减压阀，控制出口空气压力至0.2MPa左右，从回流塔开始至铜泵进口处止，用上述同样的方法进行吹净，直至合格。

c. 铜液氨冷器及氨管线吹净。与冷冻工段联系送空气（0.2～0.3MPa），参照上述方法进行吹净，直至合格。

d. 蒸汽系统吹净。与锅炉岗位联系参照上述方法进行空气吹净。

③ 再生系统清洗。

a. 启动低压铜泵，向回流塔打入清水，加满再生器后，开下加热器排污阀，直至排出水清净为合格。

b. 关闭下加热器底器排污阀，继续打入清水，加满再生器后，从再生器底部排污阀排出。

c. 开启再生器铜液出口阀，按顺流程逐台设备清洗。

④ 再生器回收系统清洗。

（4）系统气密性试验和置换

铜洗系统气密性试验和置换。

① 空气气密性试验。

a. 关闭铜洗塔放空阀、铜泵出口阀、铜液减压阀及分析取样阀，铜液分离器气体出口处装好盲板。

b. 开启铜洗塔气体进口阀，分三级升压。

c. 检查有无泄漏，保压 30min，压力不下降为合格。

② 惰性气体或氨气置换。吹入惰性气体或氨气，取样分析氧含量小于 0.5％为合格。

③ 净化气气密性试密。

a. 分级升压至 15MPa，保压 30min。

b. 铜液氨冷器及氨管线空气气密性试验。

c. 蒸汽系统气密性试验。

d. 再生系统试漏。调节好各阀门，启用低压铜泵，按流程向各设备加入清水，检查有无泄漏，最后用空压机吹干系统中的水分。

e. 再生器回收系统试漏。

f. 氨冷器及气氨管线真空试验。

（5）系统加铜液

① 调节好阀门，启动低压铜泵打入铜液。

② 当再生器液位稳定在 1/2 处左右时，停低压铜泵，转入正常生产。

（6）铜液泵开停车

① 正常开车。

a. 检查泵的机械、阀门、电器、仪表及曲轴箱油位，油质等是否正常良好。

b. 排气。

c. 开循环油泵，调节油压 0.30MPa 左右。

d. 盘车两圈以上，正常后启动铜泵。

e. 关回路阀，当出口压力接近系统压力时，立即开启出口阀迅速关闭回路阀。

② 正常停车。

a. 逐渐关闭出口阀，接近关闭时，稍开回路阀，迅速关闭出口阀，全开回路阀。

b. 压力卸完后停铜泵。

c. 停循环油泵。

③ 紧急停车。发生故障时，立即按停车按钮停泵，迅速关闭出口阀，全开回路阀。然后，按正常停车处理。

④ 倒车。

a. 正常步骤开备用泵，同时逐渐关小在用泵出口阀。

b. 关闭在用泵出口阀和开启备用泵出口阀应同时进行。

c. 倒车过程中，要严防铜液中断或流量过大，以免引起微量不合格或带液事故。

五、铜液制备

① 检查制备槽各管道、阀门及仪表，正常完好，符合要求。

② 低压铜泵运转正常。

③ 准备好制备铜液所需要的电解铜（先加工成细条，细丝）、液氨（气氨）、冰醋酸、称量并记录。

④ 用稀盐酸冲洗制备槽内栅板、所属管线及电解铜，然后再用清水冲洗干净。

⑤ 准备好防护用具，分析仪器，与软水、锅炉岗位做好联系送水、送气准备。

⑥ 打开制备槽大盖，把洗干净的电解铜放在栅板上，装好大盖。

⑦ 向槽内加软水至液位计 2/3 高度处，启动低压泵打循环。

⑧ 向槽内缓缓加氨，使氨水浓度至 120 滴度（1 滴度＝0.85gNH$_3$/L，下同）左右，加

氨压力在 0.15MPa。

⑨ 在低压铜泵进口处，缓慢均匀地加入乙酸。

⑩ 通空气氧化，控制铜液温度在 55～60℃，总氨含量为 7mol/L，乙酸含量为 2.3mol/L。

⑪ 随时掌握铜液成分变化。每 30min 分析一次二价铜含量，1h 分析一次总铜含量，4h 分析一次铜液全成分。

⑫ 当总铜含量达 1.5mol/L 时，停止送空气，改通蒸汽加热，进行高价铜还原提高铜比。此阶段温度控制在 60～65℃。

⑬ 当总铜含量达 1.7～1.8mol/L，总氨含量略高于 8mol/L，乙酸含量为 2.0～2.2mol/L，铜比为 4 时，铜液制备结束。

⑭ 氧化阶段，提高二价铜和铜产生矛盾时，通空气和通蒸汽两过程可交替进行。

⑮ 铜液制备的注意事项。

a. 制备铜液必须用软水或蒸馏水。

b. 整个制备过程中，溶液必须保持碱性 $[c(NH_3)/c(HAc) \geqslant 3]$。

c. 制备铜液如用氨水，氨水中不可含二氧化碳。

第四节　铜氨液洗涤法工艺计算

【例 6-1】 原料气量为 1800m³/h，含一氧化碳 4%，铜液中总铜含量 2.1mol/L，铜比为 6。如果铜氨液中的低价铜有 55% 参加了吸收一氧化碳的反应，问将气体中的一氧化碳全部吸收需要多少铜氨液？

解　需吸收的一氧化碳量为

$$1800 \times 4\% / 22.4 = 3.21kmol/h$$

理论上需要消耗的低价铜量亦为 3.21kmol/h。实际消耗的低价铜总量为

$$3.21/0.55 = 5.84kmol/h$$

铜氨液中低价铜含量为

$$2.1 \times 6/(1+6) = 1.8kmol/m^3$$

需要的铜氨液量为

$$5.84/1.8 = 3.24m^3/h$$

【例 6-2】 制备 3m³ 铜氨液，其中总铜为 2.2mol/L，总氨为 10mol/L，乙酸为 2.5mol/L。在制备过程中，铜和氨的用量均为理论用量的 1.5 倍，乙酸的用量为理论用量的 1.2 倍。铜氨液的密度为 1200kg/m³，求原料用量。

解　① 理论用量

铜＝铜氨液量×总铜含量×铜的相对原子质量＝3×2.2×63.5＝419kg

液氨＝铜氨液量×氨含量×氨相对分子质量＝3×10×17＝510kg

乙酸（以 100% 计）＝铜氨液量×乙酸含量×乙酸的相对分子质量

＝3×2.5×60＝450kg

水＝铜氨液质量－（铜＋液氨＋乙酸）

＝3×1200－（419＋510＋450）＝2221kg

② 实际用量。由于乙酸和氨在制备过程中容易挥发造成损失，因此实际用量要超过理论用量。铜用量多一些，能加快反应速率，按题意所给条件，原料的实际用量为

铜：419×1.5＝628.5kg

液氨：$510 \times 1.5 = 765 kg$

乙酸：$450 \times 1.2 = 540 kg$

复 习 题

1. 铜氨液是如何制取？
2. 影响铜液吸收的因素有哪些？如何影响？
3. 铜液是如何再生的？
4. 双甲、联醇、醇烃化有何区别？

第七章　氨 的 合 成

第一节　氨合成的基本理论

由循环机送出的循环气和高压机送来的新鲜气，在滤油器中混合，分离掉油水后，温度为 30~40℃。首先进入冷凝塔上部热交换器管内将气体冷却，然后又到氨蒸发器管内与管外液氨换热，继续冷却至 -5~0℃，再进入冷凝塔下部氨分离器，分离掉液氨，气体进入冷凝塔上部热交换器管间，与管内气体换热后，经主、副阀门控制进入合成塔。在温度为 460~500℃下，借助催化剂的催化作用合成为氨。由塔底出来的合成气体，温度在 200℃左右（二进二出的合成塔为 320℃左右），进入废热回收器回收热量，气体进入水冷器，进一步冷却至 35℃左右进入氨分离器，分离出液氨，而 H_2、N_2 混合气再进入循环机，提高压力依次反复循环使用。

一、氨合成的反应特点

氨合成的化学反应式如下

$$3H_2 + N_2 \rightleftharpoons 2NH_3 \qquad \Delta H = -92.44 \text{kJ/mol} \tag{7-1}$$

这一化学反应具有如下几个特点。

① 可逆反应，即氢气和氮气反应生产氨的同时，氨也分解成氢气和氮气，前者称为正反应。后者称为逆反应。

② 放热反应。在生成氨的同时放出热量，反应热与温度和压力有关。

③ 体积缩小的反应。从反应式可以看出，由 1.5 分子氢和 0.5 分子的氮，反应后生成氨，在化学反应过程中，体积减少一个体积。

④ 反应需要有催化剂才能较快的进行。实践证明。在 300~550℃的条件下，氨合成反应需要很长时间才能达到平衡。但在适当催化剂的作用下，减少了氢氮化合时所需的能量，降低了反应的阻力，因此大大加快了反应速率。

二、氨合成反应的化学平衡

1. 平衡常数

氨合成反应的平衡常数 K_p 可表示为：

$$K_p = \frac{p_{NH_3}}{p_{H_2}^{1.5} \times p_{N_2}^{0.5}} \tag{7-2}$$

式中　p_{NH_3}，p_{H_2}，p_{N_2}——平衡状态下的氨、氢、氮的分压。

由于氨合成反应是可逆、放热、体积缩小的反应，根据平衡移动定律可知，降低温度，提高压力，平衡向生产氨的方向移动，因此平衡常数增大。

高压下的化学平衡常数 K_p 不仅与温度有关而且与压力和气体组成有关，需用逸度表示：

$$K_f = \frac{f_{NH_3}}{f_{N_2}^{0.5} f_{H_2}^{1.5}} = \frac{\gamma_{NH_3}}{\gamma_{N_2}^{0.5} \gamma_{H_2}^{1.5}} \frac{p_{NH_3}}{p_{N_2}^{0.5} p_{H_2}^{1.5}} = K_\gamma K_p \tag{7-3}$$

$$K_f = K_\gamma K_p \tag{7-4}$$

式中　f，γ——分别为各平衡组分的逸度和逸度系数。

如将各反应组分的混合物视为真实气体的理想溶液，则各组分的 γ 值可取"纯"组分在相同温度和总压下的逸度系数，由普遍化逸度系数图查出。研究者把不同温度、压力下 K_γ 值算出并绘制成图 7-1。由图可见，当压力很低时，K_γ 接近于 1，此时 $K_p \approx K_f$。因此 K_f 可看作压力很低时的 K_p。

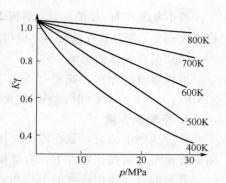

图 7-1　氨合成反应的 K_γ

2. 影响平衡氨含量的因素

若总压为 p 的混合气体中含有 N_2，H_2，NH_3 和惰性气体的摩尔分数分别为 y_{N_2}，y_{H_2}，y_{NH_3} 和 y_i，其关系为 $y_{N_2} + y_{H_2} + y_{NH_3} + y_i = 1$。令原始氢氮比 $R = \dfrac{y_{H_2}}{y_{N_2}}$，则各组分的平衡分压为 $p_{NH_3} = p y_{NH_3}$

$$p_{H_2} = p(1 - y_{NH_3} - y_i)\left(\frac{R}{1+R}\right) \tag{7-5}$$

$$p_{N_2} = p(1 - y_{NH_3} - y_i)\left(\frac{1}{1+R}\right) \tag{7-6}$$

代入式（7-2）中整理得

$$\frac{y_{NH_3}}{(1 - y_{NH_3} - y_i)^2} = K_p p \frac{R^{1.5}}{(1+R)^2} \tag{7-7}$$

此式可分析影响平衡氨含量的诸因素。

（1）压力和温度的影响

温度越低，压力越高，平衡常数 K_p 越大，平衡氨含量越高。一定操作条件下，温度和压力对平衡氨含量的影响如表 7-1 所示。

表 7-1　纯 $3H_2$-N_2 混合气体温度及压力对平衡氨含量的影响

$t/℃$	p/kPa				
	101.33	101.33×10^2	202.66×10^2	303.99×10^2	405.32×10^2
	y_{NH_3}				
360	0.72	35.10	49.62	58.91	65.72
380	0.54	29.95	44.08	53.50	60.59
400	0.41	25.37	38.82	48.18	55.39
420	0.31	21.36	33.93	43.04	50.25
440	0.24	17.92	29.46	38.18	45.26
460	0.19	15.00	25.45	33.66	40.49
480	0.15	12.55	21.91	29.52	36.03
500	0.12	10.51	18.81	25.80	31.90
520	0.10	8.82	16.13	22.48	28.14
540	0.08	7.43	13.84	19.55	24.75

（2）氢氮比的影响

当温度、压力及惰性组分含量一定时，使 y_{NH_3} 为最大的条件为

$$\frac{\partial}{\partial R}\left[K_p p \frac{R^{1.5}}{(1+R)^2}\right]=0 \tag{7-8}$$

若不考虑 R 对 K_α 的影响，解得 $R=3$ 时，y_{NH_3} 为最大值；高压下，气体偏离理想状态，K_α 将随 R 而变，所以具有最大 y_{NH_3} 时得 R 略小于 3，随压力而异，在 2.68~2.90 之间。

（3）惰性气体的影响

惰性组分的存在，降低了氢、氮气的有效分压，因而会使平衡氨含量降低。例如在 30MPa，450℃，$R=3$ 时，平衡氨含量为不含惰性气体时的 80%，而当 $y_i=0.15$ 时，仅 70%。

3. 平衡氨含量

反应达到平衡时，氨在混合气体中的含量，称为平衡氨含量，或称为氨的平衡产率。平衡氨含量是给定操作条件下，合成反应能达到最大限度。

氢氮混合气体中所含的甲烷和氩等不参加氨合成反应的气体成分，称为惰性气体。它们的存在降低了氢氮气的有效分压，从压力对反应平衡的影响可知，会使氨的平衡含量下降。因此，应该尽可能降低混合气中惰性气体含量。

三、氨合成动力学

在催化剂的作用下，氢与氮生成氨的反应是一多相气体催化反应。多相气体催化反应的历程一般由以下几个步骤所组成。

① 气体反应物扩散到催化剂外表面；

② 反应物自催化剂外表面扩散到毛细孔内表面；

③ 气体被催化剂表面（主要是内表面）活性吸附；

④ 吸附状态的气体在催化剂表面上起化学反应，生成产物；

⑤ 产物自催化剂表面解吸；

⑥ 解吸后的产物从催化剂毛细孔向外表面扩散；

⑦ 产物由催化剂外表面扩散至气相主体。

以上七个步骤中①、⑦为外扩散过程；②、⑥为内扩散过程；③、④和⑤总称为化学动力学过程。如果其中某一步骤进行的速率远慢于其他各步，它就决定着整个反应过程的速率。

氨反应的历程，基本上与上述步骤相似。但对一个具体的催化反应，不在于了解其一般的过程，更重要的是正确认识每一个步骤。关于氨合成的机理，历来有各种不同的说法。目前正确的解释是：氮和氢气相向催化剂表面靠近，其绝大部分自外表面向催化剂的毛细孔的内表面扩散，并在表面进行活性吸附。吸附氢与吸附氮及气相氢进行化学反应依次生成 NH、NH_2、NH_3。后者自表面脱附后进入气相空间，整个过程如下：

$$N_2（气相）\longrightarrow N_2（吸附）\xrightarrow{气相中的氢气} 2NH（吸附）\xrightarrow{气相中的氢气} 2NH_2（吸附）\xrightarrow{气相中的氢气}$$

$$2NH_3（吸附）\xrightarrow{脱吸} 2NH_3（气相）$$

在上述反应过程中，当气流速度相当大，催化剂粒度足够小时，外扩散和内扩散因素对反应影响很小，而在铁催化剂上吸附氮的速率在数值又接近于合成氨的速率，即氮的活性吸附步骤进行得最慢，是决定反应速率的关键。这就是说氨的合成反应速率是由化学反应步骤所控制的。

四、反应速率

反应速率是以单位时间内反应物质浓度减少量或生成物质浓度的增加量来表示，在工业生产中，不仅要求获得较高的氨含量，同时要求较快的反应速率，以便在单位时间内有较多的氢和氮合成氨。

1. 浓度

从氨合成的反应机理得知，氨合成反应速率决定于吸附氮的速率，当氨含量比平衡状态低很多时，氨原始速率更依赖于氮的分压，所以在氨的浓度低时，可以适当提高混合气中氮的比例。但从氢和氮全部合成为氨来考虑，它们的比例等于 3：1，由于受反应平衡速率的限制，氢氮气一次通过催化剂不可能全部合成为氨，所以采用 $\varphi(H_2)：\varphi(N_2) = 2.5 \sim 2.9$ 的比例，在生产中认为是合理的。混合气体中惰性气体含量增加，相应降低了氢气和氮气的分压，结果必然使瞬时反应速率降低。

2. 温度

化学反应的速率，随着温度的升高，能显著加快，这是因为温度升高反应物运动的速度加快，分子间碰撞次数增加，同时使分子化合时克服阻力的能力增大。从而增加了分子有效结合的机会，对于氨合成反应也是同样的道理，温度升高，加速了氮的活性吸附。同时又增加了吸附氮与氢的接触机会，使氨合成反应速率加快。

查有关图表可知，升高温度对平衡氨产率不利，起初在远离平衡的情况下。反应速率是随温度升高而增大。在 525℃ 附近达到最大值，以后再降低，由于受平衡的影响，在 525℃ 以后反应速率又趋于下降，从反应机理来看，这是因为逆反应速率增加的更快。

由于氨合成反应为可逆放热反应，温度对化学平衡和反应速率的影响是相互矛盾的，因此存在着最适宜温度。在最适宜温度下，反应速率最大，氨产率最高。

3. 内扩散的影响

前面讨论氨合成反应机理已指出，当气流速度相当大时，催化剂粒度足够小时，氨合成的反应速率主要受吸附氮的步骤所控制，而扩散因素对反应的影响很小，但是在实际生产中，为了防止合成塔内阻力过大，催化剂粒度不能过小，同时氨合成铁催化剂的内表面约为 $4 \sim 11 m^2/g$，而直径为 2.4～2.7mm 催化剂的外表面却只有 $0.004 \sim 0.007 m^2/g$，即内表面比外表面大万倍以上。所以反应主要在内表面进行，内扩散对氨合成过程不能忽视。

据测定，当催化剂颗粒直径为 1mm 时，内扩散速度是反应速率的百倍以上，故内扩散的影响可忽略不计。但当半径大于 5mm 时，内扩散速度比反应速率慢，其影响就不能忽视了。催化剂毛细孔的直径越小和毛细孔越长（颗粒直径越大）则内扩散的影响越大。

在实际生产中，在合成塔结构和催化剂层阻力允许的情况下，应当采取粒度较小的催化剂，以减小内扩散的影响，提高内表面利用率，加快氨的生成速率。

第二节　氨合成催化剂

可以做氨合成催化剂的物质很多，如铁、铂、钨、锰和钠等。但由于以铁为主体的催化剂具有原料来源广，价格低廉，在低温下有较好的活性，抗毒能力强，使用寿命长等特点，因此目前国内外广泛使用铁催化剂。

一、催化剂在还原前的化学组成及作用

铁催化剂在还原之前，以铁的氧化物状态存在，其主要成分除三氧化二铁和氧化亚铁（FeO）之外，催化剂中还加入各种促进剂。

1. 氧化铁的组成

还原前氧化铁的组成，对铁催化剂还原后的活性影响很大，据试验结果表明，当

$n(Fe^{2+})/n(Fe^{3+})$ 等于或接近 0.5 时，催化剂还原后的活性最好，这时 $n(FeO)/n(Fe_2O_3)=1$。相当于 Fe_3O_4 的组成。加入促进剂后，氧化亚铁最佳含量不一定如此。可以根据条件不同而在 24%～38% 的范围内变动，这时对催化剂活性影响不大，而催化剂的热稳定性和机械强度随低价铁含量的增加而增加。

2. 促进剂的组成及作用

促进剂又称助催化剂，它本身没有催化活性，但加入催化剂中，可改善催化剂的物理结构，从而提高催化剂的活性。在合成氨铁催化剂中，普遍采用的促进剂有三氧化二铝、氧化钾和氧化钙等。

催化剂中加入三氧化二铝后，能与 Fe_2O_3 形成固熔体。当铁催化剂被还原时，氧化铁被还原为活性铁，而三氧化二铝不被还原，起到骨架作用。从而防止结晶长大，增大了催化剂的表面积，提高了活性。例如，含 2% 的三氧化二铝的铁催化剂，比纯铁催化剂的表面积增大 10 倍左右。但加入 Al_2O_3 后，会减慢催化剂的还原速率，并使催化剂表面生成的氨不易解吸。

催化剂中加入氧化钾后，有利于氮的活性吸附，从而提高了催化剂的活性，另外可以减少催化剂中 Al_2O_3 对氨的吸附作用。

一般铁催化剂用熔融法制造，由于熔融态氧化铁黏度大，三氧化二铝不易分布进去。加入氧化钙后，可降低熔点和黏度，有利于三氧化二铝的均匀分布。使催化剂的活性、抗毒能力和热稳定性都有所提高。

二、催化剂的主要性能

氨合成催化剂是一种黑色、有金属光泽带磁性成型不规则的固体颗粒。现已制造出球形颗粒，在空气中易受潮，可引起可溶性钾盐析出，使活性下降。催化剂还原后，氧化铁被还原成细小的活性铁的晶体，均匀地处在氧化铝的骨架上，成为多布的海绵状结构，孔隙率很大，其内表面积约为 $4\sim11m^2/g$，经还原的铁催化剂若暴露在空气中将迅速氧化，立即失去活性。一氧化碳、二氧化碳、水蒸气、油类、硫化物等均会使催化剂暂时或永久中毒，另外，各类铁催化剂都有一定的起始活性温度、最佳反应温度和耐热温度。

三、催化剂的还原

1. 催化剂还原反应的原理

催化剂中的氧化铁不能加速氨合成反应速率，必须将其还原成 $\alpha\text{-}Fe$ 后才具有催化活性。在工业上最常用的还原方法是将制成的催化剂装在合成塔内，通入氢氮混合气，使催化剂中的氧化铁被氢气还原成金属铁。主要反应式为

$$FeO+H_2 \rightleftharpoons Fe+H_2O-Q \tag{7-9}$$

$$Fe_2O_3+3H_2 \rightleftharpoons 2Fe+3H_2O-Q \tag{7-10}$$

催化剂还原过程生产的铁晶格越小，表面积越大，还原的越彻底，还原后催化剂的活性越高。

实践表明，催化剂的活性不仅与还原前的化学组成和制造方有关。而且与还原过程的各种条件有关，温度对催化剂的活性影响很大，只有达到一定温度还原反应才开始进行，还原温度能加快还原反应的速率，缩短还原时间。但还原温度过高，生成 $\alpha\text{-}Fe$ 晶体大、表面积小、活性低。实际还原温度一般不超过正常使用温度，还原反应为吸热反应，还原温度依靠电炉维持。

提高还原气体中氢气浓度，降低水蒸气含量，对还原反应有利。尤其是水蒸气含量高，

可以把已还原的催化剂反复氧化，造成晶粒变粗，活性降低，为此要及时除去还原反应生成的水分。

催化剂还原的程度，可用还原前催化剂中铁的氧化物被还原的百分数表示，称为还原度。在操作中，一般用实际还原的出水量与理论出水量的比值来表示。

2. 催化剂的预还原

为了使合成氨生产在短时间内投入生产将铁催化剂在合成塔外预先进行还原，即预还原。由于预还原能在专用设备中进行，还原时能控制各项指标，因此还原后的催化剂活性好。预还原后催化剂再经轻度表面氧化即可卸出使用。使用前只用短时间还原即可投入正常生产，避免了合成塔内不适宜的还原条件对催化剂活性的损害，从而保证了催化剂的活性。因此，使用预还原催化剂是强化氨合成生产的一项有效措施。

四、催化剂的钝化

还原后的活性铁遇到空气会发生强烈的氧化反应，放出的热量能使催化剂烧结失去活性。因此，已还原的催化剂与空气接触之前要进行缓慢的氧化，使催化剂表面形成一层氧化铁保护膜，这一过程称为钝化。经过钝化的催化剂，在一般温度下遇到空气就不易发生氧化燃烧反应。钝化后的催化剂再次使用时，只需稍加还原即可投入生产操作，和钝化前相比，催化剂的活性不变。

钝化的方法是将压力降至 $5\sim10$ atm，温度降至 $50\sim80\,^{\circ}\!C$，用 N_2 置换系统，然后逐渐导入空气，使氮气中氧含量在 $0.2\%\sim0.5\%$。在钝化过程中，放出的热量会使催化剂层温度上升，因此，应严格控制催化剂层温度，一般应不超过 $130\,^{\circ}\!C$。随着钝化过程的进行，将气体中的氧含量逐渐增加到 20%，而催化剂层温度不再上升，合成塔进出口气体中氧含量相等，说明钝化已完成。

五、催化剂的中毒与衰老

1. 催化剂的中毒

进入合成塔的新鲜混合气，虽然经过了净化，但仍然含有微量的有毒气体使催化剂缓慢中毒，活性降低。

能使氨合成催化剂中毒的物质有：水蒸气、一氧化碳、二氧化碳、氧、硫及硫化物、砷及砷化物、磷及磷化物等。其中水蒸气、一氧化碳、二氧化碳和氧等物质使催化剂中毒的原因是：因为氧和氧化物中的氧能和金属铁生成铁的氧化物，使催化剂失去活性，当用比较纯净的氢氮混合气通过催化剂时，氢气又能将铁的氧化物还原成金属铁。所以这种中毒现象称为暂时中毒。而硫、砷、磷和它们的化合物使催化剂中毒以后，不能再恢复活性，故称为永久中毒。

此外，进塔气体中夹带的油雾。对催化剂也有毒害作用，一方面是由于油中的硫分能使催化剂中毒，另一方面油在高温下分解，积下的不挥发物质，覆盖在催化剂表面，使催化剂活性下降。

2. 催化剂的衰老

催化剂经长期使用后，活性会逐渐下降，生产能力逐渐降低，这种现象称为催化剂的衰老。衰老到一定程度，就需更换新的催化剂。催化剂衰老的原因如下。

① 催化剂长期处于高温之下，因受热影响。催化剂的细小晶粒逐渐长大，表面积减小，活性下降。特别是在操作中温度波动频繁，温差过大，温度过高，使催化剂表面不停地反复进行氧化还原反应，就更容易使催化剂衰老。

② 进塔气中含有少量引起催化剂暂时中毒的毒物，使催化剂表面不停地反复进行氧化还原反应，使催化剂衰老。

催化剂中毒和衰老几乎是无法避免的。但是选用耐热性较好的催化剂，改善气体质量和稳定操作能大大延长催化剂的使用寿命。

六、合成氨催化剂进展

1. 国外合成氨催化剂研究

20 世纪初，Harber 和 Mittasch 等开发成功了铁基合成氨催化剂之后，人们始终没有停止过对合成氨催化剂的研究与开发，直到今天这种研究还在不断继续。

Almquist 等研究了纯铁催化剂的活性与氧化度（还原前）的关系，发现 Fe^{2+}/Fe^{3+} 摩尔比接近 0.5，组成接近 Fe_3O_4 相的样品具有最高的活性。Bridger 等进一步研究了 Al_2O_3-K_2O 双助催化剂型铁催化剂，在 10.13MPa，450℃，空速 $1 \times 10^4 h^{-1}$ 的条件下，也得到摩尔比 0.52 时转化效率最高的相同结果。1979 年，英国 ICI 公司率先添加氧化钴助进剂，成功研制出 Fe_2Co 催化剂，使活性有一定提高，并成功应用于 ICI2AMV 工艺。

20 世纪 30 年代，Zenghelis 和 Stathis 首次报道了钌的合成氨催化活性，但在当时钌的催化活性不如铁。直到 1972 年，Aika 等发现，以钌为活性组分、以金属钾为促进剂、以活性炭为载体的催化剂对合成氨有很高的活性，其活化能达到 69.1kJ/mol，从而开创了钌催化剂研究的先河。随后，各国的学者，投入大量的精力研制钌基催化剂以取代传统的铁基催化剂。

1992 年第一个无铁的氨合成催化剂由凯洛格公司（现 KBR 公司）应用于其 KAAP（Kellogg 氨合成生产工艺）工艺中。这种钌催化剂以一种石墨化的碳作为载体，据称其活性是传统熔铁催化剂的 10～20 倍。在反应中，这种催化剂具有不同的动力学特征，内件可在低于化学计量的氢/氮比及约 9MPa 压力下操作。

哈尔多托普索研究实验室的研究人员成功研制出可替代传统铁催化剂的系列产品。在工业装置操作条件下，三元氮化物（Fe_3Mo_3N、Co_3Mo_3N 和 Ni_2Mo_3N）用作合成氨催化剂时活性高，热稳定性好。如果在 Co-Mo-N 催化剂中加入铯，则活性将高于目前使用的铁催化剂。另据报道，在相同操作条件下，如果温度 400℃、压力 20MPa、氢氮比 3∶1，以铯为助催化剂的 Co-Mo-N 的活性为传统铁催化剂活性的两倍。

鲁尔（Ruhr）大学研究了一种由金属钡、金属钌和氧化镁组成的催化剂，它比现有的合成氨催化剂产氨更多，寿命更长。据报道，这种钡—钌催化剂活性比传统的铁基催化剂或者其他类型的钌基催化剂活性高 2～4 倍，研发的这种钡—钌催化剂与铈钌催化剂相比，可以产生双倍的氨产量。如果对钡与钌比率进行优化，还能进一步增加氨产量。

2. 国内合成氨催化剂研究

随着化肥工业的发展，我国合成氨催化剂发展十分迅速。其主要类型是铁基催化剂，而对钌基催化剂的研究刚刚起步。

郑州大学化学系研制成功的 A110-5Q 型催化剂机械强度高，催化活性好，热稳定性高，易还原，床层阻力小。与同类无定形催化剂相比，使用该催化剂每吨氨节电约 15kW·h，合成氨生产能力提高 10% 左右。这种催化剂由于性能稳定，价廉而被多数厂家采用。

魏可镁等开发成功 Fe_2Co 催化剂，并应用于工业。福州大学研制成功的 A201 型催化剂是一种低温活性合成氨催化剂。其主要活性组分是金属铁，催化剂中铁含量为 67%～70%，Fe^{2+}/Fe^{3+} 摩尔比为 0.45～0.6。催化剂中含 1.0%～1.2% 的 CoO 助剂，也含有 Al_2O_3、K_2O、CaO 等。这种催化剂易还原，良好的耐热性、抗毒性，机械强度高，低温活性较好。这种催化剂以独特的配方及先进的生产工艺——熔融技术进行生产，优质品率在 100%。在相同生产条件下，使用 A201 型催化剂的氨合成系统生产能力可比 A110 系列熔铁型催化剂提高 5%～10%，是合成氨厂节能降耗、增产节支的有效措施之一。A201 及系列产品的零米温度在 330～380℃ 即可稳定生产，可适用于各种塔型和塔径。实验结果还表明，其性能与英国 ICI 公司合成氨催化剂相当，低温活性略好，其主要技术经济指标处于国际领先水平，适用于低压合成工艺。

20 世纪 80 年代初，我国科研工作者开始研究稀土型合成氨催化剂。林维明进行了添加稀土元素的合成氨催化剂制备试验，并于 20 世纪 90 年代初成功生产出廉价和性能优良的 Al_2O_3 型催化剂。黄贻深研究了 Fe_2Ce 金属间化合物对合成氨反应的催化活性的影响。结果发现，经 600℃ 空气中焙烧 4h 氧化处理后，Fe_2Ce 催化剂在 450℃ 以上仍然具有很好的合成氨活性。

多年来，人们一直认为熔铁型合成氨催化剂的活性随母体相呈火山形曲线变化，且当母体相为 Fe_3O_4 时活性最高。因此，该领域的研究仅局限于 Fe_3O_4 体系。20 世纪 80 年代中期，刘化章等在促进剂为 Al_2O_3-K_2O-CaO，反应压力 1.51MPa，反应温度 425℃，空速 30000h^{-1} 的条件下，系统研究了合成氨铁基催化剂活性与其母体相组成的关系，发现催化剂的活性随母体相呈双峰形曲线变化。当母体相为 $Fe_{1-x}O$ 时具有最高的活性和极易还原的性能。刘化章等于 90 年代初期研制并批量生产出 A301 型 Fe-O 基催化剂，研究了原粒度 A301 催化剂在大型合成氨厂实际工况条件下的工业旁路试验。结果表明：在 7.0～7.5MPa 等压合成氨工艺条件下，A301 催化剂的氨净值为 10%～12%，在 8.5MPa 或 10MPa 微加压合成氨工艺条件下，氨净 7.0～7.5MPa 可高达 12%～15%，可以满足合成氨工业经济性对氨净值的要求。目前我国生产的 A301 催化剂起始温度在 280～300℃，主期温度在 400～480℃，使用温度在 330～520℃，使用压力在 8.0～32MPa，氨净值为 12%～17%。因此采用 A301 催化剂实现等压或微加压合成氨是可行的，并且可获得显著的经济效益。

钌基氨合成催化剂被称为第二代氨合成催化剂，具有节约能源、提高单程产率等优点，因此，开展钌基氨合成催化剂的研究，对于追踪国际前沿，填补国内空白，开发低温氨合成工艺，节约能耗都具有重要的意义。国内开展钌基催化剂研究较晚，研究单位也不多。王晓南等研究了 Ba-IJa-K-Ru 型和 Ru-K-Ba 型钌基催化剂，研究表明钌基催化剂活性比 ZA-5 型铁基催化剂明显提高，但氨净值有待提高。

第三节　氨合成操作条件的选择

氨合成的生产工艺条件必须满足产量高，消耗定额低，工艺流程及设备结构简单，操作方便及安全可靠等要求。决定生产条件的因素是压力、温度、空间速度、气体组成和催化剂等。

一、压力

提高压力，对氨合成反应的平衡和反应速率都是有利的，在一定的空间速度下，合成压力越高，出口氨浓度越高，氨净值越高，合成塔的生产能力也越大。氨产率是随着压力的升高而上升的。

氨合成压力的高低，是影响氨合成生产中能量消耗的主要因素。氨合成系统的能量消耗主要包括原料气压缩功，循环气压缩功和氨分离的冷冻功。提高操作压力，原料气压缩功增加。但合成压力提高时由于氨净值增高，单位氨产品所需的循环气量减少，因而循环气压缩功减少。同时压力高也有利于氨的分离，在较高温度下气氨即可冷凝为液氨，冷冻功减少。实践证明，操作压力在 20～35MPa 时总能量消耗较低。

二、温度

氨合成反应必须在催化剂的存在下才能进行，而催化剂必须在一定的温度范围内才具有催化活性，所以氨合成反应温度必须维持在催化剂的活性温度范围内。

通常，将某种催化剂在一定生产条件下具有最高氨生成速率的温度称为最适宜温度，不同的催化剂具有不同的最适宜温度，而同一催化剂在不同的使用时期，其最适宜温度也会改变。例如，催化剂在使用初期活性较强，反应温度可以低些；使用中期活性减弱，操作温度要提高；使用后期活性衰退，操作温度要比使用中期更提高一些。此外，最适宜温度还和空间速度、压力等有关。

空间速度对最适宜温度的影响。在一定空间速度下，开始时氨产率随着温度的升高而增加；达到最高点后，温度再升高，氨产率反而降低，不同的空间速度都有一个最高点，也就是最适宜温度。所以为了获得最大的氨产率，合成氨的反应随空间速度的增加而相应的提高，在最适宜温度以外，无论是升高或降低温度，氨产率都会下降。

催化剂层内温度分布的理想状况应该是降温状态，即进催化剂层的温度高，出催化剂层的温度比较低，这是一个高速反应（催化剂层上部）与最大平衡（催化剂层下部）相结合的方法，因为刚进入催化剂层的气体中氨含量低，距离平衡又远，需要迅速地进行合成反应以提高氨含量，因此催化剂层上部温度高就能加快反应速率。当气体进入催化剂层下部，气体中氨含量已增高了，催化剂温度低就可以降低逆反应速率，从而提高了气体中平衡氨含量。

催化剂层中温度分布是不均匀的，其中温度最高的点称为热点。

三、空间速度

当操作压力、温度及进塔气组成一定时，对于即定结构的合成塔，增加空间速度也就是增快气体通过催化剂床层的速度，气体与催化剂接触时间缩短，使出塔气中氨含量降低，即氨净值降低。但由于氨净值降低的程度比空间速度的增大倍数要少，所以当空间速度增加时，氨合成的生产强度有所提高，氨产量有所增加。在其他条件一定时，增加空间速度能提高催化剂生产强度。但空间速度增大，将使系统阻力增大，压缩循环气功耗增加，冷冻功也增大。同时，单位循环气量的产氨量减少，所获得的反应热也相应减少。当单位循环气的反应热降到一定程度时，合成塔就难以维持"自热"。

一般中压法合成氨，空间速度在 $20000 \sim 40000h^{-1}$ 之间。

四、合成塔进塔气体组成

合成塔进口气体组成包括氢氮比、惰性气体含量与初始氨含量。当氢氮比为 3 时，可获得最大的平衡氨浓度，但从氨的反应机理可知，氮的活性吸附是氨合成反应过程中控制步骤，因此适当提高氮气浓度，对氨合成反应速率是有利的。在实际生产中，进塔循环气的氢氮比控制在 2.5~2.9 比较合适。由于氨合成时氢氮比是按 3∶1 而消耗的，因此补充的新鲜气的氢氮比应控制在 3，否则循环系统中多余的氢或氮就会积累起来，造成循环气中氢氮失调。

惰性气体（CH_4、Ar）不参加反应，但由于它的存在会降低氢氮气的分压，对化学平衡和反应速率都是不利的，导致氨的生成率下降。同时，由于惰性气体不参与反应，当通过合成塔时，会将塔中的热量带走，造成催化剂层温度下降，而且，还会使压缩机做虚功。

惰性气体来自新鲜气。随着合成反应的进行，惰性气体留在循环气中，新鲜气又不断补充到循环气中，这样循环气中的惰性气体会越来越多，因此必须将惰性气体排出。生产中采用不断排放少量循环气的办法来降低系统惰性气体含量。放空量增加，可使循环气中惰性气体含量降低，提高合成率，但是氢和氮也随之被排出，从而造成氢氮气的损失增大。因此，控制循环气中的惰性气体含量过高或过低都是不利的。

循环气中惰性气体含量的控制，还与操作压力和催化剂活性有关。操作压力较高及催化剂活性较好时，惰性气体含量高一些，也能获得较高的合成率。相反，循环气中惰性气体含量就应该低一些。一般循环气中惰性气体含量控制在12%～18%较为合适。

目前一般采用冷凝法分离反应后气体中的氨，由于不可能把循环气中的氨完全冷凝下来，所以返回合成塔进口的气体多少还含有一些氨。进塔气中的氨含量，主要决定于进行氨分离时冷凝温度和分离效率。冷凝温度越低，分离效果越好，进塔气中氨含量也就越低。降低进塔气中氨含量，可以加快反应速率，提高氨净值和催化剂的生产能力。但将进口氨含量降得过低。势必将循环气冷至很低的温度，使冷冻功耗增大。

合成塔进口氨含量的控制也与合成压力有关。压力高，氨合成反应速率快，进口氨含量可控制高些，压力低，为保持一定的反应速率，进口氨含量应控制得低些。当采用中压时，进塔气中氨含量控制在3.2%～3.8%。

第四节 氨合成的工艺流程

一、合成氨工艺流程

1. 合成氨经典工艺流程

图7-2为传统中压氨合成流程。合成塔1出口气体经水冷器2冷却至30℃左右，其中部分气氨被冷凝，液氨在氨冷器中分出，为降低惰性气体含量，循环气在氨冷器部分放空，大部分循环气经循环压缩机4压缩后进入油分离器，新鲜气也在此补入。然后气体进入冷热交换器6的上部换热器的管内，回收氨冷器出口循环气的冷量后，再经氨冷器7冷却到－10℃左右，使气体中绝大部分的氨冷凝下来，再在冷热交换器的下部氨分离段将氨分离下来。分离掉液氨的低温循环气经冷热交换器管间预冷进氨冷器的气体，自身被加热到10～30℃进入氨合成塔，完成循环过程。

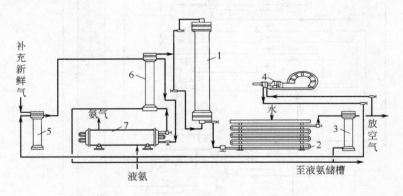

图7-2 传统中压氨合成流程

1—氨合成塔；2—水冷器；3—氨分离器；4—循环压缩机；5—油分离器；6—冷热交换器；7—氨冷器

2. 合成氨热能回收工艺流程

图7-3为冷激式合成塔并设有前置换热器的工艺流程。自压缩工段来的新鲜气（约

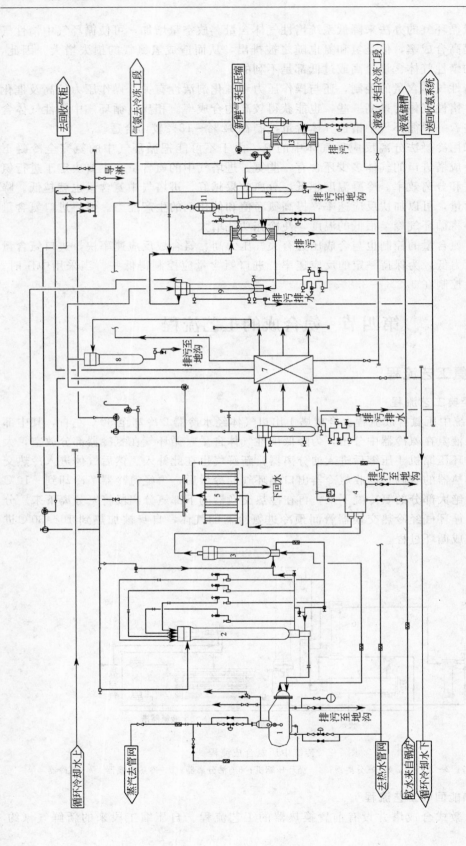

图 7-3 合成工段工艺流程图

1—废热锅炉；2—氨合成塔；3—热交换器；4—软水加热器；5—水冷器；6—氨分离器；7—循环气压缩机；8—循环气油分离器；
9—冷交换器；10—氨蒸发器；11—除沫器；12—新鲜气油分离器；13—新鲜气氨冷器

35℃，28.5MPa）经新鲜气氨冷器，新鲜气油分离器，除去夹带的油、水及其杂质后，补充于冷热交换器至氨冷器进口的循环气管道上。混合气（新鲜气与循环气）进入氨冷器，被液氨冷却至约-15℃，进入冷热交换器下部氨系统分离氨后，再入冷热交换器上部换热器列管外换热，被加热至约35℃的气体作为合成塔1入气体，从合成塔塔顶一次进口进入合成塔，沿内件与外筒环隙自上而下冷却塔壁，气体温度升至约75℃从塔底一次出口流出，进入热交换器冷气进口，被从废锅来的热气体加热至170~180℃后，从二次进口入合成塔，经塔内下部换热器加热至反应温度380~400℃，进入催化剂层进行如下合成反应

$$3H_2+N_2 \longrightarrow 2NH_3+Q$$

反应后的高温气体由塔顶冷激气直接冷却以及塔内下部换热器管内冷却至350℃左右，从塔底二次出口出塔，去废热锅炉与软水换热，副产2.45MPa蒸汽后，气体温度降至约220℃，进入热交换器入口，换热至120℃左右再进入软水加热器，被管间脱盐脱氧软水冷却至约90℃，进入淋洒式水冷排管，脱盐水同时被加热至95℃左右进入废热锅炉，气体经水冷器冷却至约35℃后进入氨分离器，经分离45%左右的液氨后，进入循环机升压，升压后循环气经油分分离油污后，进入冷交换器列管内，被氨冷却器来的冷气体降温（约20℃）后，与新鲜气会合，然后一起进入氨冷却器，从而完成一个循环。为降低惰性气体含量，保持循环系统中一定量的惰性气体，塔后放空设置在氨分的出口处。

副线流程：塔顶引入四个冷激副线：第一股副线调节塔内零米温度，第二、三、四股直接冷却第一轴向催化剂层、第二轴向催化剂层、第一径向催化剂层。

液氨流程：由氨分离器和冷交换器分离出的液氨送至液氨储槽。

二、合成塔

氨合成在合成塔中进行，合成塔的设计和操作必须保证原料气在最佳条件下进行反应。

氨合成在高温、高压下进行，氢、氮对碳钢有明显的腐蚀作用。为了保证氨合成的最优反应条件，并解决存在的矛盾，将塔设计成外筒和内件两部分。合成塔外筒一般做成圆筒形，为保证塔身强度，气体的进出口设在塔的上、下两端的顶盖上；内件置于外筒内，其外面设有保温层，以减少向外筒散热。进入塔的较低温度气体先引入外筒和内件的环隙，由于内件的保温措施，外筒只承受高压而不承受高温，可用普通低合金钢或优质碳钢制造。而内件只承受高温而不承受高压，也降低了材质的要求，用合金钢制造便能满足要求。

塔内件主要由热交换器、分气盒和催化剂筐三部分构成。热交换器通常采用列管式，供进入气体与反应后气体换热；分气盒与热交换器相连，起分气和集气作用；催化剂筐内放置催化剂、冷却管、电热器和测温仪器。冷却管的作用是迅速移去反应热，同时预热未反应气体，保证催化剂床层温度接近于最优反应温度；电热器用于开车时升温、操作波动时调温。

按从催化剂床层移热的方式不同，合成塔分连续换热式、多段间接换热式和多段冷激式三种。前一种塔型催化剂床内设有冷管；后两种塔型把整个床层分为若干段，每段催化剂层是绝热的，段与段之间设有热交换器或用冷原料气冷激。

1. 连续换热式

小型氨厂多采用冷管式内件，早期为双套管并流冷管，20世纪60年代后开始采用三套管并流冷管和单管并流冷管。

并流双套管式氨合成塔如图7-4所示。气体由塔外筒的上部进入塔内，沿内外筒之环隙向下，从底部进入热交换器的管间。经过与反应后的气体换热，被加热到300℃左右的未反应气体流入分气盒下部，然后进入双套管的内管。气流由内管上升至顶部再折流沿内外管环

隙向下，与催化剂床层气体并流换热，气体被加热至 400℃ 左右，经分气盒上部及中心管返入催化剂层反应。反应后的气体流经热交换器的管内，而离开氨合成塔。

催化剂床层顶部有一段不设置冷管的绝热层，此处，反应热完全用来加热反应气体，温度上升快。在床层的中、下部为冷管层，合成反应与管内传热同时进行。在冷管层的上部，单位床层的反应放热量大于传热量，床层温度继续提高。随着氨含量提高，反应速率减慢，放热量少于传热量，床层温度逐渐下降。在床层中温度最高点称为"热点"。在催化剂床层的上半部分，由于反应速率大以及受催化剂使用温度的限制，距最适宜温度曲线较远。床层的下半部分比较接近适宜温度曲线。

2. 多段冷激式

冷激式氨合成塔有轴向冷激和径向冷激之分。图 7-5 为大型氨厂立式轴向四段冷激式氨合成塔（凯洛格型）。该塔外筒形状为上小下大的瓶式，在缩口部位密封，以便解决大塔径造成的密封困难。内件包括四层催化剂、层间气体混合装置（冷激管和挡板）以及列管式换热器。

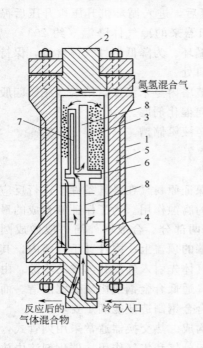 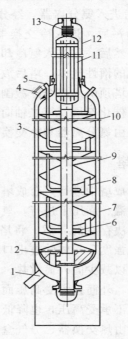

图 7-4 合成塔

1—塔体；2—顶盖；3—催化剂；4—热交换器；5—保温层；6—分气盒；7—冷气管；8—中心管

图 7-5 轴向冷激式氨合成塔

1—塔底封头接管；2—氧化铝球；3—筛板；4—人孔；5—冷激气接管；6—冷激管；7—下筒体；8—卸料管；9—中心管；10—催化剂框；11—换热器；12—上筒体；13—波纹连接管

气体由塔底封头接管 1 进入塔内，向上流经内外筒之环隙以冷却外筒。气体穿过催化剂筐缩口部向上流过换热器 11 与上筒体 12 的环形空间，折流向下穿过换热器 11 的管间，被加热到 400℃ 左右入第一层催化剂。经反应后温度升至 500℃ 左右，在第一、二层间反应气与来自接管 5 的冷激气混合降温，而后进第二层催化剂。以此类推，最后气体由第四层催化剂底部流出，而后折流向上穿过中心管 9 与换热器 11 的管内，换热后经波纹连接管 13 流出塔外。

径向二段冷激式合成塔（托普索型），用于大型合成氨厂。反应气体从塔顶接口进入向下流经内外筒之间的环隙，再进入换热器的管间，冷副线由塔底封接口进入，两者混合后沿中心管进入第一段催化剂层后进入环形通道，在此与塔顶接口来的冷激气混合，再进入第二段催化剂床层，从外部沿径向向内流动。最后由中心管外面的环形通道下流，经换热器内从塔底接口流出塔外。

三、液氨和气氨

1. 液氨流程

从氨分离器和冷凝塔下部分离器出来的液氨，经液氨放出阀，通过液氨总管，送往球缸。

2. 气氨流程

由液氨小槽来的液氨，经控制阀门进氨蒸发器，气氨由蒸发器顶部出来进入气氨分离器，分离下的液氨返回氨蒸发器。气氨送往冰机系统压缩、经冷凝器冷凝成液氨，送往冰机小槽。

第五节 合成工段操作

一、任务

循环气中的氢气和氮气，在高压、高温条件下，借助于催化剂的作用，进行化合反应生成氨，经冷凝、分离得液氨。合成放空气回收利用。

二、生产流程

由压缩机六段送来的合格的醇后气，经醇烃化工段进一步除去 CO、CO_2 微量后进入合成工段，先进油分离器除去油水后，与冷交换器冷气出口的气体混合后，进入氨冷器，冷却到 $-5 \sim -10℃$，再进入冷交换器下部，进一步分离氨后进入冷交换器上部换热器管间加热到 25℃ 左右，分二股进入合成塔。一股到塔顶上部，经外筒和内筒环隙顺流而下在合成塔下部出口与另一部分混合后分成三股，其中两股分别作为三、四段冷激气，另一大部分进入热交换器管间，与废热锅炉来 190～200℃ 热气换热后，约 160℃ 热气从热交换器下部出来分做三股，其中两股分别做一、二段的冷激气大部分气体进入合成塔下部换热器，经中心管与一段冷激气混合后进入第一轴向层，反应后气体达到 470℃，与二段冷激气混合后降温到 410℃ 左右进入第二轴向层，反应后气体与三段冷激气混合后由里向外进入第一径向层，反应后气体在管中汇集后与四段冷激气混合，由里向外进入第二径向层，反应后气体在合成塔下部换热器走管内降温至300～350℃，经废热锅炉降温到 190℃ 后经热交换器管内进一步降温至 90℃ 左右，进入软水加热器与变换工段来的热水换热后到 55℃ 左右，经淋洒式水冷器降温到 40℃ 以下，这时有部分氨冷凝，进氨分离分离后，进入循环机加压后进入油分离器，分离油水后进入冷交换器上部吸收冷量后与新鲜气混合，进入氨冷器，重新进行下一个循环。

三、主要设备性能

主要设备性能见表 7-2。

表 7-2 主要设备性能

序 号	设 备 名 称	详 细 规 格		
1	合成塔	外壳 $DN1400mm \times 16000mm$ 电加热器 $N=1400kW$		
2	废热锅炉	$DN2200mm$	$F_{中}=134m^2$	$p=2.45MPa$
3	循环气加热器	$DN1000mm$	$F_{中}=550m^2$	$p=31.4MPa$
4	软水加热器	$\phi1000mm$	$F_{中}=133m^2$	$p=2.5MPa$

续表

序 号	设 备 名 称	详 细 规 格		
5	淋洒式水冷器	$F_{中}=133m^2$		$\phi49mm\times10mm$
6	冷交换器	$DN1000mm$	$F_{中}=525m^2$	$p=31.4MPa$
7	氨冷凝器	$\phi2200mm$	$F_{中}=460m^2$	$p=1.6MPa$
8	氨分离器	$DN1000mm$	$V=3.36m^3$	
9	循环气油分离器 $DN1000$	$V=3.0m^3$		
10	新鲜气油分离器	$DN800mm$	$V=2.0m^3$	$p=31.4MPa$
11	往复式循环机	$p_{进口}=28.5MPa$	$p_{出口}=31.4MPa$；排气量：$4m^3/min$	

四、开停车操作

（一）正常开车

1. 开车前的准备

① 检查各设备、管道、阀门、分析取样点及电器、仪表等（应特别检查电加热器绝缘电阻值），必须正常完好。

② 检查系统内的所有阀门的开、关位置，应符合开车要求。

③ 与供水、供电部门及变换、压缩、双甲、冷冻工段联系，做好开车准备。

2. 开车前的置换

① 系统未经检修处于保压、保温状态下的开车，不需置换。

② 系统检修后的开车，须先吹净后，再做气密性试验和置换，其方法参照原始开车。

3. 开车

（1）系统未经检修处于保温、保压状况下的开车

① 按正常开车步骤，启动循环机，开启系统近路阀及循环机回路阀（并相应加大）气体打循环。

② 开启电加热器，根据催化剂层温度上升情况，逐渐加大功率，并相应加大循环气量。

③ 催化剂层升温采用调节电加热器功率及系统气体循环量的方法，温度从常温升至350℃的升温速率为30～40℃/h。

④ 当催化剂温度大于200℃，开启水冷却器；300℃时开启氨冷却器；根据氨分离器和冷交换器液位开始放氨。

⑤ 当催化剂层达到反应温度后，减慢升温速率，控制在5℃/h，逐步加大补气量及循环气量，缩小催化剂层轴、径向温差。

⑥ 根据温度情况，逐步减少电加热器功率直至切电，可转入正常生产。

⑦ 升温中如遇循环机跳闸，应立即切断电加热器电源，以免电加热器电炉丝烧毁。

（2）系统热洗或检修后开车

系统吹净、气密性试验和置换合格后，开车步骤如下。

微开补气阀，让系统缓慢充压至4.00～6.00MPa（升压速度为0.40MPa/min）。其他步骤按"开车"（1）进行。

（二）停车

1. 短期停车

（1）系统保压、保温状况下的停车

① 关闭补气阀、各放空阀、取样阀、稍开补气放空阀。

② 稍开电加热器，维持小流量循环，尽量使催化剂层温度缓慢下降。

③ 关闭氨分离器和冷交换器放氨阀及氨冷器加氨阀。

④ 系统压力降至 5.00MPa 时，停用电加热器，并按正常停车步骤停循环机，关闭合成塔进气主阀。

（2）系统需检修的停车

按长期停车步骤进行。

2. 紧急停车

如发生重大设备事故等紧急情况时，需紧急停车步骤如下。

① 立即与压缩工段联系，停止送气，迅速关闭补气阀，按紧急停车步骤停循环机（如电加热器在使用时须先停用）。

② 迅速关闭合成塔进气主阀、冷副线阀和各冷激阀。

③ 关闭氨分离器和冷交换热器放氨阀和氨冷器加氨阀。

④ 按短期停车方法处理。

3. 长期停车

① 停车前 2h 逐渐关小氨冷器加氨阀，直至关闭，氨冷器内的液氨在停车前应用完。

② 在压缩工段停止送气后，关闭补气阀，开启补气放空阀。

③ 放净氨分离器和冷交换器底部的液氨，并关闭其放氨阀。

④ 以 40℃/h 的降温速度逐步降低催化剂层温度，当温度降至 300℃ 时，让其自然降温。

⑤ 按正常停车步骤停循环机。

⑥ 关闭合成塔进气主阀和冷激阀及系统近路阀，关闭水冷却器冷却水阀。

⑦ 缓慢开启合成塔塔后放空阀，系统卸压后，在塔进出口处装上盲板，在塔进口取样管通 N_2，使塔内保持正压（如调换电炉丝或塔内件时则不保压，但需先用 N_2 置换合格）。

⑧ 拆开有关法兰，用蒸汽进行系统（合成塔除外）置换，直至合格。氨冷器及气氨管线的抽真空和空气置换可与冷冻工段互相配合，同时进行，直至合格。要求与冷冻工段相同。

（三）原始开车

1. 开车前的准备

对照图纸，检查和验收系统内所有设备、管道、阀门、分析取样点及电器、仪表等，必须正常完好。

2. 单体试车

① 合成塔内件空气气密性试验（以换热器为列管式的内件塔外气密性试验为例）。

内件的中心管用特制闷头螺帽（内衬橡皮）将其盲死；气体进口处用专用工具将其密封。在冷副线线管上接上送气管，并装好放空管，使内件逐渐升压当压力升至 0.8MPa 时，停止送气，保压 2h，压力不下降为合格，试验合格后卸压。

② 冷交换器内件空气气密性试验。参照合成塔内件空气气密性试验方法进行空气气密性试验，直至合格，试验压力控制在 0.80MPa。

③ 循环机单体试车合格。

④ 电加热器塔外通电试验合格。

3. 系统吹净

（1）吹净前的准备

① 按流程，依次拆开各设备和主要阀门的有关法兰，并插入挡板。

② 开启各设备的放空阀，排污阀及导淋阀；拆除分析取样阀、压力表阀及液位计的气、液相阀。

③ 人工清理合成塔外筒内壁后，进、出口处装好盲板。

（2）吹净操作

① 高压系统吹净（合成塔除外）。

a. 与压缩工段联系送入空气（系统压力不大于 2.00MPa，冷交换器管内外压差不大于 0.80MPa），按气体流程逐台设备、逐段管道吹净（不得跨越设备、管道、阀门及工段间的连接管道）。放空、排污、分析取样及仪表管线同时进行吹净，吹净时用木槌轻击外壁，调节流量，时大时小，反复多次，直到吹出气体清净为合格，吹净过程中每吹完一部分后，随即抽掉有关挡板，并装好有关阀门及法兰，注意严禁用手在法兰拆开处挡试吹出污物。

b. 吹净流程。

顺流程顺序：

醇烃化工段来气→导入阀（补气阀）→新鲜气油分离器→新鲜气氨冷器→冷交换器（管内）→合成塔一进阀前法兰拆开处吹出

逆流程顺序：

醇烃化工段来气→导入阀（补气阀）→新鲜气油分离器→新鲜气氨冷器→冷交换器（管间）→油分离器→氨分离器→水冷器→水加热器→热交换器→废热锅炉→合成塔二出

系统近路：

冷交换器（管间）→系统近路管→水冷却器→冷交换器→氨冷器法兰拆开处吹出

② 低压系统吹净。

a. 液氨设备及管线吹净，高压系统吹净后，由放氨阀导入空气，控制压力在 0.20～0.30MPa，逐台设备、逐段管道进行吹净，直至合格。

b. 氨冷器及气氨管线吹净。与冷冻工段联系送空气，（0.20～0.30MPa）逐台设备、逐段管道进行吹净，直至合格。

4. 系统气密性试验

（1）高压系统空气气密性试验（合成塔除外）

① 关闭各放空阀，放氨阀、排污阀、导淋阀及分析取样阀；开启循环机进出口阀及回路阀。

② 与压缩工段联系送气，开启补气阀和系统近路阀，分三级升压（最大压力不大于 0.10MPa）。

③ 对设备、管道、阀门、法兰、分析取样点和仪表等接口处及所有焊缝，涂肥皂水进行查漏，做好标记；卸压处理，直至无泄露，保压 10min，压力不下降为合格。

（2）低压系统空气气密性试验

① 液氨设备及管线空气气密性试验，由放氨阀导入空气，控制压力在 1.6MPa，用上述同样方法进行气密性试验，直至合格，同时检查调整安全阀，工作性能必须正常，高、低压系统气密性试验合格后，全系统卸压，拆除合成塔进、出口处盲板，装好法兰。

② 氨冷器及气氨管线空气气密性试验。与冷冻工段联系送气，升压至 0.35MPa，用上述同样方法进行气密性试验，直至合格。

5. 装填催化剂

按技术部门出台的催化剂装填方案执行。

6. 系统惰性气体或氮气置换及真空试验

（1）高压系统置换

开补气阀，送惰性气体或氮气进行置换，先开启塔前放空阀，放空 5～10min，关闭塔前放空阀，然后开启塔后放空阀，稍放一下，关闭塔后放空阀，再开启循环机进口阀、回路阀和放空阀，置换 2～3min，关闭循环机放空阀，让系统充压，再由塔后放空、充压、排气，反复数次，取样分析，直至氧气含量小于 0.2％为合格。

（2）液氨设备及管线置换

由放氨阀导入惰性气体或氮气，参照上述方法进行置换，直至合格，然后再用氨置换合格。

置换过程中，要注意观察放空气体，如发现放空气中有雾滴，应将雾滴全部吹净。

（3）氨冷器及气氨管线真空试验

气密性试验合格后，与冷冻工段互相配合，同时进行真空试验，直至合格，要求与冷冻工段相同。

7. 高压系统铜洗气气密性试验

与压缩工段联系送铜洗气，进气、放空反复置换几分钟后，取样分析。待放空气成分接近铜洗气成分后，关闭各放空阀、放氨阀、排污阀。分级升压至 10.00MPa，进行气密性试验。涂肥皂水进行查漏（合成塔电加热器接头应用滑石粉试漏）。无泄漏后，再分两级升压至工作压力。升压过程中发现泄漏，记上标记，卸压处理。并再次升压，最后升压至工作压力，保压 20min，压力不下降为合格，开启塔后放空阀卸压。然后进行升温还原。

8. 催化剂升温还原及注意事项

按技术部门出台的升温还原方案执行。

五、正常生产中的操作要点

1. 催化剂层热点温度的控制

根据合成塔进口气体成分及生产负荷的变化，及时调节合成塔各段冷激阀、循环机回路阀及系统近路阀，稳定催化剂层热点温度，温度波动范围应控制在±5℃以内，当发现催化剂层温度猛降时，应立即判明原因，采取相应措施，如改变气量，停止补气，加强放氨及启用电加热器等方法进行调节。

2. 氨冷器温度的调节

及时调整氨冷器液位和液氨蒸发压力，控制好氨冷温度，以降低合成塔进口气体中的氨含量，并严防氨冷器中的液氨带入氨压缩机。

3. 循环气量及循环气中甲烷含量的控制

① 根据催化剂活性及生产负荷的大小，并考虑产量与动力消耗的关系，来确定合理的循环气流量及循环气中甲烷的含量，以达到最好的经济效果。

② 如果氢氮比较长时间不合格，或循环气中甲烷含量高而引起系统压力超指标时，除要求造气工段调整氢氮比外，可稍开合成塔后放空阀，使系统压力控制在指标范围内。

4. 防止跑气和漏气

① 氨分离器及冷交换热器底部放氨时，应严防高压气体窜入液氨储槽。

② 经常检查透平循环机运行情况。

六、不正常现象分析及事故处理

1. 催化剂床层温度突然升高

原因：补充气量突然增加；循环气量突然减少；进塔气体成分迅速转好；操作不当或调

节不及时。

处理方法：当电炉送电操作时，应减小电炉接点或切电；适当关小循环机回路阀或系统近路阀，加大循环流量。当循环机出现故障时，倒用备用循环机；开大合成塔冷副阀，但应注意调节幅度不要过大，以免产生过冷和骤热的温度急剧变化而损坏内件；必要时适当关小合成塔主阀，但注意开度不能过小，以保证有足够流量，避免塔壁和塔出温度超温。

2. 循环气氢氮比过大或过低

判断方法：合成循环气氢氮比自动分析仪是否显示；氢氮比低则循环机电流高，系统压差大；氢氮比高则循环机电流低。

处理方法：关小冷副阀，减小循环量。若温度已下降，则应降压，开电炉升温；通知造气调整氢氮比，待气体有变化时，开塔前或塔后放空缓缓排放循环气进行置换，并在操作上逐渐加大循环量，防止温度猛升。

3. 补充气中 CO 和 CO_2 含量高

判断方法：精炼气微量 CO、CO_2 自动分析仪可明确显示；催化剂发生中毒时，首先表现出催化剂床层的中上层温度下降，而热点温度则略有升高，并且热点温度开始下移，压力也随之升高，如不及时处理，当热点移至最后一点时，就会造成催化剂床层温度下降事故。

处理方法：立即关闭补充气进口阀，打开补充气放空阀，进行放空；迅速关闭合成塔冷副阀和减小循环气量；根据情况可以开用电炉来提升温度；待气体成分合格，催化剂床层温度正常后逐渐加量，恢复生产。

4. 合成塔进口气体带液氨

判断方法：液氨带入合成塔的特征是催化剂床层入口温度下降，进口氨含量猛升，催化剂上层温度急降，系统压力迅速升高；冷交换器液位过高。

处理方法：迅速放低冷交换器的液位，如果液位计有故障应及时疏通；关闭合成塔冷副线阀，减小循环气量，以抑制温度下降。如果温度已降至反应点以下，可停止补气降压送电升温；温度回升正常时，应逐步加大循环量，防止温度猛升。一般带液氨故障消除后，温度恢复较快，要提前加以控制。

5. 催化剂床层同平面温差大

原因：内件安装不正，催化剂装填不均匀，松紧不一，气体发生"偏流"现象，易造成局部催化剂过热而烧坏或局部催化剂还原不彻底；内件损坏内部泄漏，使泄漏一边的催化剂床层温度偏低，造成同平面温差大；热电偶插入深度不准或温度线材料不统一；热电偶外套管漏气。

处理方法：核准热电偶插入深度，统一温度线材料；降温、降压、再升温，缩小同平面温差；操作上力求稳定，少用副线，适当控制空速，尽量减少温度和压力波动；如果调节无效且此种现象又在逐渐扩大时，则必须停车检修或更换内件。

6. 合成塔塔壁温度过高

原因：循环量太小，合成塔冷副线阀开度过大或塔主阀开度过小，使大量气体经冷气管越过换热器直接进入中心管，而通过内件与外筒体的环隙间气量减小，对外壁的冷却作用减弱；内件损坏，气体走近路，使流经内件与外筒间的气量减小；内件安装与外筒体不同心或内件弯曲变形，使外筒与内件之间环隙不均匀；内件保温不良或保温层损坏，散热太多；突然停电停车时塔内反应热带不出去，环隙间冷气层不流动，辐射穿透使壁温升高。

处理方法：尽量加大循环气量，关小塔冷副线阀或开大塔主阀；停车检修，校正内外筒环隙，重整内件保温，必要时更换内件；减少停电次数，停电时加强对壁温的监测，超温严重时要卸压降温。

7. 合成塔进口气体氨含量高

原因：冷交换器的热交换器部分内漏，含氨高的管内气体漏入分离液氨后去合成塔的气体中；冷交换器的氨分离器部分损坏，或油污堵塞造成氨分离效率低，或液位控制过高气体带液氨，使合成塔进口气体氨含量上升；氨冷凝温度高，影响气氨冷凝为液氨，使合成塔进口气体氨含量上升。

处理方法：检修冷交换器；加强冷交换器排油，必要时停车热洗；降低氨冷凝温度。

8. 合成塔电炉丝烧坏

（1）原因

① 电炉丝设计安装存在缺陷：（A）电炉丝过长，膨胀间隙不够，在升温过程中，受热伸长，造成短路而烧坏；（B）电炉丝材质差，高温时烧坏；（C）电炉丝安装不在中心易碰中心管壁；绝缘瓷环固定不好，气流冲击易短路；

② 循环气量不足，电炉产生的热量不能及时移走，以致电炉丝温度过高而烧坏：（A）操作错误；（B）循环机跳闸或活门坏，打气量显著减少而未能及时停用电炉或减少电炉接点；

③ 电炉短路后由于电阻减小，使电流增大，发热量也随之增大，当超过额定值时，使电炉丝熔断而烧坏：（A）操作不当造成合成塔气体倒流，使催化剂细粉堆积在电炉瓷环上，使电炉短路；（B）雨雪时，电炉设备保护不好被淋湿，引起短路；（C）当铜液进入合成塔后，由于铜离子被氢还原成铜，堆积在绝缘处而短路；（D）油分离器分离效果差，油污带入合成塔，在高温下，分解为碳粒堆积在绝缘处，造成短路；（E）电炉绝缘云母片破损，造成绝缘不良而短路。

（2）避免电炉烧坏的注意事项

① 严格按规范设计安装电炉丝；

② 开用电炉前应请电工检查绝缘，绝缘不合格，不能强行使用；

③ 正常掌握开停电炉操作步骤，严格执行先开循环机后开电炉，先停电炉后停循环机的操作要点；

④ 开用电炉时密切注意循环流量计的指示变化，确保循环流量在安全气量范围内，发现异常及时调节；

⑤ 严禁气体倒流，严禁铜液、油污等异物带入合成塔；

⑥ 搞好电炉的雨雪防护措施；

⑦ 使用电炉时要注意电流和电压变化情况，并作详细记录，发现异常情况，应立即切断电源检查原因。

9. 催化剂床层温度测不准

（1）原因

① 塔内测温外套管破裂，使冷气不断从内外套管间隙漏入塔内，使测得温度偏低；

② 测温内套管中有水分，当温度升到100℃时水分受热汽化，蒸汽沿测温套管上升遇冷又凝结成水，沿测温套管下流经高温又汽化，造成热电偶短路，使温度指示读数经常指示在95~100℃而失灵；

③ 测温线材料不合格，安装时出现短路现象和测温计失灵等原因均能造成催化剂床层温度测不准的现象。

（2）处理方法

① 如测温外套管破裂，可停车检修。也可暂参照其他指示正常的温度点维持操作；

② 温度计内套管安装前，应用无水酒精洗净，可避免上述现象的出现，如果内套管有水分而使温度失灵应及时检查，并采取热电偶和温度计套管的干燥措施；

③ 安装热电偶前要按要点认真校线；安装中要认真检查，严防出现短路现象，测温计失灵要及时查明原因，进行修理。

10. 合成塔塔顶着火与爆炸

（1）原因

① 当塔顶出现泄漏现象时，高压气体从小缝隙漏出，在漏的过程中产生摩擦，造成该处局部高温，加上摩擦产生静电作用，使漏出的可燃气体在空气中着火；

② 气体外漏时又使用电炉，外漏气体遇高温电极杆受热起火，或遇电极杆因绝缘不良产生火花引起着火；

③ 当测温热电偶不正常，使其抽出进行检查时，外漏气体遇到高温测温线（约 400℃）也会着火；

④ 当电极杆与小盖绝缘不良并送电时，易发生电极杆与小盖间密封部分被击穿，同时发生着火；

⑤ 在打开小盖前，如果合成塔未用惰性气体置换，由于松开小盖螺栓后塔顶有爆炸性气体存在，当用铁棒撬小封头时，会因催化剂粉飞出被氧化着火造成爆炸。

（2）处理方法

① 当发生塔顶着火时应先停用电炉后，再用二氧化碳钢瓶或干粉灭火剂灭火，如不能熄灭，则应切断气源，自塔后放空卸压，降低塔内压力，同时用二氧化碳灭火剂灭火，如果是大盖和筒体法兰之间漏气，在稍降压力后可用蒸汽吹灭，灭火后再停车进行处理，若仍不能熄灭或控制不住火源，火有扩大的危险，按紧急停车处理，放空降压时，泄压点要避开着火点，以免火势扩大；

② 经常检查塔顶易于漏气部分的泄漏情况，如有漏气现象，要及时采取措施；

③ 严格禁止电炉绝缘不良和塔顶漏气时开用电炉；

④ 合成塔小盖拆卸前，要按要点进行合成催化剂床层降温和用惰性气体置换合格，并将系统压力降至常压。

11. 氨合成系统压差过大

（1）原因

① 合成塔阻力大：（A）合成催化剂因高温或高压结块引起阻力逐渐增大；（B）卸装催化剂时底部不锈钢丝网损坏，催化剂颗粒掉入换热器，引起堵塞；或填装的催化剂粒度过小或填装量过多，引起阻力大；（C）内件安装同心度不符合要求，使内件套筒间隙不均匀；或内件保温损坏，保温材料堵塞气道，造成阻力增大；（D）内件设计、制作缺陷，造成阻力大；

② 循环气预热器阻力大；

③ 油分离器填料被油污堵塞，阻力增大；

④ 氨冷凝器阻力大；

⑤ 冷交换器及部分管线阻力大；

⑥ 铜液带入合成系统，使系统阻力增大。

（2）处理方法

① 对合成塔引起的压差大要查明原因，更换催化剂或内件，或重新调整内外筒间隙，或修复内件保温；

② 循环器预热器引起的阻力，停车检修清理内件异物；

③ 对于冷交换器、油水分离器、氨冷凝器及管道堵塞等原因造成的阻力大，停车用蒸汽热洗或热煮，以清除系统结晶、油污及铜液等。

12. 氨冷凝器出口气体温度高

（1）原因

① 水冷器出口气体温度升高或气量加大，增加了氨冷凝器的负荷；

② 氨冷凝器的液位过低或气氨压力升高，影响氨冷凝器效率；

③ 液氨纯度低，含水分较多；

④ 氨冷凝器盘管表面有油污。

（2）处理方法

① 提高水冷器的降温效率，减轻氨冷凝器负荷；

② 维持氨冷凝器的正常液位，以充分利用其传热面积，但液位也不能过高，以防带液；

③ 联系冰机岗位降低氨冷凝器蒸发压力；

④ 经常排油排水，以提高氨冷凝器中的液氨纯度；

⑤ 充分利用检修机会，热洗氨冷凝器，清除盘管壁上的油污，以提高其传热系数。

13. 循环机输气量突然减少

（1）原因

① 循环机回路阀内漏，使部分出口高压气返回进口，使汽缸温度升高，输气量降低；

② 汽缸进出口活门或活塞环损坏，造成输气量减少；

③ 循环机填料函漏气和缸套磨损，汽缸余隙过大使输气量减少；

④ 循环机皮带打滑，使循环机转速下降，造成输气量下降。

（2）处理方法

① 倒用备用循环机生产；

② 查明事故原因，视情况更换回路阀，检修循环机，更换或拉紧循环机皮带。

14. 氨合成塔催化剂中毒原因

① 氧。它是通过在活性中心上的吸附而使催化剂 α-Fe 氧化成氧化物，而此氧化物在合成气中可以还原再生成铁，这就会引起催化剂反复的氧化还原。这一过程导致铁晶粒的重结晶，由于这种晶粒的不可逆长大，将使催化剂活性逐渐下降。因此氧中毒为强暂时性中毒和弱永久性中毒。

② 水蒸气含量。水蒸气的作用和 O_2 类似。

③ 二氧化碳。它和催化剂中存在的 K_2O 发生化学反应，并和氨作用形成氨基甲酸铵或碳酸氢铵等盐类，这将造成设备和管道的堵塞。它还通过发生甲烷化反应（$CO_2 + 4H_2 \Longrightarrow CH_4 + 2H_2O$）耗氢而转化成甲烷和水蒸气，而水蒸气又是毒物。

④ 一氧化碳。它是氨合成气中最易存在的毒物，危害性也较大。其通过甲烷化反应（$CO + 3H_2 \Longrightarrow CH_4 + H_2O$）耗氢而转化成甲烷和水蒸气，而 H_2O 又是毒物。部分 CO 又稳定吸附在活性中心，降低了催化剂的活性。

⑤ 乙炔和不饱和烃。它们的反应和 CO 相同，只是 C_2H_2 转化成乙烯、乙烷而不是甲烷。

⑥ 润滑油。它部分裂解生成胶质膜覆盖在催化剂表面上，使催化剂发生物理性中毒。若润滑油中含有硫，则还会发生硫中毒。

⑦ 硫、磷、氯等毒物。它们均能使催化剂永久性中毒。小氮肥厂主要是硫中毒，硫积累在催化剂中，含量达到 0.1% 就会导致催化剂活性明显下降。催化剂严重硫中毒时，热点

迅速下移，甚至需被迫更换催化剂。

15. 软水加热器高压气窜入水系统

（1）危害

软水加热器高压气窜入水系统危害极大，轻者造成热软水泵抽空。重者使热脱盐水系统及相关设备管线发生爆炸，给生命和财产造成损失。

（2）原因

① 脱盐水质量不合格，含氧和其他杂质超标，加速了软水加热器设备的化学腐蚀和电化学腐蚀，使设备过早损坏，造成内漏；

② 合成系统开车时，软水加热器未及时送水，当软水加热器温度升高后再送脱盐水，因温度骤然变化，使软水加热器损坏；

③ 循环热水控制温度过高，产生汽化腐蚀，损坏软水加热器。

（3）避免措施

① 严格脱盐水质量管理，确保脱盐水中溶解氧和其他杂质指标达到工艺指标要求范围内；

② 严格执行合成系统开停车要点，开车时先送脱盐水后送气升温；停车时，合成塔催化剂降温结束后再停送脱盐水；

③ 严格将循环水温度控制在适宜范围，严防汽化腐蚀现象出现；

④ 加强设备检测，确保在用设备完好；

⑤ 确保热脱盐水系统的安全阀或防爆板处于完好状态。

第六节　氨库岗位

一、任务

将合成送过来的液氨储存在球罐内，同时保存一定的液位和压力供尿素使用，弛放气送至等压回收塔进行回收。

二、设备性能

年产 12×10^4 t 合成氨的设备性能。公称容积 400m³；设计压力 2.5MPa；工作温度 $-15 \sim 50℃$；直径 9.2m；壁厚 40mm。

三、正常操作要点

① 观察各球罐的温度、压力、液位，并及时调整。

② 确保往尿素送氨的压力的稳定。

③ 及时与合成、尿素、冷冻岗位联系，保证合成放氨、尿素用氨、弛放气压力的稳定。

④ 定时排油，以防液氨带油。

⑤ 巡回检查。

a. 根据操作记录表，按时记录及检查。

b. 每 15min 检查一次系统各点的压力、温度、液位。

c. 1h 检查一次系统的跑、冒、滴、漏情况。

d. 各球罐每班排油一次。

⑥ 倒罐操作。倒罐是指合成放氨罐与尿素用氨罐的相互倒用。倒罐操作如下：首先

打开合成放氨罐的出口阀供尿素使用，并查看其液位高度及其温度，同时关闭尿素用氨罐的出口阀。然后打开尿素用氨罐的进口阀供合成放氨使用，同时关闭合成放氨阀的进口阀。

倒罐时应注意如下几点。

a. 倒换阀门时应注意输氨管线的压力变化，防止阀门倒错或阀头脱落，将压力憋高；

b. 倒罐应分步进行，倒换阀门要迅速、准确，否则会影响到合成排氨和尿素正常生产；

c. 要定期排油，防止液位计因油污产生假液位或模糊不清，造成计量不准，影响正常操作。

第七节　氨的合成工艺计算

一、氨合成催化剂还原时理论出水量的计算

设催化剂总量为 m kg，其中 Fe^{2+} 所占的百分数为 a，Fe^{3+} 所占的百分数为 b，由方程式可知，FeO 还原时理论出水量为

$$FeO + H_2 \Longrightarrow Fe + H_2O - Q$$
$$Fe_2O_3 + 3H_2 \Longrightarrow 2Fe + 3H_2O - Q$$

$$\frac{w(H_2O)}{w(Fe)} \times a \times m$$

Fe_2O_3 还原时的理论出水量为

$$\frac{3w(H_2O)}{2w(Fe)} \times b \times m$$

则总水方程为

$$m \times \left[\frac{w(H_2O)}{w(Fe)} \times a + \frac{3w(H_2O)}{2w(Fe)} \times b \right]$$

【例 7-1】　铁催化剂总量为 2000kg，其中 $m(Fe^{2+})/m(Fe^{3+})$ 为 0.62，总铁（Fe^{2+} ＋ Fe^{3+}）含量为 67.85%，计算理论出水量是多少？

解　由 $m(Fe^{2+})/m(Fe^{3+}) = 0.62$

$m(Fe^{2+}) + m(Fe^{3+}) = 67.85\%$　可得：$m(Fe^{2+}) = 0.2597$　$m(Fe^{3+}) = 0.4188$

故总出水量为　$2000 \times \left(\frac{18}{55.85} \times 0.2597 + \frac{3 \times 18}{2 \times 55.85} \times 0.4188 \right) = 576$ kg

如果已知催化剂中 FeO 和 Fe_2O_3 的质量百分数，则总理论出水量计算方法如下

$$\frac{w(H_2O)}{w(FeO)} = \frac{18}{72} = \frac{1}{4}$$

$$\frac{3w(H_2O)}{w(Fe_2O_3)} = \frac{54}{160} = \frac{27}{80}$$

$$总理论出水量 = m \left[w(FeO) \times \frac{1}{4} + w(Fe_2O_3) \times \frac{27}{80} \right]$$

二、氨合成系统的工艺计算

1. 生产控制指标的计算

(1) 氨净值

$$氨净值 = K_1 - K_2$$

式中　K_1——出塔气中氨的含量，%；

K_2——进塔气中氨的含量，%。

【例 7-2】 合成塔入口气体氨含量为 3％，出口气体氨含量为 14％，求氨净值。

解   氨净值＝14％－3％＝11％

在实际生产中，一般循环气中每增加 1％的氨，所放出的反应热可使气体温度升高 15℃左右，所以氨净值可用下面的经验公式来计算：

$$氨净值 \approx \frac{t_{出} - t_{进}}{15} \times 100\%$$

式中 $t_{出}$——合成塔出口气体温度，℃；

　　　　$t_{进}$——合成塔进口气体温度，℃。

【例 7-3】 合成塔入口气体温度为 40℃，出口气体温度为 190℃，求氨净值。

解 $$氨净值 \approx \frac{190 - 40}{15} \times 100\% = 10\%$$

必须指出：只有在氨合成反应后的高温气体，在塔内只用来加热循环，而没有与其他物体进行换热的情况下，才是适用的，否则是不适用的。

（2）氨产量

$$q_m = \frac{0.758 q_{V入}(K_1 - K_2)}{1 + K_1}$$

$$q_m = \frac{0.758 VW(K_1 - K_2)}{1 + K_1}$$

式中 q_m——氨产量，kg/h；

　　$q_{V入}$——入塔循环气量，m³/h；

　　　V——催化剂体积，m³；

　　　W——空间速度，m³/(m³·h)；

　　　K_1——出塔气中氨含量，％；

　　　K_2——进塔气中氨含量，％；

　0.758——氨的密度，kg/m³。

【例 7-4】 合成塔入口气体氨含量为 3％，出口气体氨含量为 13％，塔入口循环气量 79100m³/h，求氨产量。

解 $$q_m = \frac{0.758 \times 79100 \times (0.13 - 0.03)}{1 + 0.13} = 5306 \text{kg/h}$$

（3）空间速度

$$W = \frac{q_m(1 + K_1)}{0.758 V(K_1 - K_2)}$$

$$W = \frac{新鲜气 + 循环气}{V}$$

式中，（新鲜气＋循环气）一般为合成塔主线流量与副线流量之和。

【例 7-5】 合成塔氨产量为 1000kg/h，催化剂体积为 0.46m³，出塔气体氨含量 12％，进塔气体氨含量 2％，求空间速度。

解 $$W = \frac{1000 \times (1 + 0.12)}{0.758 \times 0.46 \times (0.12 - 0.02)} = 32100 \text{m}^3/(\text{m}^3 \cdot \text{h})$$

（4）合成率

合成率＝转化为氨的氢氮混合气量/进塔气体中的氢氮混合气量

按照合成率的定义，严格的计算方法应根据物料衡算的结果，将转化为氨的氢氮量与入塔氢氮量相比，一般近似计算可采用下式：

$$合成率 = \frac{2(a-b)}{a(2-b)} \times 100\%$$

$$合成率 = \frac{2(K_1-K_2)}{(1-K_2-K_3)(1+K_1)} \times 100\%$$

式中　a——入塔气体中氢和氮的含量，%；

b——出塔气体中氢和氮的含量，%；

K_1——出塔气体中氨的含量，%；

K_2——入塔气体中氨的含量，%；

K_3——进塔气体中惰性气体含量，%。

【例 7-6】 合成塔进口气体中氢和氮的含量为 82%，出塔气体中氢和氮的含量为 66%，求合成率。

解　　　　$$合成率 = \frac{2(0.82-0.66)}{0.82 \times (2-0.66)} \times 100\% = 29.1\%$$

【例 7-7】 合成塔气体中氨的含量为 2%，出塔气体中氨的含量为 13%，惰性气体含量为 12%，求合成率。

解　　　　$$合成率 = \frac{2(0.13-0.02)}{(1-0.02-0.12)(1+0.13)} \times 100\% = 22.6\%$$

(5) 合成塔进口氨含量

$$y_{NH_3} = \frac{p_{NH_3}}{p_{进}+1} \times 2 \times 100\%$$

$$\lg y_{NH_3} = 4.1856 + \frac{5.9879}{\sqrt{p}} - \frac{1099.5}{273+t}$$

式中　y_{NH_3}——进口氨含量，%；

p_{NH_3}——氨的饱和蒸气压，atm；

$p_{进}$——进塔气体压力，atm（表压）；

t——循环气冷凝分离时的温度，℃。

【例 7-8】 氨冷器后气体温度为 3℃，气体中氨的饱和蒸汽压力为 0.5MPa，进塔气体压力为 29.9MPa，求合成塔进口气中氨含量。

解　　　　$$y_{NH_3} = \frac{5}{299+1} \times 2 \times 100\% = 3.33\%$$

【例 7-9】 合成系统压力为 30MPa（表压），氨冷器出口循环气的温度为 −10℃，经分离器后进入氨合成塔，求合成塔进口氨含量。

解　　　　$$\lg y_{NH_3} = 4.1856 + \frac{5.9879}{\sqrt{300}} - \frac{1099.5}{273-10} = 0.3507$$

$$y_{NH_3} = 2.24\%$$

(6) 出合成塔气体量

$$q_V = q_{V1} - q_{V2}$$

式中　q_V——出合成塔气量，m^3/h；

q_{V1}——进合成塔气量，m^3/h；

q_{V2}——合成的氨量，$m^3\ NH_3/h$。

【例 7-10】 合成塔氨产量为 15000kg/d，催化剂装填量为 0.43m^3，空间速度为 25000$m^3/(m^3 \cdot h)$，求出塔气量。

解　进塔气量：25000×0.43＝10750m^3/h

每小时氨产量：$15000 \times 22.4/24 \times 17 = 824 \text{m}^3/\text{h}$

则出塔气量：$10750 - 824 = 9924 \text{m}^3/\text{h}$

（7）合成塔催化剂利用系数

$$催化剂利用系数 = \frac{日产量 \times 产品氨纯度}{催化剂体积}$$

【例 7-11】 合成塔日产氨 25000kg，产品氨纯度为 99.8%，催化剂体积为 0.46m³，求催化剂利用系数。

解 催化剂利用系数 $= \dfrac{25000 \times 99.8\%}{0.46} = 54.2 \times 10^3 \text{kg}/(\text{m}^3 \cdot \text{d})$

（8）惰性气体循环气放空量

① 每小时循环气放空量

$$q_{V放空} = \frac{q_{V新鲜} \times y_{新鲜}}{y_{放空}}$$

式中　$q_{V放空}$——放空气体的体积（包括漏气），m^3/h；

$\quad q_{V新鲜}$——新鲜气的体积，m^3/h；

$\quad y_{放空}$——放空气中惰性气体含量，%；

$\quad y_{新鲜}$——新鲜气中惰性气体含量，%。

② 每生产 1000kg 氨循环气放空量

$$X \cdot x_1 = Y \cdot x_2$$

$$X = 1000 \times \frac{22.4}{17} \times 2 + 2x_3 Y + x_4 Y$$

式中　　　X——制 1000kg100%氨消耗的新鲜气量，$\text{m}^3/1000\text{kgNH}_3$；

$\quad\quad\quad Y$——制 1000kg100%氨在合成系统总的排放量，$\text{m}^3/1000\text{kgNH}_3$；

$\quad\quad\quad x_1$——新鲜气中惰性气体含量，%；

$\quad\quad\quad x_2$——放空气中惰性气体平均含量，%；

$\quad\quad\quad x_3$——放空气中氨平均含量，%；

$\quad\quad\quad x_4$——放空气中氢、氮、甲烷和氩的总含量，%；

$1000 \times \dfrac{22.4}{17} \times 2$——制取 1000kg，100%氨需氢氮气的理论数，$\text{m}^3/1000\text{kgNH}_3$。

【例 7-12】 新鲜气中惰性气体含量 1%，放空气中平均含惰性气体 15%，含氨 8%，求每生产 1t 100%NH₃ 需排放的气量。

解 已知：$x_1 = 1\%$，$x_2 = 15\%$，$x_3 = 8\%$。$x_4 = 92\%$，代入方程组

$$X \times 0.01 = Y \times 0.05$$

$$X = 1000 \times \frac{22.4}{17} \times 2 + 2 \times 0.08Y + 0.92Y$$

解得　$X = 2840 \text{m}^3/1000\text{kg} \cdot \text{NH}_3$，$Y = 189 \text{m}^3/1000\text{kgNH}_3$

（9）氨分离器分离效率

$$分离效率 = \frac{K_1(1-K_2) - K_3(1-K_1)}{K_1(1-K_2) - K_3(1-K_1)}$$

式中　K_1——出塔气体含氨量，%；

$\quad K_2$——出冷凝器含氨量，%；

$\quad K_3$——氨分离器出口含氨量，%。

2. 物料衡算和热量衡算（见图 7-2）

已知条件

氨产量：	7580kg/h
催化剂体积：	2.8m³
水冷器进口气体温度：	220℃
水冷器出口气体温度：	35.3℃
水冷器操作压力：	29.6MPa
冷却水：	进口 28℃，出口 42℃

气体成分

成　　分	$\varphi(H_2)$/%	$\varphi(N_2)$/%	$\varphi(CH_4)$/%	$\varphi(Ar)$/%	$\varphi(NH_3)$/%
合成塔入口	61.5	20.4	8.4	6.5	3.2
合成塔出口					15.7
新鲜气	74.2	24.69	0.63	0.48	

（1）物料衡算

① 合成塔物料衡算。

氨产量：$7580kg/h=446kmol/h=9990m^3/h$

空速：$\dfrac{(1+0.157)\times 7580}{0.758\times(0.157-0.032)\times 2.8}=33057m^3/h$

a. 进塔气

$$33057\times 2.8=92560m^3/h=4132.1kmol/h$$

其中

H_2：$4132.1\times 0.615=2541.2kmol/h=56924m^3/h$

N_2：$4132.1\times 0.204=843kmol/h=18882m^3/h$

CH_4：$4132.1\times 0.084=347kmol/h=7775m^3/h$

Ar：$4132.1\times 0.065=268.6kmol/h=6017m^3/h$

NH_3：$4132.1\times 0.032=132.2kmol/h=2962m^3/h$

b. 出塔气

氨合成反应式 $\dfrac{3}{2}H_2+\dfrac{1}{2}N_2 \Longrightarrow NH_3$

进塔气体组成表

组　　成	含　量/%	物质的量/kmol	体　积/m³
H_2	61.5	2541.2	56924
N_2	20.4	843	18882
CH_4	8.4	347	7775
Ar	6.5	268.6	6017
NH_3	3.2	132.2	2962
总计	100	4132.1	92560

消耗 H_2：$446\times 3/2=669kmol/h=14986m^3/h$（放空及弛放气中氨不计）

消耗 N_2：$446\times 1/2=223kmol/h=4995m^3/h$

剩余 H_2：$2541.2-669=1872.2kmol/h=41937m^3/h$

剩余 N_2：$843-223=620kmol/h=13888m^3/h$

NH_3：$132.2+446=578.2kmol/h=12952m^3/h$

出塔气体组分表如下

组　成	含　量/%	物质的量/kmol	体　积/m³
H_2	50.8	1872.2	41937
N_2	16.8	620	13888
CH_4	9.4	347.1	7775
Ar	7.3	268.6	6017
NH_3	15.7	578.2	12952
总计	100	3686.1	82596

② 水冷器物料衡算。

a. 进气：82596m³/h（组分见出塔气）。

b. 氨冷凝量：压力是29.2MPa，温度35.3℃，可求得 $\varphi(NH_3)=9.3\%$

$$氨冷凝量=\frac{82596\times(0.157-0.093)}{(1-0.093)}=5826m^3/h=260kmol/h$$

氨冷凝量占总量：58.3%

冷凝以后气体成分

组　成	含　量/%	物质的量/kmol	体　积/m³
H_2	54.7	1872.2	41937
N_2	18.1	620	13888
CH_4	10.1	347.1	7775
Ar	7.8	268.6	6017
NH_3	9.3	318.2	7128
总计	100	3426.1	76745

③ 液氨中的溶解气量。

根据水冷凝温度查得常压下每吨氨中 H_2、N_2、CH_4、Ar 的溶解度为 0.112m³、0.126m³、0.392m³、0.161m³ 所以溶解量为

H_2：297（压力）×0.547×0.112×4.42（液氨量）＝80m³/h＝3.6kmol/h

N_2：297×0.181×0.126×4.42＝30m³/h＝1.34kmol/h

CH_4：297×0.101×0.392×4.42＝52m³/h＝2.3kmol/h

Ar：297×0.078×0.161×4.42＝16.5m³/h＝0.74kmol/h

溶解气组分如下表

组　成	含　量/%	物质的量/kmol	体　积/m³
H_2	44.9	3.6	80
N_2	16.7	1.34	30
CH_4	29	2.3	52
Ar	9.4	0.74	17
总计	100	7.98	179

④ 氨分离器出口气。

假设冷凝液氨在这里全部分离。

气量：76745－179＝76566m³/h

氨分离器出口气体成分

组　　成	含　量/%	物质的量/kmol	体　积/m³
H₂	54.7	1868.6	41857
N₂	18.1	618.6	13858
CH₄	10.1	344.8	7724
Ar	7.8	267.9	6000
NH₃	9.3	318.2	7128
总计	100	3418.1	765.67

（2）水冷器热量衡算

a. 入热。

进气量为 82569m³/h，压力 29.7MPa，温度 220℃，含 NH₃ 为 15.7%，气体的比热容 $C_p = 32.3$ kJ/(kmol·℃)。

$$Q_1 = \frac{82596}{22.4} \times 32.3 \times 220 = 2.62 \times 10^7 \text{kJ/h}$$

分离液氨 4420kg，放出冷凝热，液氨在此温度下放出冷凝热为 1195.5kJ/kg 氨。

$$Q_2 = 4420 \times 1195.5 = 4.93 \times 10^6 \text{kJ/h}$$

b. 出热。

出气量为 76745Jm³/h，压力为 29.9MPa，温度 35.3℃，含 NH₃ 为 9.3%，气体的比热容 $C_p = 34.44$ kJ/(kmol·℃)。

$$Q_3 = \frac{76745}{22.4} \times 35.5 \times 34.44 = 4.18 \times 10^6 \text{kJ/h}$$

$$Q_4 = 冷却水移去的热量$$

c. 热量平衡。　$Q_4 = Q_1 + Q_2 - Q_3 = 2.688 \times 10^7 \text{kJ/h}$

水冷器的平均温差：

$$\Delta t = \frac{(220-42)-(35.3-28)}{2.3\lg\dfrac{220-42}{35.3-28}} = \frac{170.7}{3.98} = 42.8℃$$

水冷器的传热面积：$F = 338\text{m}^2$

根据传热方程式 $Q = KF\Delta t$，所以求得水冷凝器的总传热系数为

$$K = Q/F\Delta t = 2.688 \times 10^7 / 338 \times 42.8 = 1860 \text{kJ/(h·m}^2\text{·℃)}$$

用水量

$$\frac{2.688 \times 10^7}{4.2 \times (42-28) \times 1000} = 460 \times 10^3 \text{kg/h （不考虑自然风热扩散）}$$

每吨氨用水：

$$460/7.58 = 60.7 \text{kg/kgNH}_3$$

3. 冷冻系数

理论冷冻系数可由下式计算：

$$\varepsilon = \frac{Q_1}{A\tau} = \frac{Q_1}{Q_2 - Q_1} = \frac{T_1}{T_2 - T_1}$$

式中　Q_1——冷冻剂从被冷物料取出的热量，kJ；

$\quad Q_2$——冷冻剂冷凝时传给冷却水的热量，kJ；

$\quad \tau$——冰机消耗的机械功，kgf·m；

$\quad A$——热功当量，等于 1/98.1，kJ/(kgf·m)；

T_1——冷冻剂吸收热量时的温度，即氨冷器工作温度，K；

T_2——冷冻剂放出热量时的温度，即水冷器工作温度，K。

【例 7-13】 有一台理想情况下工作的氨压缩机，蒸发温度－10℃，冷凝温度为 20℃，求冷冻系数。若蒸发温度降到－15℃，其他条件不变，问机械功的消耗增加多少？

解
$$\varepsilon_1 = \frac{T_1}{T_2 - T_1} = \frac{-10+273}{(20+273)-(-10+273)} = 8.67$$

当蒸发温度降到－15℃时，冷冻系数为

$$\varepsilon_2 = \frac{-15+273}{(20+273)-(-15+273)} = 7.4$$

$$\frac{\varepsilon_1}{\varepsilon_2} = \frac{8.76}{7.4} = 1.18$$

因此，机械功的消耗增加了 18%。

复 习 题

1. 氢氮比如何调节？

2. 画出合成塔工艺流程图？

3. 画出合成塔内件结构示意图？并说明气体流向？

4. 合成塔催化剂有哪些主要成分？各起什么作用？

5. 催化剂还原出水量如何计算？

6. 合成塔催化剂层温度突然下降，有可能是哪些因素？

7. 合成塔压力升高有哪些原因？

8. 合成塔什么情况下由主线阀调节温度？当副线阀全开后，主线阀为什么不能全关死？

9. 系统近路、循环机近路、五个放空点各在何处？

10. 已知合成塔入口氨含量为 3%，出口为 16%，求氨净值及出口温度（进口温度为 20℃）？

11. 合成塔催化剂装填量为 10t，催化剂的铁比值 $w(Fe^{2+})/w(Fe^{3+})=0.6$，总铁含量为 68%，求理论出水量？

12. 合成塔空速是如何影响合成塔生产的？

第八章 合成氨厂水处理

第一节 水的软化及脱盐

合成氨生产中，水的主要作用如下。

① 作为冷却介质，用于冷却降温。

② 生产蒸汽，用与变换、造气、脱碳、尿素等。

③ 配制生产所需要的溶液，如脱硫溶液、铜液等。

水来源于江、河、湖泊等地面水源及井、泉等地下水源。

一、水的分布

水是地球上分布最广的自然资源之一，也是人类环境的一个重要组成部分。它是以气、液、固三种聚集状态存在。地球上水的总量约有 1.4×10^{19} m^3。如果全部平铺在地球表面上，水层高达 3000m。海洋聚集着大量的水，占地球总量的 97.2%，它覆盖地球表面 70% 以上。大地上面到处分布着江河湖泊沼泽，其水量约为 2.3×10^{16} m^3，除去一些咸水湖和含盐量特别高的内陆河水外，淡水约占一半，即 1.15×10^{16} m^3。地下水量估计有 8.4×10^{16} m^3，除此外，高山和永冻区存有巨大的冰山和冰雪，其总量约是 29.2×10^{16} m^3，是陆地水量最多的一种，约占陆地总水量的 73%。除此之外，在空气还流动着大量的蒸汽和云，在动植物及矿石中也还有不少水分地球上各水体的分布比例见表 8-1。

表 8-1 地球上各水体的分布比例

性质	水 体	质量分数/%	备 注	
咸水	海水及海冰	97.957	地球上最大的水体	
淡水	冰川	1.641	冰封在极地及高山,利用不便	
	地下水	0.365	人类最主要的用水	可灌溉及饮用的水不到 0.5%
	河水与湖水	0.036	含量约地下水的 1/10	
	大气中的水汽	0.001	含量极少,但对天气变化影响甚大	

二、水中杂质及危害性

1. 悬浮物质

主要是悬浮在水中的泥土和沙等较大的颗粒,此外还有原生动物、藻类和细菌等微生物。泥沙能使水浑浊并堵塞设备。微生物能使水产生色度和臭味;冷却水中的微生物能使水变质,并附着在设备上,降低热效率,腐蚀设备。由原水通过自然沉淀可得到工业水。

2. 胶体物质

主要是硅、铁、铝的化合物和一些有机化合物。呈较小的微粒状悬浮在水中。这些物质能使水浑浊,并沉积在设备上,降低传热效率。有机物并能使水起泡。

水的浑浊程度一般用浊度表示。浊度表示 1L 水中所含杂质的毫克数,浊度为 1 的水表示 1L 水中含杂质量为 1mg。原水通过自然沉淀再经过混凝和沉淀即得到工业用水。

3. 溶解在水中的气体

溶解在水中的气体主要为氧气、二氧化碳及氮气，在特殊情况下也有硫化氢等其他气体，其中氧和二氧化碳等气体能腐蚀设备。例如，当水中含有氧时，与钢材接触能发生下列反应

$$Fe + \frac{1}{2}O_2 + H_2O \Longrightarrow Fe(OH)_2 \qquad (8-1)$$

$$2Fe(OH)_2 + \frac{1}{2}O_2 + H_2O \Longrightarrow 2Fe(OH)_3 \downarrow \qquad (8-2)$$

结果铁形成疏松多孔的氢氧化铁沉淀，使钢材腐蚀。温度越低、水中溶解的氧量越大，对钢材腐蚀也越严重，因此高压锅炉水中要求不含氧。二氧化碳溶解在水中生成碳酸，使水显酸性，故钢材受到 H^+ 的腐蚀。

4. 溶解在水中的盐类

溶解在水中的盐类主要为氯化物、硫酸盐、碳酸盐等，基本上在水中以离子形式存在。水中含量较多的六种离子是：Ca^{2+}、Mg^{2+}、Na^+ 三种阳离子，HCO_3^-、SO_4^{2-}、Cl^- 三种阴离子。另外还含有少量 Fe^{2+} 和 SiO_3^{2-}（硅酸根）。

三、水的硬度

1. 硬度

在工业用水方面，可溶性盐中 Ca^{2+}、Mg^{2+} 对水质的影响最大。含有 Ca^{2+}、Mg^{2+} 的水，叫做具有"硬度"的水。当它们的含量较多时，就叫做硬水；把不含 Ca^{2+}、Mg^{2+} 的水或者含量较少的水叫做软水。

当水沸腾时，水中的 $Ca(HCO_3)_2$ 及 $Mg(HCO_3)_2$，分解生成溶解度很小的 $CaCO_3$ 及 $Mg(OH)_2$ 沉淀而除去，反应式为

$$Ca(HCO_3)_2 \Longrightarrow CaCO_3 \downarrow + CO_2 \uparrow + H_2O \qquad (8-3)$$

$$Mg(HCO_3)_2 \Longrightarrow Mg(OH)_2 \downarrow + 2CO_2 \uparrow \qquad (8-4)$$

故由于 $Ca(HCO_3)_2$、$Mg(HCO_3)_2$ 的存在所产生的硬度称为暂时硬度。当水沸腾时，其他钙盐和镁盐（硫酸盐、氯化物、硅酸盐、碳酸盐等）仍然存留在水中，由于它们的存在所产生的硬度称为永久硬度，它和水中 Ca^{2+}、Mg^{2+} 含量的总和叫做水的总硬度。总硬度等于暂时硬度和永久硬度之和。

2. 水的纯度

蒸馏水是比较纯的水，但其中还含有 $3\sim20mg/L$ 的溶解离子。有些工业部门要求纯度更高的水，溶解离子浓度一般小于 $3mg/L$。对于这些高纯度的水。很难用质量分析的方法测定溶解离子的量，因此一般不用溶解离子的质量浓度表示它们的纯度，常用水的电阻值表示。水质越纯，水中的离子越少，导电能力越差，电阻也就越大。

目前规定将断面为 $1cm \times 1cm$、长为 $1cm$ 的体积的水所具有的电阻称为电阻率，单位为 $\Omega \cdot cm$。电阻率用导电仪测量，水的电阻和水的温度有关。在 $20℃$ 时，纯水电阻率的极限值是 $2.5 \times 10^7 \Omega \cdot cm$。

电阻率的倒数叫电导率，有些工厂也用电导率表示水的纯度，单位为 $\mu S/cm$。纯水的电导率很小。所以用 $10^{-6}S/cm$ 做单位，通常习惯上简写 $\mu S/cm$。当电阻率为 $2.5 \times 10^7 \Omega \cdot cm$ 时。电导率为 $0.04 \mu S/cm$。

3. 可溶性盐的危害性

含可溶性盐的水用于冷却时，不仅产生污垢、降低传热效率，严重时将造成堵塞，并能

腐蚀设备，引起穿漏事故。用于发生蒸汽时，水中的盐会在锅炉内壁形成水垢，使热效率和蒸汽发生量下降，影响生产。水垢太厚时能引起锅炉管壁局部过热而变形，严重时能引起爆炸事故。当蒸汽作为汽轮机动力时，由于水中含有盐。蒸汽中也含有盐，SiO_2 等杂质随蒸汽带到汽轮机内，沉积在叶片上，使叶轮失去平衡而发生振动。因此，应根据水的不同用途，对水进行净化，以便满足生产上对水质的要求。

四、水中杂质的清除方法

（一）悬浮物和胶体的清除

水中颗粒较大的泥沙等悬浮物靠重力沉淀就可以除去，这种方法叫做自然沉淀。工业上的水处理一般是指对经过自然沉淀后的水的处理。水中胶体颗粒及颗粒较小的固体悬浮物都不能靠自然沉淀除掉。胶体粒子带有电荷，由于许多胶体粒子都带同种电荷，互相排斥，并且胶体粒子不断运动（布朗运动）故胶体粒子能长期悬浮在水中。

除去水中胶体粒子及其他微小悬浮物质的方法是在水中加入混凝剂，使胶体及其他细小微粒互相吸附结成较大的颗粒，从水中沉淀出来，这种方法称为混凝沉淀法。其中加混凝剂结成大颗粒的过程叫混凝或凝聚。混凝沉淀法一般可以把水的浊度降到 20mg/L 以下。

常用的混凝剂有硫酸铝、碱式氯化铝、硫酸亚铁、氯化铁等。混凝剂的加入量一般为 6～100mg/L。

在水中加入硫酸铝后，生成絮状的氢氧化铝沉淀方程式为

$$Al_2(SO_4)_3 + 3Ca(HCO_3)_2 =\!=\!= 3CaSO_4 + 2Al(OH)_3\downarrow + 6CO_2\uparrow \qquad (8-5)$$

硫酸铝在水中所产生的带电离子能与胶体粒子所带的异性电荷中和，因而使胶体粒子很快地相互凝聚，与氢氧化铝一同沉淀。

在水中加入硫酸亚铁、氯化铁等铁盐后生成 $Fe(OH)_3$，与胶体粒子一同沉降。为了加大凝絮的粒度和密度，在混凝过程还要加入助凝剂。常用的助凝剂有黏土、矾土、水玻璃、石灰等。

经过上述混凝沉淀处理后的水，再经石英砂或无烟煤过滤器过滤后，可以把水的浊度降到 5mg/L 以下。

（二）杀菌除藻

目前杀菌除藻的方法主要是向水中加入氯气。氯在水中生成次氯酸。

$$Cl_2 + H_2O =\!=\!= HCl + HClO \qquad (8-6)$$

次氯酸分子通过细菌的细胞壁进入体内。发生氧化作用，使细菌死亡，同时能防止藻类生长。氯气的杀菌能力强，作用快，一般使水中残余的氯量保持在 0.2～1mg/L 即可。次氯酸不稳定，当水的 pH 大于 7 时逐渐离解为没有杀菌能力的 ClO^-（次氯酸根）。所以在加氯时应将水的 pH 控制在 5.5～6.5。

（三）软化和除盐

减少或者完全除去水中钙离子和镁离子的过程称为水的软化。而减少或者除去水中所有阳离子和阴离子的过程称为除盐。除盐过程必然减少了钙离子、镁离子，起了软化作用，软化处理一般不一定能减少水中的含盐量。

1. 水的软化

① 加热法。将水加热到 100～105℃，使 $Ca(HCO_3)_2$、$Mg(HCO_3)_2$ 转变为溶解度很小的 $CaCO_3$ 和 $Mg(OH)_2$ 沉淀，除去水中一部分钙离子、镁离子，使水得到一定程度的软化。

但这种加热处理的过程比较缓慢。而且仅能除去水的暂时硬度，故未得到广泛的应用。

② 石灰纯碱法。是用石灰乳和纯碱的混合溶液作软化剂。将石灰乳加入水中后，能除去暂时硬度、镁盐、二氧化碳等，其反应为

$$CO_2 + Ca(OH)_2 \Longrightarrow CaCO_3 \downarrow + H_2O \tag{8-7}$$

$$Ca(HCO_3)_2 + Ca(OH)_2 \Longrightarrow 2CaCO_3 \downarrow + 2H_2O \tag{8-8}$$

$$Mg(HCO_3)_2 + 2Ca(OH)_2 \Longrightarrow Mg(OH)_2 \downarrow + 2CaCO_3 \downarrow + 2H_2O \tag{8-9}$$

$$MgSO_4 + Ca(OH)_2 \Longrightarrow Mg(OH)_2 \downarrow + CaSO_4 \tag{8-10}$$

$$MgCl_2 + Ca(OH)_2 \Longrightarrow Mg(OH)_2 \downarrow + CaCl_2 \tag{8-11}$$

纯碱能消除水的永久硬度及部分暂时硬度

$$CaSO_4 + Na_2CO_3 \Longrightarrow CaCO_3 \downarrow + Na_2SO_4 \tag{8-12}$$

$$CaCl_2 + Na_2CO_3 \Longrightarrow CaCO_3 \downarrow + 2NaCl \tag{8-13}$$

$$MgSO_4 + Na_2CO_3 \Longrightarrow MgCO_3 \downarrow + Na_2SO_4 \tag{8-14}$$

$$MgCl_2 + Na_2CO_3 \Longrightarrow MgCO_3 \downarrow + 2NaCl \tag{8-15}$$

$$Ca(HCO_3)_2 + Na_2CO_3 \Longrightarrow CaCO_3 \downarrow + 2NaHCO_3 \tag{8-16}$$

$$Mg(HCO_3)_2 + Na_2CO_3 \Longrightarrow MgCO_3 \downarrow + 2NaHCO_3 \tag{8-17}$$

$$MgCO_3 + H_2O \Longrightarrow Mg(OH)_2 + CO_2 \uparrow \tag{8-18}$$

水中的胶体物质对 $CaCO_3$、$Mg(OH)_2$ 的结晶过程有阻碍作用，所以在软化的同时要加入混凝剂进行混凝，以便除去胶体物质。常用的混凝剂为硫酸亚铁、白矾等。

软化的方法是在水中加入石灰乳和纯碱进行反应，再加入混凝剂，在澄清池中除去所产生的沉淀，然后再经过滤除去小颗粒的沉淀，即得到软化水。

由于 $CaCO_3$ 和 $Mg(OH)_2$ 具有一定的溶解度，所以经石灰纯碱软化后，水里仍有少量 Ca^{2+} 和 Mg^{2+}，即存在一定的残余硬度。此外，水经软化后 Na^+ 增加。

2. 脱盐

除盐是除去水中所有阳离子和阴离子，得到高纯度的水。目前除盐的方法。主要有离子交换法和反渗透法。

（1）离子交换法

离子交换法除盐是先用阳离子交换树脂除去水中所有阳离子，再用阴离子交换树脂除去水中所有阴离子。

离子交换法是用离子交换剂除去水中可溶性盐类。阳离子交换剂包括天然沸石、离子交换树脂和磺化煤等，常用的为离子交换树脂和磺化煤。水的软化是利用阳离子交换剂和水中的 Ca^{2+}、Mg^{2+} 发生交换，使水软化。

离子交换树脂是一类高分子有机化合物，常用的有苯乙烯型、丙烯酸和酚醛型等。可分为阳离子交换树脂和阴离子交换树脂两种，阳离子交换树脂中的活性基团为磺酸基（—SO_3H）或羧基（—$COOH$）。活性基团为磺酸基的称为强酸性阳离子交换树脂，活性基团为羧基的称为弱酸性阳离子交换树脂，它们都可离解出 H^+，并与水中的阳离子进行交换，即 H^+ 是阳离子交换树脂中可交换的阳离子，称为氢型，可用 RH 表示。若把氢型阳离子交换树脂中的氢离子换成钠离子，则称为钠型阳离子交换树脂，用 RNa 表示。氢型和钠型都能用于水的软水，但常用的为钠型。

磺化煤是烟煤经过浓硫酸处理而制成的，为阳离子交换剂，也可用 RH 表示。将氢离子换成钠离子后即成钠型。磺化煤的交换原理与阳离子交换树脂类似。

用钠型阳离子交换剂除去钙硬度的软化过程为

$$2RNa+Ca(HCO_3)_2 =\!\!=\!\!= 2NaHCO_3+R_2Ca \qquad (8-19)$$

$$2RNa+CaSO_4 =\!\!=\!\!= Na_2SO_4+R_2Ca \qquad (8-20)$$

$$2RNa+CaCl_2 =\!\!=\!\!= 2NaCl+R_2Ca \qquad (8-21)$$

镁硬度的软化过程可以仿照上面的过程类推。

用钠型阳离子交换剂软化的结果是水里每一个 Ca^{2+} 和 Mg^{2+} 都换成两个 Na^+，而水中阴离子成分不变，软化后水的碱度不发生变化。在软化过程中，RNa 中的 Na^+ 全部换成 Ca^{2+} 和 Mg^{2+} 后，就失去了软化水的能力，需进行再生，重新换成钠型，即可循环使用。再生的方法是用 $5\%\sim10\%$ 的食盐水溶液洗涤使用过的交换剂，使 Na^+ 和 Ca^{2+} （Mg^{2+} 类推）发生交换：

$$R_2Ca+2NaCl =\!\!=\!\!= 2RNa+CaCl_2 \qquad (8-22)$$

再生过程是软化过程的逆过程，因为食盐水溶液中 Na^+ 浓度很高，所以溶液中的 Na^+ 可将交换剂中 Ca^{2+} 置换下来。

用氢型阳离子交换剂软化水的过程（以钙硬度为例）如下

$$2RH+Ca(HCO_3)_2 =\!\!=\!\!= R_2Ca+2H_2CO_3 \qquad (8-23)$$

$$2RH+CaSO_4 =\!\!=\!\!= R_2Ca+H_2SO_4 \qquad (8-24)$$

$$2RH+CaCl_2 =\!\!=\!\!= R_2Ca+2HCl \qquad (8-25)$$

$$RH+NaCl =\!\!=\!\!= RNa+HCl \qquad (8-26)$$

在软化过程中 H^+ 与 H_2O 中原有的阴离子结合变成酸，因此软化后的水呈酸性。除酸的办法是首先在脱气塔中将 H_2CO_3 分解为 CO_2 和 H_2O 除掉，然后再加入 NaOH 中和水中的 H_2SO_4 和 HCl。

当 RH 中 H^+ 全部被 Ca^{2+} 和 Mg^{2+} 置换以后，便失去了软化水的能力，需再生后重新使用。

再生的方法是用 $1.5\%\sim5\%$ 的硫酸溶液洗涤已用过的交换剂，用 H^+ 把交换剂中的 Ca^{2+}（Mg^{2+} 类似）置换出来：

$$R_2Ca+H_2SO_4 =\!\!=\!\!= 2RH+CaSO_4 \qquad (8-27)$$

（2）离子交换器

离子交换过程是在离子交换器中进行。离子交换器分为固定式（床）和连续式（床）两大类。

固定式离子交换器是目前使用最广泛的一种装置，为一圆柱形钢制容器，器内装填离子交换剂，原水从上部进入，交换后的水由底部流出。再生时从顶部加入再生剂，从底部排出。在交换器内水或再生剂不断流动，而离子交换剂则处于静止状态。

连续式离子交换器是在固定式基础上发展起来的新工艺，又可分为移动床和流动床。

移动床的操作过程是：原水由下部进入交换器，自下而上流经阳离子交换剂。软水从上部排出。软化一定时间（一般为 $45\sim60min$）后，停止软化，将交换器底部一部分失效的交换剂送至再生器中进行再生，同时从清洗塔向交换器上部补充相同数量已还原、清洗的交换剂。在再生器中再生后的交换剂进入清洗塔，经软水清洗后加入交换器上部，重新使用。移动床的优点是软化与再生效果好，效率高。

流动床的操作过程是：原水自交换器下部连续进入交换器，在向上流动的过程与下落的离子交换剂进行交换，软水由顶部溢流堰连续排出。失去交换能力的离子交换剂能集存于再生器底部，用喷射泵连续送往再生器顶部，在下落的过程与向上流动的再生剂进行离子交换，获得再生。再生后的离子交换剂在清洗段被上流之清水清洗干净后，集存于再生器底部，然后依靠位差连续压入交换器顶部，在下落的过程与上流的原水进行离子交换。流动床具有连续性强，交换剂利用率高，再生剂用量少等优点。

除阳离子必须采用氢型阳离子交换树脂，其交换过程如前所述。经氢型树脂交换后的水呈酸性，pH 小于 4.6，并且其中含有大量碳酸。如果大量碳酸进入阴离子交换树脂，则水中 HCO_3^- 增加了阴离子交换树脂负荷，缩短了运行周期，增加了水净化的成本。因此，应经过脱气塔除去 CO_2，这一过程称为脱碳。脱碳是将水喷入装有填料的脱气塔，并从底部鼓入空气。由于在 pH$<$4.6 的条件下，碳酸极不稳定，按下式分解：

$$H_2CO_3 \rightleftharpoons H_2O + CO_2 \uparrow \tag{8-28}$$

故当水与 CO_2 含量很小的空气接触时，水中的 CO_2 便扩散到空气中被排入大气，达到脱碳的目的。经过脱碳后的水，残余的 CO_2 一般只有 $(5\sim10)\times10^{-6}$mg/L。再经阴离子交换树脂除去剩余的阴离子。

阴离子交换树脂是能与水中阴离子进行交换的一类树脂，可分为强碱性和弱碱性两种。在除盐时，所用的阴离子交换树脂的交换离子为 OH^-，一般用 ROH 表示，通常称为羟型阴树脂。

经过氢型阳离子交换树脂除去阳离子的水，再经过羟型阴离子交换树脂时将发生如下反应

$$2ROH + H_2SO_4 \Longrightarrow R_2SO_4 + 2H_2O \tag{8-29}$$

$$ROH + HCl \Longrightarrow RCl + H_2O \tag{8-30}$$

$$2ROH + H_2CO_3 \Longrightarrow R_2CO_3 + 2H_2O \tag{8-31}$$

$$ROH + H_2SiO_3 \Longrightarrow RHSiO_3 + H_2O \tag{8-32}$$

反应后得到含杂质极微的纯水，含盐量小于 10mg/L，电导率为 $3\sim10\mu S$/cm，呈中性，pH 在 7 左右。

当 ROH 中的 OH^- 基本上被水中的阴离子置换以后，便失去了交换能力，就需要进行再生，恢复交换能力，以便循环使用。再生的方法是用浓度 1.5%$\sim$4% 的 NaOH 溶液洗涤失去交换能力的阴离子交换树脂。发生如下反应

$$R_2SO_4 + 2NaOH \Longrightarrow 2ROH + Na_2SO_4 \tag{8-33}$$

$$RCl + NaOH \Longrightarrow ROH + NaCl \tag{8-34}$$

$$R_2CO_3 + 2NaOH \Longrightarrow 2ROH + Na_2CO_3 \tag{8-35}$$

$$RHCO_3 + NaOH \Longrightarrow ROH + NaHCO_3 \tag{8-36}$$

$$RHSiO_3 + NaOH \Longrightarrow ROH + NaHSiO_3 \tag{8-37}$$

装填阳离子交换树脂的离子交换器，通常称为阳床；装填阴离子交换树脂的离子交换器称为阴床；若将阴离子交换树脂和阳离子交换树脂混合均匀，装填在一个交换器内，称为混合床。含盐的水通过混合床时，可以同时除去水中的阳离子和阴离子，得到不含盐的高纯度的水。混床再生时，利用阳离子交换树脂的密度比阴离子交换树脂大的特点，先用水反洗，使其分成两层，然后分别用酸、碱再生。

在现代工业中，为了得到高纯度的水，经过氢型阳树脂和羟型阴树脂处理后的净化水，再经过混合床，除去其中残余的微量的盐，得到不含盐的、电导率小于 $0.5\mu S$/cm 的高纯水。这一过程通常称为净化水的精制。

3. 反渗透技术基础

(1) 膜分离过程

反渗透、超滤、电渗析、渗析、微孔过滤等统称为膜分离法。该法是指在某一驱动力的

作用下，利用特定膜的透过性能，实现分离水中离子、分子或胶体的目的。膜分离法的驱动力可以是膜两侧的压力差、电位差或浓度差。这种分离法可在室温、无相变条件下进行，具有广泛的适用性。

膜的种类	膜的功能	分离驱动力	透过物质	被截留物质
微滤	多孔膜、溶液的微滤、脱微粒子	压力差	水、溶剂和溶解物	悬浮物、细菌类、微粒子
超滤	脱除溶液中的胶体、各类大分子	压力差	溶剂、离子和小分子	蛋白质、各类酶、细菌、病毒、乳胶、微粒子
反渗透和纳滤	脱除溶液中的盐类及低分子物	压力差	水、溶剂	无机盐、糖类、氨基酸、BOD、COD 等
透析	脱除溶液中的盐类及低分子物	浓度差	离子、低分子物、酸、碱	无机盐、糖类、氨基酸、BOD、COD 等
电渗析	脱除溶液中的离子	电位差	离子	无机、有机离子
渗透汽化	溶液中的低分子及溶剂间的分离	压力差、浓度差	蒸汽	液体、无机盐、乙醇溶液
气体分离	气体、气体与蒸汽分离	浓度差	易透过气体	不易透过气体

（2）按孔径分类的分离膜

微孔滤膜的孔径范围从 $0.02\sim10\mu m$ 之间。

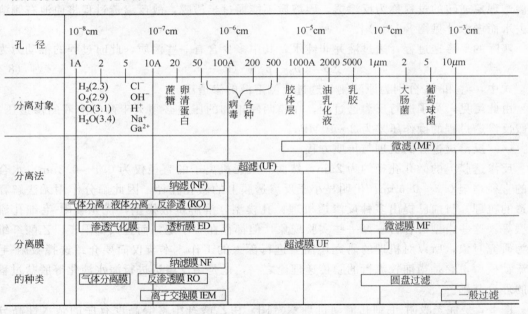

反渗透是利用反渗透膜选择性地只透过溶剂（通常是水）的性质，对溶液施加压力克服溶剂的渗透压，使溶剂从溶液中透过反渗透膜而分离出来的过程。

反渗透膜能截留水中的各种无机离子、胶体物质和大分子溶质，从而取得纯水。也可用于大分子有机物溶液的预浓缩。由于反渗透过程简单，能耗低，已经大规模应用于海水和苦咸水淡化，锅炉用水软化的废水处理，并与离子交换结合制取高纯水。目前其应用范围正在扩大，开始用于乳品、果汁的浓缩以及生化和生物制剂的分离和浓缩。

（3）反渗透膜工作原理

渗透是由于化学位梯度存在而引起的自发扩散现象，如图 8-1（a）所示。

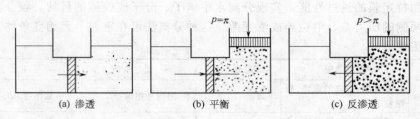

图 8-1 渗透、平衡与反渗透

在左右半池分别放置纯水和盐水溶液，中间被只能透过纯水的半透膜隔开。在一定温度和压力下，设纯水的化学位为 $\mu_{(T,p_1)}^0$，则盐溶液中水的化学位

$$\mu_{(T,p_1)} = \mu_{(T,p_1)}^0 + RT\ln a \tag{8-38}$$

式中，a 为溶液中水的活度，纯水的 $a=1$，而溶液中 a 一般小于 1，即 $RT\ln a < 0$，故

$$\mu_{(T,p_1)} = \mu_{(T,p_1)}^0 \tag{8-39}$$

由于纯水的化学位高于溶液中水的化学位，引起纯水向溶液方向渗透，并不断增加溶液侧的压力，这时溶液中水的化学位也随之增加。当溶液中水的化学位与纯水的化学位相等时，渗透达到动平衡状态［见图 8-1 (b)］此时膜两侧的压力差称之为渗透压，即 $p_2 - p_1 = \pi$。

如果在溶液上施加大于渗透压的压力，溶液中的水向纯水方向传递，这种在压力作用下使渗透现象逆转的过程称为反渗透。因溶质不能通过半透膜，故反渗透过程将使池右侧溶液失去水而增浓［见图 8-1 (c)］。

实际的反渗透过程，透过液并非纯水，其中多少含有一些溶质，此时过程的推动力为

$$\Delta p = (p_2 - p_1) - (\pi_2 - \pi_1) \tag{8-40}$$

式中，π_1 和 π_2 分别为原液侧与透过液侧溶液的渗透压。

由此可见，为了进行反渗透过程，在膜两侧施加的压差必须大于两侧溶液的渗透压差。一般反渗透过程的操作压差为 $2\sim10$MPa。

（4）反渗透过程的机理与传质方程

反渗透膜上的微孔孔径约为 2nm，然而一般无机离子的直径仅为 $0.1\sim0.3$nm，水合离子的直径增至 $0.3\sim0.6$nm，仍明显小于反渗透膜上的微孔孔径，因此筛分作用无法解释反渗透的机理。目前已提出多种反渗透机理：孔模型，溶解扩散模型，优先吸附-毛细孔流动模型等。这些模型可各自解释一些实验现象，但都存在着不足，而且大都限于以乙酸纤维素膜为研究对象，所以对机理的研究还需要进行深入的工作。本节仅简要介绍选择吸附-毛细孔流动模型，它是当前较流行的膜传递理论之一，也是用反渗透进行海水淡化等脱盐过程设计的理论基础。

图 8-2 是优先吸附-毛细孔流动机理示意图。由乙酸纤维素等高度有序的亲水性高分子材料制成的膜，与无机盐的稀水溶液接触时，水被优先吸附于膜的表面，形成纯水层。无机离子受到排斥，不能进入纯水层，离子的价数越高，受到的排斥力越强。乙酸纤维素膜表面吸附的纯水层，厚度约为 1nm。在外加压力的作用下，当膜表面的有效孔径等于或小于纯水层厚 t 的两倍时，透过的将是纯水，再大则溶质也将通过膜，孔径越大，离子泄漏越多。

因此，膜上毛细孔径为 2×10^{-8}cm 时能得到最大的纯水渗透量，这一孔径称为临界孔径。显然，膜表面的物理化学性质和合适的微孔孔径，是实现反渗透操作的必要条件。

通过膜的水的渗透通量表示为

$$J_w = A(\Delta p - \Delta\pi) \tag{8-41}$$

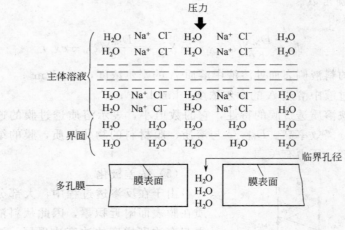

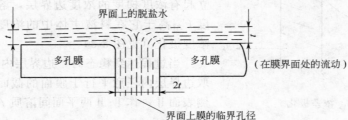

图 8-2　优先吸附毛细孔-毛细孔流模型

式中　J_w——水的渗透速率或渗透通量，$kmol/(m^2 \cdot s)$；

　　　Δp——膜两侧的压力差，Pa；

　　　$\Delta \pi$——膜两侧溶液的渗透压差，Pa；

　　　A——纯水的渗透系数，$kmol/(m^2 \cdot s \cdot Pa)$。

　　纯水的渗透系数反映了纯水透过膜的特性，它与膜材料和膜的结构形态以及操作温度和压力有关，可用纯水实验测定。

　　少量溶质通过膜的过程可看成是通过膜孔的分子扩散过程，溶质的渗透通量用下式表示

$$J_A = \frac{D_{MA}}{\delta}(C_{Mi}X_{MAi} - C_{M_2}X_{MA_2}) \tag{8-42}$$

式中　J_A——溶质 A 的渗透通量，$kmol/(m^2 \cdot s)$；

　　D_{MA}——溶质 A 在膜中的有效扩散系数，m^2/s；

　　　δ——膜厚，m；

　　C_{Mi}——膜的料液侧表面处膜中的总摩尔浓度，$kmol/m^3$；

　　C_{M_2}——膜的透过液侧表面处膜中的总摩尔浓度，$kmol/m^3$；

　　X_{MAi}——膜的料液侧表面处溶质 A 的摩尔分数；

　　X_{MA_2}——膜的透过液侧表面处溶质 A 的摩尔分数。

　　X_{MAi} 与 X_{MA_2} 分别与膜两侧表面处的溶液呈平衡。假设溶质在溶液与膜间的平衡关系呈线性，

$$cx_A = KX_{MA} \tag{8-43}$$

式中　c——溶液总浓度，$kmol/m^3$；

　　x_A——溶液中溶质 A 的摩尔分数；

K——相平衡常数。

代入平衡关系得

$$J_A = \frac{D_{MA}}{K\delta}(c_i X_{Ai} - c_2 X_{A_2}) = \frac{D_{MA}}{K\delta}(c_{Ai} - c_{A_2})$$ (8-44)

式中　c_{Ai}——膜的料液侧表面处溶液中溶质 A 的摩尔浓度，$kmol/m^3$；

c_{A_2}——透过液中溶质 A 的摩尔浓度，$kmol/m^3$；

D_{MA}/δ——反映溶质透过膜的特性，它的数值小，表示溶质透过膜的速率小，膜对溶质的分离效率高。D_{MA}/δ 与溶质、膜材料的物化性质，膜的结构形态以及操作温度、压力有关。

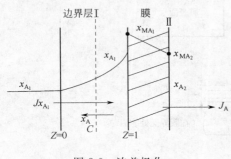

图 8-3　浓差极化

（5）浓差极化

由于在反渗透过程中，大部分溶质被截留，溶质在膜表面附近积累，因此从料液主体到膜表面建立起有浓度梯度的浓度边界层，溶质在膜表面的浓度 C_{Ai} 高于它在料液主体中的浓度，这种现象称为浓度极化（见图 8-3）。

当过程达到稳态时，边界层内的浓度分布一定，取边界层内任意平行于膜面的截面 Ⅰ 和膜的透过液侧表面 Ⅱ，作 Ⅰ-Ⅱ 两平面间溶质 A 的物料衡算

$$J x_{A_1} - D_{WA} c \frac{dx_A}{dZ} - J x_{A_2} = 0$$ (8-45)

式中　J——透过液的总渗透通量，$kmol/(m^2 \cdot s)$；

x_{A_1}, x_{A_2}——分别为截面 Ⅰ 与 Ⅱ 上溶质 A 的摩尔分数；

D_{WA}——溶质 A 在水中的扩散系数，m^2/s；

c——截面 Ⅰ 处料液的总摩尔浓度，$kmol/m^3$，可视为常数。

从 $Z=0$（$x_A = x_{A_1}$）到 $Z=j$（$x_A = x_{Ai}$）积分得

$$\ln \frac{x_{Ai} - x_{A_2}}{x_{A_1} - x_{A_2}} = \frac{J}{C} \frac{j}{D_{WA}} = \frac{J}{Ck}$$ (8-46)

或

$$\frac{x_{Ai} - x_{A_2}}{x_{A_1} - x_{A_2}} = \exp \frac{J}{Ck}$$ (8-47)

反渗透应该有较高的截留率，即 $x_{Ai} \gg x_{A_1} \gg x_{A_2}$，故上式可简化为

$$\frac{x_{Ai}}{x_{A_1}} = \exp \frac{J}{Ck}$$ (8-48)

x_{Ai}/x_{A_1} 称为浓差极化比，它表示浓差极化的大小，此值越大，表示膜表面处溶液浓度比主体浓度大得多，浓差极化严重。

根据上述描述反渗透过程的关系式，可分析出浓差极化对过程产生不利影响。

① 由于浓差极化，膜表面处溶液浓度升高，使溶液的渗透压升高，当操作压差一定时，过程的有效推动力下降，导致渗透通量下降。

② 随渗透通量增加，浓差极化比急剧增加，溶质的渗透通量也将增加，截留率降低。这就是说浓差极化的存在对渗透通量的增加提出了限制。

③ 膜表面处溶质浓度高于溶解度时，在膜表面上将形成沉淀，使透过膜的阻力增加，为避免出现结晶沉淀，料液主体浓度 x_{A_1} 不能高于一定值。因此海水用反渗透法淡化时，水的利用率受到了限制。

　　减轻浓差极化的有效途径是提高传质系数，采取的措施可以是：提高料液流速；增强料液的湍流程度；提高操作温度；对膜面进行定期清洗等。

　　反渗透过程的渗透通量主要与以下因素有关。

　　① 操作压差。压差越大，渗透通量越大，但浓差极化比增大，膜表面处溶液渗透压增高，造成推动力不能按相应的比例增大；另一方面，压差增加，能耗增大，并容易产生沉淀。故应权衡利弊，选择最佳的操作压力。

　　② 温度。温度升高，纯水透过系数增大，同时浓差极化比减小，膜表面处溶液渗透压降低，推动力增大，故渗透通量增大。但温度升高受膜的耐温性限制。

　　③ 料液流速。流速大，传质系数大，浓差极化比小，渗透通量大。

　　④ 料液的浓缩程度。浓缩程度高，水的回收率高。但渗透压高，有效压差小，渗透通量小。料液浓度高还会引起膜污染。

　　⑤ 膜材料与结构。这是决定膜渗透通量的基本因素。研究性能好的膜材料和制膜工艺是反渗透研究中的一个主要方向。

　　(6) 反渗透过程工艺流程

　　根据料液的情况，分离要求以及所有膜器一次分离的分离效率高低等不同，反渗透过程可以采用不同工艺流程。

　　图 8-4 是一级一段连续操作流程，料液一次通过膜件即为浓缩液而排出，这种流程水的利用率低。

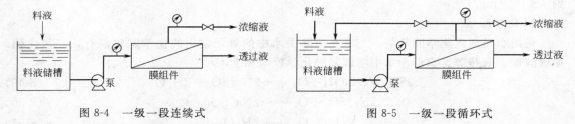

图 8-4　一级一段连续式　　　　　　　　　　　　图 8-5　一级一段循环式

　　为了提高料液的浓缩率，可以采用部分浓缩液循环的流程（见图 8-5）。此时经过膜组件的料液浓度高，在截留率保持不变的情况下，透过的水质有所下降。

　　为了提高料液的浓缩率，还可以采用多个膜组件串联操作的方法。图 8-6 为一级多段连续式流程。同理也可设计出一级多段循环式流程。另外还有多级式流程，不再赘述。

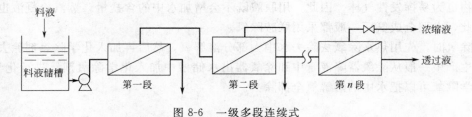

图 8-6　一级多段连续式

　　(7) 电渗析法

　　电渗析法是利用离子交换膜除盐的。离子交换膜是用离子交换树脂制成的。用阳离子交换树脂制成的膜称为阳膜，用阴离子交换树脂制成的膜称为阴膜。若将离子交换树脂放在含盐的水中，在直流电场的作用下，阳离子只能通过阳膜，阴离子只能通过阴膜。

　　在电渗析槽内交替的装有三块阴膜和三块阳膜，膜与膜之间构成 5 个室，分别用 1、2、

3、4、5表示。在槽内的两边分别装有正极板和负极板，正极板与相邻的阴膜构成阳极室，负极板与相邻的阳膜构成阴极室、在每个室内装有含盐的水。通电之前，每个室内正离子和负离子数量相等、而且分布均匀。若将极板和直流电源接通后，每个室的阳离子都是朝右边的负极运动，而阴离子都是向左边的正极运动，由于阳离子只能通过阳膜，阴离子只能通过阴膜，所以在1、3、5室中的阳离子向右边的负极运动时。通过阳膜进入2、4室和阴极室，而阴离子朝左边的正极运动时，通过阴膜进入阳极室、2室和4室。但在2、4室内。阳离子运动时碰到的是阴膜，阴离子运动时，碰到的是阳膜，都不能通过，碰壁后仍然留在原来的室内。结果1、3、5室的含盐量减少了，称为淡水室，得到除盐水。而2、4室含盐量增加了，称为浓水区，得到浓盐水。从两个极室得到的是含有杂质的极水。因此，含盐的水通过电渗析法处理以后，得到一部分除盐水。

五、除氧

1. 热力除氧

是根据氧气在水中溶解度随温度升高而减小的原理，将水加热至沸腾，氧不断从水中逸出，再将水面上产生的氧气排除，从而达到除氧的目的。

热力除氧是在除氧器内进行。将水从除氧器上部喷入器内，形成细雾或水滴，再从除氧器下部通入蒸汽加热，逸出的氧气和残余的蒸汽一起从除氧器顶部排入大气。除氧器的操作一般为 $0.12 \sim 0.17$MPa（绝压），温度为 $105 \sim 115$℃。经过热力除氧，可将水中的氧含量降到 7×10^{-9}mg/L。

2. 化学除氧

是给水里加入化学除氧剂，与氧反应除去水中的氧，常用的化学除氧剂有，二氧化硫、亚硫酸钠、联胺等。它们于水中溶解氧的化学反应如下

$$2SO_2 + 4NaOH + O_2 \Longrightarrow 2Na_2SO_4 + 2H_2O \tag{8-49}$$

$$2Na_2SO_3 + O_2 \Longrightarrow 2Na_2SO_4 \tag{8-50}$$

$$N_2H_4 + O_2 \Longrightarrow 2H_2O + N_2 \tag{8-51}$$

二氧化硫、亚硫酸钠与氧反应时生成硫酸钠，增加了水中的含盐量。同时亚硫酸钠在高温下能分解为 SO_2 被蒸汽带走。使蒸汽冷凝液呈酸性，腐蚀设备。而联胺与氧反应生成易挥发的氮气，同时联胺在高温下按下式分解。

$$2N_2H_4 \Longrightarrow H_2 + N_2 + 2NH_3 \tag{8-52}$$

产物也为易挥发性气体。因此，用联胺既不会增加水中的含盐量，蒸汽冷凝液也无腐蚀性。因此，大型合成氨厂一般都采用联胺除氧。

在除氧时，先用热水除氧法除去水中大部分溶解氧，然后再加入化学除氧剂除去残余的氧。在生产中一般从除氧器降液管中和除氧器出水储槽中加入化学除氧剂，进行化学除氧。经过化学除氧可以把水中的溶解氧全部除去。

第二节 水处理的操作

一、反渗透操作要点

1. 任务

原水经过细砂过滤器过滤，使水的污染指数降低至 4 以下，然后通过 5μm 保安过滤器

以防止杂物及大颗粒物体进入反渗透膜，水由高压泵将压力提升至 1.45MPa，进入反渗透装置，反渗透采用膜分离手段来除去水中的离子，有机物及微细悬浮物（细菌胶体微粒），以达到水的脱盐纯化目的。

2. 工作原理

在有盐分的水中，施以比自然渗透压力更大的压力，使渗透向相反方向进行，把原水中的水分子压到膜的另一边，变成洁净的水，从而达到除去水中盐分的目的，这就是反渗透除盐原理。

3. 工艺流程

原水经过细砂过滤器去除掉大部分的悬浮物后，再进入袋式过滤器进一步除去水中的细小颗粒，然后通过一个可更换滤芯的 $5\mu m$ 微过滤器，此过滤器能去除大多数颗粒特别细小的悬浮物，通过微过滤器的水经过高压泵加压后，将水送到并联的两套反渗透膜压力容器中，进水在压力容器内被反渗透膜分离，生成的产水送往脱盐水系统以供后工段使用，浓水进行第二次回收利用，用来反洗细砂过滤器。

4. 正常操作要点

（1）保证反渗透的运行周期和清洗质量

① 反渗透的进水应严格按照 SDI 值≤4 指标进行，这样才能保证反渗透的运行周期。

② 每一次停机都要用反渗透产水冲洗反渗透膜 15min，这样可保证附在膜表面的悬浮物被冲洗干净。

（2）保证反渗透出水量的质量和供应

① 随时掌握反渗透的出水情况，包括硬度、碱度、氯根等，并对原水的硬度随时掌握，以保证产水的脱盐率。

② 根据生产负荷变化，及时调节回收率，掌握好水质指标，以满足生产系统需要。

③ 随时掌握反渗透的进水压力、一段浓水压力、二段浓水压力的三个压力差，以保证反渗透的正常运行。

（3）巡回检查

① 根据仪表盘上所显示的各项指标，按时检查和记录。

② 掌握好过滤器的出水污染指数，使其控制在指标内，保证反渗透的进水要求。

③ 每 30min 检查一次系统各点的压力，电导率和流量。

④ 1h 检查一次产水泵的运行情况，保证产水泵的压力和电流在正常要求范围内。

⑤ 1h 检查一次阻垢剂药箱的药液情况，防止抽空药液。

⑥ 每班检查一次系统设备、管道等泄漏情况。

⑦ 每班检查一次已调节好的阀门是否有人开关。

5. 开、停车操作

（1）原始开车

① 开车前的准备

对照图纸检查和验收系统内所有设备、管道、阀门分析取样点及电器、仪表等，必须正常完好。

② 单体试车送水泵、清洗泵、冲洗泵试车合格。

③ 系统清洗

分别按产水，冲洗系统逐台设备，逐段管道清洗。排污分析取样及仪表管线同时进行清洗，清洗时间为 15min。

（2）正常开车

① 检查各设备、管道、阀门，分析取样点及电器、仪表等，必须正常完好。

② 检查系统内所有阀门的开、关位置，应符合开车要求。

③ 测定过滤器的出水 SDI 值<4，压力≥0.2MPa 时方可启动反渗透系统。

④ 与供水、供电部门及软水岗位联系，做好开车准备。

⑤ 检测游离氯≤0.1mg/L，水温 20～25℃（最佳），压缩空气≥0.5MPa。

二、脱盐水岗位操作

1. 任务

采用阴阳离子交换剂，去掉水中大部分的阴阳离子后，使 $H^+ + OH^- \Longleftrightarrow H_2O$，从而达到水的脱盐纯化目的。

2. 工艺流程

水处理方式采用：一次水→双层滤料机械过滤器→前置阳床→阳床→阴床→脱碳器→中间水箱→中间水泵→混床→除盐水箱→除盐水泵→供后工段使用。

3. 正常操作要点

（1）保证交换剂再生质量

交换剂的再生应按再生操作步骤进行，严格控制再生液的浓度和流速，以保证再生质量，使再生后的交换剂较完全地恢复交换能力。

（2）保证脱盐水的质量及供应

随时掌握经交换剂处理后的水质情况，及时进行交换剂的再生，以保证交换剂处理的水的质量。另处，根据生产负荷变化，及时调节脱盐水的产水量，以保证供应。

（3）离子交换器倒换操作

① 当在用交换器出水水质超过工艺指标时，启动备用交换器，并关闭其在用交换器。

② 根据在用交换器的出水水质，控制其在工艺指标范围内。

③ 同时，对停用的交换器进行再生。

（4）巡回检查

① 根据操作记录表，按时检查及记录。

② 1h 检查一次系统各点的压力和温度。

③ 每 30min 检查一次真空除气器、中间水箱液位计液位。

④ 1h 检查一次原水泵，循环水泵运转情况。

⑤ 每 8h 检查一次系统设备。

4. 水处理设备的运行操作

（1）水处理设备启动前的检查、准备工作。

① 过滤器、前置阳床、阳床、阴床、混床具备运行条件，所属各阀门处于关闭状态。

② 各压力表等具备使用条件。

③ 中间水泵、脱碳风机和除盐水池具备运行条件，脱碳器进水阀应开启，中间水池出口阀开启，除盐水池入口阀开启。

④ 检查水泵具备运行条件，入口阀处于开启状态。

（2）水处理设备的正常开车。

① 开启前置阳床进口阀和出口阀，再开启阳床进口阀和清洗排水阀（冲洗至阳床排水合格）。

② 开一次水。

③ 开阴床清洗出口阀和阴床进口阀，开启运行出口阀，关闭阳床清洗出口阀，清洗阴床出水合格，开启脱碳风机，向中间水箱供水。

④ 当中间水箱水位满时，开启混床入口阀及空气阀（至空气阀出水时关闭），开正洗排水阀，冲洗至混床出水合格，关正洗排水阀，开混床出口阀。

⑤ 操作完毕，应检查各床的压力，水质都正常后，方可连续运行。

（3）水处理设备的停运。

① 关一次水。

② 关上各个阀门。

③ 停中间水泵，再关混床阀门。

（4）当过滤器的浊度＞2mg/L 时或滤层压力降到容许极限 0.05MPa 时应及时反洗，减小阻力，保证出水合格。

① 反洗：打开反洗进水阀和反洗出口阀进行反洗，反洗至清为止。

② 正洗：打开正洗排水阀，关闭反洗入、出口阀，再打开正洗入口阀。

③ 冲洗时间以排水清为终点。

5. 前置阳床、阳床、阴床再生的再生操作。

（1）前置阳床、阳床、阴床、混床再生前的准备工作

① 保证有足够的酸、氨水、碱再生液。

② 检查各床的进酸、碱阀门应处于关闭状态。

③ 除盐水箱内有足够的除盐水。

④ 检查再生系统处于完好的备用状态。

（2）阳床再生时的操作

① 反洗。反洗水由交换器底部排出装置，进水自下而上地通过离子交换树脂层，使其膨胀，达到一定的树脂展开率。反洗的目的是为了松动被压实的树脂层，除去运行中残留在树脂层中的悬浮物杂质和排除树脂层中积存的气泡。

② 再生。再生的目的是恢复离子交换树脂的工作交换容量，是离子交换工作过程中的一个重要环节，再生效率的高低是决定出水质量和周期制水量的关键。

③ 置换。置换水由进再生液装置进入，使其树脂上部的空间以及树脂层中间留着的尚未利用的再生液，进一步发挥再生作用。

④ 正洗。由进水装置进水自上而下，流经树脂层，进一步除去残留的再生剂和再生反应的产物。

⑤ 阳床再生。

每次阳床失效后必须反洗，严禁跑树脂。

a. φ2000mm 的阳床用大喷射器再生。

第一步：含量为 0.5%～1.0%，配水量为 30m³/h，浓硫酸流量为 300L/h，此步废硫酸不回收，时间约为 30min。

第二步：硫酸的含量为 2%，配水量为 20m³/h，浓硫酸流量为 400L/h，此步废硫酸回收，时间约为 45～60min，若进硫酸量不够，可延时 20min，提高酸的流量 500～600L/h，配水量不变。

b. φ1500mm 的阳床用小喷射器再生。

第一步：含量为 0.5%～1.0%，配水量为 20m³/h，浓硫酸流量为 200L/h，此步废硫

酸不回收，时间约为 30min。

第二步：硫酸的含量为 2%，配水量为 $20m^3/h$，浓硫酸流量为 400L/h，此步废硫酸回收，时间约为 45～60min。若进硫酸量不够，可延时 20min，提高酸的流量 500～600L/h，配水量不变。

c. 置换：关闭浓硫酸进口阀即为置换，时间为 15～30min。

d. 正洗：关喷射器进口阀及阳床本体进酸阀，开正洗阀及排气阀，满水后即可正洗，正洗至酸度小于 5mmol/L，备用（试一次水不同，酸度也有所不同）。

注：用硫酸再生阳床应注意的问题。

H_2SO_4 价格便宜，对设备管线防腐要求比较低，在再生中广为应用。但因再生过程中易生成 $CaSO_4$，且 $CaSO_4$ 在水中溶解度小，有生成沉淀的危险。故使用时，应适当采用低浓度高再生流速进行。

（3）前置阳床的再生（利用阳床的废酸进行再生）

① 反洗：每次失效后必须反洗，严禁跑树脂，时间为 15～30min。

② 回收废酸：开正洗排污阀及废酸回收阀（千万不要开排气阀）；关阳床正洗排污阀，开阳床废酸回收阀；阳床的前 30min 排污水千万不要回收以免出现 $CaSO_4$ 析出；阳床的废酸液置换废液，正洗废液全部串入前置阳床。

③ 正洗：前置阳床需大流量正洗，时间约 30min。即可停床备用。

（4）阴床的氨水再生

① 反洗：每次失效后必须反洗，严跑树脂，时间 10～15min。

② 再生：用低浓度氨水再生（20tt），第一阴床流量为 $10m^3/h$，第二、第三阴床流量为 $15m^3/h$，时间为 45～60min，排污水有氨味即可。

③ 置换：此系统没有置换，如若不急于投运，可浸泡 30～60min 之后，再正洗。

④ 正洗：一定要满水正洗，时间约为 30～45min，正洗至电导率小于 $50\mu S/m$ 即可停床备用。

复 习 题

1. 水中一般含有哪些杂质？对工业生产各有什么危害性？
2. 什么叫硬水？水中溶解离子的含量如何表示？水的纯度如何表示？
3. 如何清除水中悬浮物和胶体物质？
4. 水的处理中加氯的作用是什么？
5. 软化水的方法有哪些？原理如何？
6. 除去水中可溶性盐的方法有哪些？原理怎样？
7. 除去水中溶解氧的方法有哪些？原理怎样？
8. 氨生产过程的毒物有哪些？如何防止中毒？
9. 氨厂常用的防毒面具有哪些？如何使用？
10. 化学性爆炸的条件是什么？如何防止爆炸事故？
11. 氨厂常用的消防用具有哪些？各种用具使用的场合及使用方法是怎样的？
12. 如何防止触电？
13. 如何防止机械伤害？

第九章　合成氨安全及防护

在合成氨生产过程中具有较多的有毒物质和易燃易爆物质，而且生产流程复杂，运转设备和高温、高压设备比较多。因此，在合成氨厂的工作人员，必须通晓与生产过程有关的安全技术知识，并且在工作中能自觉和认真地贯彻安全技术要点，从而保证人身安全和设备安全。

第一节　安全防护知识

化工生产的特点：原料及制成品（中间产品）易燃、易爆、易中毒、易腐蚀、易磨损、易灼烧，生产工艺流程长，转动设备多；生产过程具有高温高压、低温负压等；整个生产装置连续性强，自动化程度高，楼层高大，设备分布广。另外在装置中还使用众多照明灯具和电气设备，它们会放出电热和电火花，就目前化工生产的技术水平，在生产和维修过程中，还不能完全杜绝可燃物料的泄漏或排放，而且常常有可能采用明火作业。此外在作业区内还有可能出现一些偶然的泄漏和火源。如上所述，化工生产潜在有许多不安全的因素。因此就要求牢固树立安全第一的思想，学习安全知识，提高技术水平。自觉遵章守纪，确保安全生产。

一、化工生产安全规定

《化工部安全生产禁令》1982 年颁布，1994 年做了适当的修改和补充如下。

1. 生产区内十四个不准

① 加强明火管理，厂区内不准吸烟。

② 生产区内，不准未成年人进入。

③ 上班时间，不准睡觉、干私活、离岗和做与生产无关的事。

④ 上班前、班上不准喝酒。

⑤ 不准使用汽油等易燃液体擦洗设备、用具和衣物。

⑥ 不按规定穿戴劳动保护用品，不准进入生产岗位。

⑦ 安全装置不齐全的设备不准使用。

⑧ 不是自己分管的设备、工具不准动用。

⑨ 检修设备时安全措施不落实，不准开始检修。

⑩ 停机检修后的设备，未经彻底检查，不准启用。

⑪ 未办高处作业证，不带安全带，脚手架、跳板不牢，不准蹬高作业。

⑫ 石棉瓦上不固定好跳板，不准作业。

⑬ 未安装触电保安器的移动式电动工具，不准使用。

⑭ 未取得安全作业证的职工，不准独立作业；特殊工种职工，未经取证，不准作业。

2. 操作工的六严格

① 严格执行交接班制。

② 严格进行巡回检查。

③ 严格控制工艺指标。

④ 严格执行操作法。

⑤ 严格遵守劳动纪律。

⑥ 严格执行安全规定。

3. 动火作业六大禁令

① 动火证未经批准，禁止动火。

② 不与生产系统可靠隔绝，禁止动火。

③ 不清洗，置换不合格，禁止动火。

④ 不消除周围易燃物，禁止动火。

⑤ 不按时做动火分析，禁止动火。

⑥ 没有消防措施，禁止动火。

4. 进入容器、设备的"八个必须"

① 必须申请、办证、并得到批准。

② 必须进行安全隔绝。

③ 必须切断动力电，并使用安全灯具。

④ 必须进行置换、通风。

⑤ 必须按时间要求进行安全分析。

⑥ 必须佩戴规定的防护用具。

⑦ 必须有人在器外监护，并坚守岗位。

⑧ 必须有抢救后备措施。

二、有毒有害物质的防护及急救

在化工生产中，生产性毒物繁多，常以气体、蒸气、雾、烟或粉尘的形式污染生产环境，当毒物达到一定浓度时，便可对人体产生毒害作用。因此，在化工生产中预防中毒是极为重要的。

1. 毒物、中毒

毒物：某些物质侵入人体，经物理化学作用，能破坏人体组织中的正常生理机能，引起人体病理状态，这种物质称为毒物。

中毒：由毒物引起的病变，称为中毒。

2. 中毒抢救的一般原则

① 迅速组织抢救力量。现场人员佩戴防毒面具，坚守岗位谨慎大胆处理，有效切断有害物质来源。停止一切现场动火检修工作，疏散不必要人员。

② 迅速将中毒者撤离毒区，静卧在通风良好的地方，注意保暖。解开衣领、裤带及妨碍呼吸的一切物件，鼻子朝天后仰，保证呼吸道畅通。

③ 必须脱去被污染的衣服。皮肤及眼被玷污应在现场用大量清水冲洗。

④ 以最快速度送医务部门，途中视情况做胸外心脏挤压、人工呼吸等抢救工作。

3. 毒物的分类

① 按毒物的化学结构，分为有机类（如苯、甲醇）、无机类（如氨、一氧化碳）。

② 按毒物的形态，分为气体类（如 H_2S）、液体类（如硝酸）、固体类（如硅尘 SiO_2）、雾状类（如硫酸酸雾 $SO_3 \cdot H_2O$）。

③ 按毒物的致毒作用，分为刺激性（如氯 Cl_2）、窒息性（如氮 N_2）、麻醉性（如乙

醇）、致热源性（如氧化锌）、腐蚀性、致敏性。

4. 毒物进入人体的途径

① 呼吸道：是化工生产环境中有害物质进入人体的主要途径。

② 皮肤：毒物通过完整的皮肤到达皮脂腺及腺体细胞而被吸收，一小部分则通过汗腺进入人体。

③ 消化道：由呼吸道侵入人体的毒物一部分黏附在鼻咽部或混于鼻咽的分泌物中，可被人体吞入而进入消化道。

5. 最高容许浓度

最高容许浓度，是指工人工作地点空气中有害物质所不应超过的数值，见表 9-1。

表 9-1　空气中几种有毒气体和蒸汽的最大允许浓度

气　体　名　称	空气中最大浓度/(mg/L)	气　体　名　称	空气中最大浓度/(mg/L)
CO	0.03	砷及砷化物	0.0003
H_2S	0.01	汽油	0.35
NH_3	0.03	CCl_4	0.025

6. 常见毒物的特性及防护

（1）一氧化碳（CO）

一氧化碳为无色、无臭、无刺激性的气体。相对分子质量为 28.01，密度为 0.967 g/L，几乎不溶于水。

中毒表现：头痛、眩晕、耳鸣、眼花，并伴有恶心、呕吐、心悸、四肢无力等，严重时可出现意识模糊、进入昏迷，甚至出现呼吸停止。

急救：迅速将中毒者脱离现场，移至空气新鲜处，一般轻度中毒者吸入新鲜空气后，即可好转。对于昏迷者应立即给予输氧。对重度中毒以致呼吸停止者进行强制呼吸。

预防：接触一氧化碳的人员，岗位上应配备过滤式 5 型防毒面具和氧气呼吸器。

最高容许浓度：空气中最高容许浓度为 30mg/m³。

（2）二氧化碳（CO_2）

二氧化碳为无色气体，高浓度时略带酸味，相对分子质量为 44.01，密度为 1.524g/L，沸点 -78.5℃（升华）。20℃时在水中的溶解度为 88mL。

中毒表现：吸入含量为 8%～10% 的二氧化碳除头晕、头痛、眼花和耳鸣外，还有气急、脉搏加快、无力、肌肉痉挛、昏迷、大小便失禁等。严重者出现呼吸停止及休克。

急救：迅速脱离毒区，吸氧。必要时用高压氧治疗。

预防：产生二氧化碳的生产场所，必须保持通风良好。进入密闭设备、容器和地沟等处，应先进行安全分析，确定是否合格。

（3）硫化氢（H_2S）

硫化氢为无色、有臭鸡蛋气味的气体。密度 1.19g/L。易溶于水。熔点 -82.9℃，沸点 -61.80℃。

中毒表现：随接触浓度的不同，表现为畏光、流泪、流涕、头痛、无力、呕吐、咳嗽、喉痒。继之出现意识模糊、抽搐。最后可因呼吸麻痹而死亡。接触浓度在 1000mg/m³ 以上时，可发生"电击样"中毒，即在数秒后突然倒下，瞬时内呼吸停止。

急救：一旦发现急性中毒者，应迅速将其脱离事故现场，移至空气新鲜处。对窒息者应立即施行人工呼吸或输氧。眼受害时，立即用清水或 2% 碳酸氢钠冲洗。

预防：接触硫化氢的人员，岗位上应配备过滤式 4 型防毒面具和氧气呼吸器。

最高允许浓度：空气中硫化氢的最高允许浓度为 $10mg/m^3$。

（4）氮（N_2）

氮为无色、无味、既不燃烧也不助燃的惰性气体。相对分子质量 28.0。沸点 $-196℃$。在正常空气中含量为 78.09%。

中毒表现：氮气窒息，主要由于缺氧，当呼吸纯氮时就会立即昏倒，如果无人发现，几分钟内就会窒息死亡。

急救：对氮窒息者首先脱离现场，做人工呼吸，有条件就应及时给予输氧，心跳停止者，做胸外心脏挤压。

（5）氧（O_2）

氧为无色无臭气体。密度 $1.429g/L$。在人体内参与大部分代谢过程，是生命活动必不可少的元素之一。

缺氧表现：轻度缺氧者，在脱离缺氧环境后，可很快自行恢复。缺氧较久，由于脑水肿等变化，会有一段时间的头痛、恶心、呕吐、幻觉等。重度缺氧者，会造成瘫痪、遗忘和意识丧失等。

急救：迅速将缺氧者抢救出事故现场，移至空气新鲜处，应确保呼吸道畅通。视缺氧者的呼吸情况，分别给予输氧或人工呼吸。

预防：进入设备、容器、管道、地沟等密闭环境前，必须切断各种有害物质的来源，取样分析其内部空气中有害物质含量和氧含量，合格后方可入内作业。

（6）氨（NH_3）

氨是一种无色有刺激性气味的气体，熔点 $-77.7℃$，沸点 $-33.5℃$，易溶于水、乙醇和乙醚，在 651℃ 能够自燃，爆炸极限为上限 27.4%，下限 15.7%。

中毒表现：短期吸入大量毒气后可出现咽痛、声音嘶哑、胸闷、头晕、头痛、恶心和呕吐、流泪、眼结膜充血；皮肤接触可致皮肤灼伤。

现场急救：将患者移至空气新鲜处，维持呼吸循环功能，用清水彻底清洗接触部位，特别是眼睛、腋窝和腹股等处。

预防：严加密闭，提供充分的局部排风和全面通风；空气中氨浓度超标时，按规定佩戴必要的防护用品，如防毒口罩、防护眼镜和防护手套等。

（7）甲醇

甲醇分子式：CH_3OH；相对分子质量：32；沸点：65℃，挥发度 6.3（乙醚为 1）；闪点：12℃（闭口）；蒸汽密度：1.11（空气密度为 1）；自燃点：385℃；凝固点：$-97.8℃$；相对密度：$0.7913kg/L$（20℃）。

甲醇为无色澄清易挥发液体，能溶于水，易燃，有麻醉作用。有毒、有害，特别是对人的眼睛影响极大，严重时可导致双目失明。

在空气中最高允许浓度：$50mg/m^3$。

爆炸极限含量 6.7%～36%，最易引燃含量 13.7%；最小引燃能量 0.215mJ，最大爆炸压力为 $72.1N/cm^2$。

甲醇对人体毒害作用很大，误饮 15mL 可使人双目失明，70～100mL 可使人死亡。甲醇主要通过呼吸道引入其蒸汽而侵入人体，当然人体皮肤也可以吸收一部分。

甲醇对人体中枢神经系统具有强烈的麻醉作用，吸入高浓度的甲醇蒸气可使人产生眩晕、昏迷、麻木、痉挛、食欲不振等症状；经常吸入低浓度的甲醇会造成头痛、恶心呕吐，刺激黏膜等症状，甲醇蒸气和甲醇液体能严重地损坏人体的眼睛、肝脏、肾等器官。

中毒急救：在中毒的情况下，伤员必用时可用大衣或铺盖防止冻伤，马上放到有新鲜空气的地方。只有当伤员停止了呼吸应进行人工呼吸，并将伤员送往医院，伤员的衣服如果被污染的话必须马上进行更换。

如果甲醇接触眼睛，必须有足够的水冲洗 10min，同时用眼镜或绷带包扎防止亮光。如果误食甲醇的人应该尽快将其呕吐出。例如，喝温和的盐水或小苏打水，15min 喝一次。

7. 防止中毒的措施

① 堵漏。保证设备和管道的密封，断绝有毒物质的来源，是预防中毒的根本办法。

② 通风。因为设备、管道不可能达到绝对密封。总会有少量毒气漏出来，使空气毒化。

因此，生产厂房应利用风洞、窗户或天窗进行自然通风，或用鼓风机排除厂房内污浊的空气。为了使厂房内空气中的毒气含量不超过最大允许浓度，应该定期地进行空气中的毒物分析，并根据分析结果采取必要的安全措施。

③ 在有毒地点工作时的措施。如因需要，不得不在有毒地点工作时，应采取一切必要的安全措施。例如，佩戴防毒面具，使人免受有毒气体的侵害，轮换工作，以缩短每个人在有毒气体中的工作时间；加强局部通风，以降低工作地点有毒气体的浓度等。进入塔、储槽等有毒容器内部工作前，应用盲板将待修的设备和其余设备、管线完全隔绝，并用惰性气体或蒸汽置换。然后打开人孔，用鼓风机通风。经检查毒物完全除尽以后，才能允许进入器内。进入器内工作的人数应尽量减少，并佩戴长管式防毒面具。管端应放在器外空气清洁的地区。人在器内工作期间，监护人员绝对不能离开。

8. 防毒面具的使用

（1）过滤式防毒面具

① 组成和型号。过滤式防毒面具由面罩、导气管、滤毒罐和面具袋四个部分组成。常用的滤毒罐有下列四种型号。

a. MPL，绿色，综合防毒。

b. MP4，灰色，防氨。

c. MP5，白色，防一氧化碳。

d. MP7，黄色，防酸性气体。

② 使用条件。

a. 过滤式防毒面具的使用条件是空气中氧气体积分数大于 18%、环境温度：在 −30～45℃，毒物在允许浓度范围内。

b. 过滤式防毒面具一般都不能用于槽、罐等密闭容器和密闭场合的工作环境，禁止在带有有毒气体堵盲板时使用。

c. 防毒面具有下列情况时，已不符合使用条件，应禁止使用。面罩有砂眼、裂纹、破损、老化、气阀损坏、漏气、滤毒罐失效、压损、穿孔、严重锈蚀、有沙沙响声、视镜破碎、透明度差等。

d. 各种过滤式防毒面具在不使用时，应将滤毒罐的上盖拧紧，下盖胶塞堵严，以防毒气侵入或受潮失效。

③ 用法如下。

a. 从面具袋中取出滤毒罐，确认符合所需防护有毒气体型号。

b. 使用前应认真检查面罩、导管、滤毒罐完好无损、不漏气，呼吸阀、吸气阀灵活好用。

c. 戴面具前，首先打开滤毒罐底塞，严禁先戴面具后打开底塞，做到"一开"（打开堵塞）、"二看"（查看并确认滤毒罐上、下口畅通）、"三戴"。

d. 防毒面具将面罩、导管、滤毒罐连接拧紧组装严密后，应将滤毒罐放入面具袋内，防止有毒液滴入袋内。

e. 使用前应用手堵罐底做深呼吸，进行气密性试验，发现漏气，应全面检查处理。

f. 使用中闻到毒气味，感到呼吸困难、不舒服、恶心、滤毒罐发热温度过高或发现故障时，应立即离开毒区。在毒区内禁止将面罩取下。

④ 故障应急处理。使用中，如某一部位受损，以致不能发挥正常功能在来不及更换面具的情况下使用者可采用下列应急处理方法，并迅速离开有毒场所。

a. 面罩或导气管发现孔洞时，可用手指捏住，若导气管破损，有条件时，也可将滤毒罐直接与头罩连接使用，但应注意防止因面罩承重而发生移位漏气。

b. 呼气阀损坏时，应立即用手堵住呼气阀孔，呼气时将手放松，吸气时再堵住。

c. 头罩损坏严重无法堵塞时，可把头罩脱掉，直接将滤毒罐含在嘴里，用手捏住鼻子，通过滤毒罐直接呼吸。

d. 滤毒罐发生有小孔洞时，就地可用手或其他材料堵塞。

（2）隔离式防毒面具

常用的隔离式防毒面具主要有长管式防毒面具和氧气呼吸器。

① 长管式防毒面具。由面罩、导气软管组成，适用于 $-30\sim45℃$ 的环境。

优点：结构简单、使用方便，可以拖带；适用于有毒设备的检修，进塔入罐作业、固定岗位或远距离往返作业，是防中毒、防窒息的良好气体防护器材。

使用方法如下。

a. 使用前应检查导管畅通，无破损，面罩完好，呼气阀、吸气阀灵活好用，戴好面具后方可进入毒区。

b. 长管面具进气口置于上风头无污染的空气清洁的环境中，不得折压、挤压，也不得扔在地面上。

c. 须有专人监护，经常检查作业人员情况及导管、进气口情况。

d. 使用过程中如感到呼吸困难或不适，应立即离开毒区，在毒区内严禁取下面罩。

② 氧气呼吸器。氧气呼吸器主要由氧气瓶、减压阀、气囊、清净罐、呼吸软管、呼气阀、吸气阀及面罩等组成，它是利用压缩氧气为供气源的防毒面具，适用于缺氧及有毒气体存在的各种环境中进行工作和事故预防、事故抢救使用，但禁止在油类、高温、明火作业中使用。

使用方法如下。

a. 使用前应检查面具大小合适，完好无损。

b. 压力在 10MPa 以上方可使用，使用时必须坚持"一开"（开氧气阀）、"二看"（查看压力在 10MPa 以上）、"三戴"（确认无问题方可戴面罩）、"四进"（戴好面具方可进入毒区）。

c. 两人以上方可戴氧气呼吸器进入毒区工作，确定好联络信号，当氧气瓶压力降至 3MPa 时，应停止工作，立即退出毒区。

d. 使用中如感到呼吸困难、恶心、不适、疲倦无力、有酸味，应立即离开毒区，禁止在毒区内摘下面罩。

e. 凡患有肺病、心脏病、高血压、近视眼、精神病、传染病和其他禁忌症者禁用。

9. 防烧伤

烧伤通常有热烧伤和化学烧伤。根据伤害情况可分为：一级（皮肤发红，但不起泡）。二级（皮肤的表面和角化层破坏，起泡）和三级（烧伤得很严重，皮肤碳化）。

热烧伤是由于直接与火焰或高温物体接触而引起的。当接触温度极低的物质，如二氧化碳制成的干冰（-80℃）、液体空气和液体氧气（-180℃）时，也能造成类似热烧伤的伤害。

化学烧伤则是由于酸、碱或液氨落在皮肤上而引起的。因此，液氨仓库操作人员、槽车装车人员以及其他与液氨打交道的工人，都应穿上橡皮衣服，靴子和戴手套。同时还应备有防毒面具和防护眼镜。

当碱或酸掉在皮肤上时，应首先用大量的冷水冲洗伤处，然后擦干，涂上凡士林或特种药膏，再裹上绷带。为防止烧伤，工作人员工作时要使用橡皮工作服和防护眼镜等保护用品。

三、燃烧、爆炸及消防器材的使用

1. 燃烧

燃烧是可燃物质与氧化剂化合反应时发热发光的现象。燃烧时必须同时有可燃物、助燃物和着火源，俗称"燃烧的三要素"。没有明火作用而发生的燃烧现象，称为自燃。由于热的来源不同，自燃又分为受热自燃与本身自燃。

常见易燃气体：CO、H_2、CH_4、H_2S、NH_3 等。

常见易燃液体：油类、甲醇、乙醇等。

常见易燃固体：磷及含磷的化合物、硝基化合物等。

2. 爆炸

物系自一种状态迅速地转变成另一种状态，并在瞬间以机械能的形式放出大量能量的现象，称为爆炸。通常把爆炸分为物理爆炸和化学爆炸两类。

物理爆炸：物理爆炸是指由于气体或液体压力超过设备、容器的极限压力强度，内部介质急剧冲击而引起的爆炸现象。如锅炉的爆炸、液化钢瓶过量充装引起的爆炸等。

化学爆炸：化学爆炸是易燃易爆物质本身发生化学反应，产生大量气体和高热而瞬间形成的爆炸现象。化学爆炸前后物质性质均发生了根本的变化。

爆炸极限：可燃气体、蒸汽或粉尘与空气组成的爆炸性混合物遇火源即能发生爆炸的浓度范围。

爆炸下限：爆炸性混合物遇火源即能发生爆炸的可燃物最低浓度。

爆炸上限：爆炸性混合物遇火源即能发生爆炸的可燃物最高浓度。

可燃气体、蒸汽或粉尘在空气（氧气）中的浓度低于爆炸下限，遇火不会爆炸；高于爆炸上限，遇火源虽然不会爆炸，但接触空气却能燃烧。

可燃性粉尘，具有不同的粒径和沉降性，通常很难达到爆炸上限浓度。在防火防爆实际工作中，重点控制的是可燃性粉尘的爆炸下限，几种气体爆炸的上下限见表 9-2。

表 9-2　几种气体爆炸的上下限（体积百分数）

气体名称	下限/%	上限/%	气体名称	下限/%	上限/%
氨	17.1	26.4	甲烷	5.35	14.9
氢	4.15	75.0	一氧化碳	12.8	75.0
水煤气	6.9	69.5	硫化氢	4.3	45.5

3. 防爆措施

在生产和检修过程中，防爆措施如下。

① 保证设备管道密封，杜绝漏气，以防止形成爆炸性气体混合物；

② 经常分析检查生产系统的气体组成，并且车间要有良好的通风，防止达到爆炸浓度；

③ 在操作中要严防超压，并设置防超压的安全装置，如压力计、安全阀、防爆板、警铃等；

④ 检修时上好盲板，切断检修系统与生产系统的联系，防止生产系统内可燃性气体漏到检修系统；

⑤ 检修时要用惰性气体或蒸汽置换设备内的可燃性气体，必须使氢含量在 0.5％以下，氮含量在 0.3％以下；

⑥ 动火前必须认真做好动火分析，在动火期间隔数小时要分析动火周围空气中可燃性气体的含量；

⑦ 检修后开工时，必须用惰性气体将系统内的氧气排除干净，使氧的含量在 0.5％以下；

⑧ 火花是爆炸性气体的一种引爆剂，因此生产厂房中应竭力消灭一切产生火花的来源，除了遵守防火制度外，还必须防止产生电火花；

⑨ 受压容器必须符合安全技术的规定，投入生产后还要进行定期的技术检验。

4. 常用消防器材的使用

(1) 二氧化碳灭火器（MT 型手轮式）

使用：MT 型手轮式二氧化碳灭火器由筒身（钢瓶）启闭阀和喷筒组成。使用时先将铅封去掉，手提提把，翘起喷筒，再将手轮按逆时针方向旋转开启，高压气体即自行喷出。灭火时，人要站在上风向，手要握住喷筒木柄，以免冻伤。

用途：主要适用于扑救贵重设备、档案资料、仪器仪表，600V 以下的电器设备及油脂等火灾。

(2) 干粉灭火器

种类：有 MF 型手提式和 MFT 型推车式。

MF 型手提式的使用：干粉灭火器筒身外部悬挂式充有高压二氧化碳的钢瓶，钢瓶与筒身由器头上的螺母进行连接，在器头有一穿针。使用时一定要握紧喷嘴，再拉动二氧化碳钢瓶上的拉环，防止皮管喷嘴因强大气流压力作用而乱晃伤人。用干粉灭火时，相距火源2～3m，并使粉雾覆盖燃烧面，效果较为显著。

MFT 型推车式灭火器的使用：将灭火器推放到灭火地点附近上风向，后部向着火源，取下喷枪，展开出粉管，再提起进气压杆，使二氧化碳气体进入储罐，当表压升至 0.7～1.1MPa 时，放下杆停止进气，接着，双手持喷枪，枪口对准火焰根部，扣动开关，将干粉喷出，由近至远将火扑灭。

用途：干粉灭火器适用于扑救油类、石油产品、有机溶剂、可燃气体和电气设备的初起火灾。

(3) "1211" 灭火器

使用：手提式 "1211" 灭火器主要由筒身和筒盖两部分组成。灭火时，首先要拔掉安全销，然后握紧压把开关，压杆就使密封阀开启，于是 "1211" 灭火剂在氮气压力下，通过虹吸管由喷嘴射出。当松开压把时，压杆在弹簧作用下，恢复原位，阀门关闭，便停止喷射。

用途："1211" 灭火器适用于扑救油类、精密机械设备、仪表、电子仪器及文物、图书、档案等贵重物品的初起火灾。

四、电器安全知识

1. 电流对人体的危害

使用电气设备时，主要的危险是发生电击和电伤。所谓电击，就是在电流通过时能使全身受害；仅使人体局部受伤称为电伤。最危险的是电击。

电流对人的伤害是烧伤人体，破坏机体组织，引起血液及其他有机物质的电解。刺激神经系统等。此外，人还可能因触电而由高处掉下跌伤。

电流对人体的危害程度与通过人体的电流强度、作用时间及人体本身的情况等因素有关，据许多事实证明，通过人体的电流在 0.1A 以上时，可以使人死亡；在 0.05A 以上时就会发生危险。触电时间越久，危害程度越大。若触电时通过人体的电流在 0.015A 时，人就不易脱离电源。

触电时通过人体电流的大小与电气设备的电压和人体电阻的大小有关。人体电阻的大小主要取决于皮肤、一般 $1cm^2$ 接触面上的电阻约为 $1000\sim180000\Omega$。若皮肤潮湿，电阻会显著降低。

人能自行脱离电源时的电流，称为安全电流，安全电流在 0.015A 以下。与安全电流相对应的电压称为电气设备的安全电压。假定人皮肤的最小电阻为 3000Ω，则安全电压为：$3000\Omega\times0.015A=45V$。

所以电气设备的安全电压应在 45V 以下。发生触电事故的主要原因是违反了使用电气设备的安全技术规则，接触了已损坏的电气设备及其他已带电的设备，设备接地不良，缺乏必要的防护用具。

电流对人体的危害，由于人体的感觉器官感觉不到电流的存在，因此特别危险。电流主要在三个方面对人体产生危害作用：热作用、化学作用、生理作用。

热作用：当电流通过人体时，会产生热量，在电流进入和流出的地方会引起烧伤。

化学作用：直流电流对人体产生化学作用，人体内含有的液体将被电解破坏。

生理作用：电流通过人体，作用于神经系统，从一定的电流强度开始，引起肌肉痉挛。特别是交流电，会加速心脏跳动，直至心室颤动，最终导致心脏停止跳动。

2. 触电事故的规律

根据对触电事故的分析，一般可以找到如下规律。

① 低压触电多于高压触电：这主要是因为低压设备多、低压电网多，与人接触机会多；且设备简陋，管理不严，思想麻痹。

② 触电事故具有明显的季节性：事故在一年之中 6~9 月较集中。这是因为夏秋两季天气潮湿、多雨，降低了电气设备的绝缘性能；夏天天气炎热，人体多汗，皮肤电阻下降；衣着单薄，身体暴露部位较多，增加了触电的危险性。

③ 非电工多于电工：主要是因为企业中非电工人员比较缺乏安全用电知识。

3. 安全用电注意事项

为了防止触电事故，除了思想上提高对用电安全的认识，树立安全第一，精心操作的思想，以及采取必要的组织措施外，在工作中应当注意并遵守以下规定。

(1) 做到"十不准"

① 任何人不准玩弄电气设备和开关。

② 非电工不准拆装、修理电气设备和用具。

③ 不准私拉乱接电气设备。

④ 不准私用热设备和灯泡取暖。

⑤ 不准擅自用水冲洗电气设备。

⑥ 熔丝熔断,不准调换容量不符的熔丝。

⑦ 不准擅自移动电气安全标志、围栏等安全设施。

⑧ 不准使用检修中的电气设备。

⑨ 不办手续,不准打桩、动土,以防损坏地下电缆。

⑩ 不准使用绝缘损坏的电气设备。

(2) 其他规定

操作电气设备的时候,应集中思想,防止操作失误而引起事故。使用电炉、电烙铁、电热棒等加热设备,人员不能离开,工作完毕后必须切断电源,拔出插头。电灯、日光灯不用时应关闭。发现破损的开关、灯头、插座应及时与电工联系调换,不要将电器电源线直接插入插座内。不要用金属部件和湿手去扳开关。

装置需要临时用电,必须填写临时用电申请手续,经同意后由指定电工装、拆、检查和管理,不能私自接装。

变配电室和车间配电室内严禁吸烟,不准堆放杂物,保持室内通道和室外道路的畅通。电气设备附近和配电箱内不能放置如油桶、雨伞、食具、可燃物等杂物。

严禁在带电导线、带电设备及充油设备附近使用火炉或喷灯。暖气设备、蒸汽管等不要靠近电线。在带电设备周围不能使用钢卷尺、皮卷尺(因其中有金属丝)进行测量工作。在带电设备及户外线路附近搬动长管子、梯子等长物件时,注意同带电部分保持一定的安全距离,不要误碰而引起触电事故。

(3) 触电急救

触电急救的要点是动作迅速,救护得法。人触电后,会出现神经麻痹、呼吸中断、心脏停止跳动等征象,外表上呈昏迷不醒的状态。但不应该认为是死亡,而应该看作是假死,并且迅速而持久地进行抢救。有触电者经 4h 甚至更长时间的紧急抢救而得救的事例。有统计材料表明,从触电后 1min 开始救治者,90% 有良好的效果;从触电后 6min 开始救治者,10% 有良好效果;而从触电后 12min 开始救治者,救活的可能性很小。因此,发现有人触电,首先要尽快地使触电者脱离电源,然后根据触电者的具体情况,必须就地、争分夺秒地进行现场抢救。

对于低压触电事故,可采用如下方法使触电者脱离电源:如果触电地点附近有电源开关或插头,可立即拉开开关或拔出插头,断开电源;如果触电附近没有电源开关或插头,可用有绝缘的电工钳或有干燥木柄的斧头切断电线,断开电源;当电线搭落在触电者身上或被压在身下时,可用干燥的衣服、手套、绳索、皮带、木棒、竹竿、塑料棒等绝缘物作为工具,挑开电线或拉开触电者,使触电者脱离电源。

对于高压触电事故,应立即通知有关部门停电,然后再采取措施抢救。

上述办法,应根据具体情况,以快为原则,选择采用。在抢救过程中,必须注意下列事项:救护人不可直接用手或其他金属及潮湿的物件作为救护工具,而必须使用适当的绝缘工具。救护人员最好用一只手操作,以防自己触电,并且要防止在场人员再次误触电源。不解脱电源,千万不能碰触电人的身体,否则将造成不必要的触电事故。

要防止触电者脱离电源后可能的摔伤。特别是当触电者在高处的情况下,应考虑防摔措施。

当触电者脱离电源后，应根据触电者的具体情况，迅速对症救护。现场应用的救护方法主要有口对口人工呼吸法和胸外心脏挤压法。不能因打电话去叫救护车而延误抢救时间，即使在救护车上，也不能中止抢救。

（4）防止触电的措施

防止触电的主要措施是严格遵守安全技术规则。为防止在生产操作中发生触电事故。下面列举若干日常的电气安全知识。

① 不得使用外包绝缘已破损的电线。

② 电器设备的接地装置要良好可靠。

③ 禁止修理有电压的电气设备。

④ 推、拉电气开关的动作要迅速，脸部应闪开，并且在推、拉开关之前，应穿戴好防护用具，如橡皮手套、长筒靴、绝缘地毯等。

⑤ 不懂电的性能及不熟悉电气设备操作的人，不可乱动电气设备。

⑥ 更换灯泡、保险丝或其他电器零件时应先切断电源，必要时可由电工进行。

⑦ 检查电机外壳温度时，应该用手背接触外壳，不可用手掌接触，以免被电吸住脱离不开。

⑧ 停车时间较长的电动机，在开车前应先干燥，以免因潮湿而漏电。

发生触电事故时，首先应立即将触电者与电源隔开。但不能与触电者直接接触，或用金属等导电材料，以免救护人员触电。如果触电者已停止呼吸，立即做人工呼吸。

五、机械伤害及预防

企业中工伤事故的大部分是机械性的伤害。一般来说，机械性的伤害，大都是由于工作方法不当、不正确的使用工具、缺乏安全装置和适当的工作服以及不遵守安全技术要点所引起的。

为了防止机械伤害，在日常工作中应采取的措施如下：

① 经常检查各种传动机械，如飞轮、靠背轮、皮带轮、暴露在外面的牙轮以及有压力的液位计，是否装了安全防护罩或防护栏杆。

② 操作人员必须按规定穿着适当的工作服。

③ 各容器及管道的法兰、机器盘根、安全阀等漏气时，不可在有压力的情况下拧紧螺栓，以免把螺栓拧断，崩出零件伤人，如必须堵漏，应先将压力降低至规定值才可拧紧螺栓。

④ 车间禁止穿宽大的衣服（如大衣、雨衣和裙子），女同志应将辫子盘起，衣服的袖口应扎紧，以防绞入机器。

⑤ 经常注意各机器的运转情况及各转动部分的磨损情况，以免机械损坏时零件飞出伤人。

⑥ 检修时应戴安全帽，高空作业者应系好安全带，并将工具放牢，以免工具掉下伤人。

⑦ 运转中的设备禁止作任何修理。

在设备运转中，不懂操作的人员。严禁乱动设备和操作阀门。

六、压力容器的安全技术

1. 压力容器的安全使用要点

现代化工生产中，压力容器到处可见，加压操作普遍采用，而且多数是生产中的关键设备。化工生产中，压力容器一般都具有易燃易爆、高温高压、有毒、有腐蚀性等特性，以及生产工艺条件复杂多变，连续性强等特点。这样压力容器工作条件就更加复杂而恶劣，若不加强安全技术管理，不懂压力容器的安全使用技术，轻则跑、冒、滴、漏，浪费资源，污染环境，恶化劳动条件，危害职工身体健康，重则人身伤亡，生产停顿，财产损失。压力容器发生事故的原因很多，主要原因是设计考虑不周到，有缺陷，制造不合理，不合要求，质量低劣，安装马虎不符合要求，安全附件不齐全或失灵，设备维修保养不善，带病运转，操作人员缺乏安全常识，工艺参数控制不好，或违犯劳动纪律，违章操作等而造成。为此，掌握压力容器安全技术使用要点很重要。

（1）对压力容器应精心操作，加强维护

① 根据生产工艺要求和容器技术性能，制定出压力容器安全操作技术要点。例如，操作方法步骤，允许最高操作压力，温度，开停车顺序及注意事项，运行中重点检查部位及项目，可能出现的异常现象和防范措施，以及停车后封存保养和开车前的安全检查等。

② 操作人员要严格遵守安全操作要点和操作法；定时、定点、定线进行巡回检查，并认真准时准确记录原始数据。

③ 严格控制各工艺参数，严禁超压、超温、超负荷运行；严禁冒险性、试探性操作。

④ 容器的阀门、零件、各安全附件应保持清洁、完好、齐全可靠。

⑤ 及时消除压力容器的振动和摩擦，做好防腐和绝热保温工作。

⑥ 压力容器发生异常情况时，应及时、果断正确地进行处理。

⑦ 压力容器在长期承受压力下生产，受腐蚀、受磨损等因素的影响，会产生缺陷。因此除精心操作外，还应加强维修，科学检修，及时消除跑、冒、滴、漏，提高设备的完好率。压力容器的检修必须严格遵守压力容器有关安全技术规定。

⑧ 压力容器严禁用铁器敲击，以免产生火花，发生爆炸事故。

（2）定期检测

压力容器在长期生产中，由于各种因素的影响，可能出现裂缝、裂纹、减薄、变形等缺陷，若不及时发现和消除，任其发展下去，势必发生重大爆炸事故。所以，压力容器定期检测，是压力容器安全使用中的一个重要环节。一般来讲，压力容器每年至少进行一次外部检查，每三年至少进行一次内部检查，每六年至少进行一次全面检查。特殊情况提前作内外及全面检查。

（3）安全附件必须齐全可靠

压力容器上装置的安全附件，在某种意义上可以说，是化工安全生产的眼睛。事故的预兆往往可以从安全附件如压力表、温度计、流量计、液位计、安全阀上反映出来。所以，压力容器上的安全附件必须齐全、可靠，对于失灵和不准的仪表必须及时更换，在生产中针对安全附件，各种仪表都要加强维护保养和定期校验，确保其灵敏、准确、可靠、正常。不懂性能的人员，不允许随便乱动。安全附件的校验修理应由专业人员（专职管理人员）进行。

2. 气瓶的安全使用要点

在储存、运输和使用压缩气体、液化气瓶时，要特别注意安全，要防爆炸、防火灾、防漏气中毒，为此，必须掌握气瓶的安全使用要点。

（1）充填气体的钢瓶必须经过严格检验

做内部检验时用 12V 安全引灯照明，如发现瓶壁有裂纹、鼓泡等明显变形时应报废。如有硬伤、局部腐蚀时，应清除其腐蚀层，测定剩余壁厚，如仍大于规定壁厚，则可除锈涂漆后继续使用，否则降级使用或报废。做外部检验时，重点检查漆色、字样和所装气体是否相符，安全附件是否完整和完好无损，钢印标芯是否齐全和清晰，是否超过期限，有无外观缺陷，瓶内有无剩余气体压力，若是氧气瓶要检查瓶体和瓶阀上是否沾有油脂。上述情况，只要有一项不符合要求都应事先进行妥善处理，否则严禁充装气体；其次，充装好气体后再检查瓶阀是否严密漏气，否则气体逸出会发生燃烧、爆炸、使人中毒或窒息等事故。

（2）严禁过量充装

气瓶的过量充装十分危险，必须预防和禁止。因为液体的膨胀系数比其压缩系数要大一个数量级。过量充装的气瓶，温度上升到一定的时候，压力就急剧上升。根据计算可知，充装满液体的液化气瓶，当温度升高 1℃ 时，压力可以增加 0.101~0.203MPa。所以温度只要上升 10℃ 左右，就有可能使气瓶发生变形破裂爆炸。因此，气瓶的充装应按有关规定的充装系数充装，严禁满装超装。

（3）正确操作，严禁敲击

高压气瓶开阀时要特别小心，不要过猛过快，以防高速产生高温。操作者应站在侧面，以免气流伤害人体。充装可燃气体的气瓶时应注意或防止产生静电火花。开关瓶阀时，应用专门扳手工具，不能用铁扳手敲击瓶子。氧气瓶严防沾污油脂，工作人员严禁穿有油污的工作服及手套。搬运时应戴好瓶帽。

（4）严禁接触火种，防止暴晒受热

氧气等易燃气瓶，应与明火保持 10m 远的距离。冬天气瓶易冻结，严禁用火烤和敲打，也不宜用蒸汽直接加热，应用温水等安全办法解冻。

（5）专瓶专用，留有余压

为了防止化学性质相抵触的物质相混而发生化学性爆炸，气瓶必须专瓶专用，不得擅自改装它类气体。使用气瓶时，不得将气瓶内的气体全部用光，必须留有一定的余压气体。余压一般保持在 50kPa 以上，以便充装单位检验，防止错装。

（6）文明装卸，妥善固定

气瓶的搬运应轻装轻卸，严禁不负责任的抛、甩、滚等。厂内搬运，宜用专用小车。装在车上的气瓶，要旋紧瓶帽，配齐防震圈，应横向放置，头朝一个方向，并用三角木块卡牢，不得超过车厢高度。卸车时，若直放，应设有棚栏固定，若卧放应用三角木块卡牢。

（7）经常检查，安全堆放

储存的气瓶应经常检查，发现泄漏，及时消除。防止水、酸碱等物质对气瓶的腐蚀。化学性质活泼的气瓶以及有毒的气瓶，互相有抵触的号瓶，应隔离单独存放，并在附近设有防毒用具及灭火器材。同时，必须规定存放期限，到期及时处理，以防自聚分解而发生事故。高压气瓶的堆放，不能高于五层，而且应头朝一方，不能交错。

（8）加强气瓶的维护保养

保持漆色、字样清晰、防振圈等安全附件完好。定期由验瓶单位专业技术人员按项目，对气瓶的裂纹、渗漏、变形、腐蚀、壁厚、机械强度等情况进行检验，以保安全。气瓶上应涂有显明的颜色标志，以便识别。

第二节　氨中毒及预防

一、氨中毒（灼伤）

氨气和液氨中毒合并灼伤，其原因多由于企业管理不善，工人违反规章以及设备、容器陈旧，管道破裂，阀门损漏、钢瓶或储槽、储罐爆炸或运输不当，储罐暴晒，超重装载等导致作业现场事故或意外事故而造成。大连化工职业病防治所报道急性氨中毒典型病例共228例中毒，分析其中毒原因，冷却器爆炸者占2.1％，冷冻机破裂及氨计量槽破裂各2例，占0.9％，氨气管道溅漏，检修带氨设备以及运输时等75例，占32.5％。此外，有些工厂因液氨罐的安全设备不完善，在无液位表、安全阀和压力表状况下，充氨超重，并在夏季白天运输，致使氨罐爆炸造成严重恶性中毒事故。

如1985年4月，广西灵川氮肥厂因液氨储槽液位计排油管被见习学生踩断，导致在场广西师范大学师生28人发生严重中毒事故。其中12人发生中毒性肺水肿及口腔、眼灼伤。经奋力抢救后大部分恢复健康，但2名大学生抢救无效而死亡；1986年湖南湘江氮肥厂液氨计槽破裂，2人中毒合并眼、皮肤灼伤；1987年安徽亳州化肥厂用不合规格的液氨储罐放在卡车上装运，当卡车开往太亳公路的港集乡市集上时，氨罐突然爆炸，液氨储罐后封头从焊接处全部脱落炸飞到车后右方64.4m，液氨罐体飞冲至车左前方95.2m处的公路上，960kg液氨从罐底全部喷溅至车后方路两旁，致使正在赶集的200余人受到液氨的刺激，当场4人死亡，87人发生不同程度的氨中毒合并眼和皮肤灼伤。经送医院抢救，先后死亡者共10人，尚有个别发生双眼及肺部感染等并发。

氨（NH_3）易溶于水与组织中水分，接触生成氢氧化铵（NH_4OH）属碱性，对组织蛋白质有溶解作用，并可与脂肪组织起皂化反应。皮肤黏膜直接接触后，则可引起局部腐蚀性损害。氨所接触的身体表面，都会受到严重的化学灼伤，尤以呼吸道、口腔及眼等湿润的黏膜更甚；吸入后，可致严重呼吸道损伤，黏膜充血、水肿、组织坏死，造成鼻腔、口腔、咽、喉、气管的化学性炎症反应以及中毒性肺炎，肺水肿。高浓度吸入时，则可致中枢神经系统兴奋性增强引起痉挛，继而转入抑制，出现嗜睡，并可进入昏迷、窒息而死亡。

氨是一种亲酯性、亲水性、渗透性、腐蚀性十分强烈的化学物质，人们一旦接触，即会发生"急风暴雨"式的刺激症状，使眼和皮肤灼伤。吸入后经肺泡进入血液，故血氨可增高，由肝脏解毒为尿素氮，因而造成血及尿中氮显著增高，故吸入高浓度氨能引起肝脏损害。氨大部分可由肾脏排出，小部分由呼吸道及汗腺排出。侵入人体的氨，可引起糖代谢紊乱，使血糖及血氨升高，谷氨酸形成，使ATP减少，三羧酸循环受到障碍，从而降低细胞色素氧化的作用，导致全身组织缺氧。

有人报告，高浓度氨水（工业氨水为18％～28％的氨溶液）喷溅于皮肤上可致Ⅰ°～Ⅱ°灼伤。据文献记载氨对人体毒性见表9-3。

表 9-3　氨对人体毒性列表

浓度/（mg/m³）	时间/min	反　应	浓度/（mg/m³）	时间/min	反　应
3500～7000	30	立即死亡	140	30	眼及上呼吸道不适,恶心、头疼
1750～4000	30	可危及生命	70～140	30	可以工作
700	30	立即咳嗽	67.2	45	鼻咽刺激感
553	30	强烈刺激现象	9.8	45	无刺激作用
175～350	28	鼻、眼刺激,呼吸、脉搏加速	<3.5	45	可以识别气味
140～210	28	有明显不适,但尚可工作	0.7	45	感觉到气味

人体对氨的嗅味为0.5～1mg/m³。氨可直接作用于肺泡、毛细血管，使其渗透性增加，肺水肿可较快形成，曾有不到30min即出现肺水肿者，但常见在1～6h内形成。由于氨损

害呼吸道黏膜，故常伴有急性化学性上呼吸道炎或支气管肺炎。由于氨对组织蛋白的溶解和腐蚀，可致支气管黏膜脱落，支气管内膜广泛水肿、坏死、溃疡；患者气管黏膜常在 1～3 天后（有持续长达 15～19d）呈块状，条片状或小树枝状脱落，可引起气道阻塞及大出血。氨中毒严重时，可损害深部肺组织，引起肺泡破裂而致纵膈气肿、气胸或皮下气肿。由于肺组织受损，水肿液中的蛋白质渗出，肺泡萎陷，血液凝固受影响而并发微血栓，有利于细菌繁殖，导致肺部继发感染。

1987 年，安徽省太和县发生液氨中毒事故后，一例男性 17 岁青年，于中毒 10d 时，从气管切开处行纤维支气管镜检查，发现气管隆凸及左右支气管腔内均附着较厚脓性分泌物，吸去分泌物后，可见气管、支气管黏膜红肿、糜烂，有斑块状出血，各肺叶开口内也见大量脓性分泌物。1985 年，广西灵川氮肥厂发生一起广西师范大学师生氨中毒的恶性事故中，有一例男性 21 岁的青年，因危重氨中毒，反复出现张力性气胸，胸腔镜检查一处分隔性气胸，腔内见到不规则胸膜粘连，并见脏层胸膜活瓣样小破口，引流管注入碘油摄 X 光片，显示部分引流管与肺大泡相连。经 94d 抢救后无效而死亡。死亡解剖发现：肺淤血、肺水肿、肺炎、肺脓肿及肺肉质化，肺气肿破裂形成气胸，二侧胸膜粘连，此外，还存在有中毒性心肌炎、肝脂肪变化，肾出血浊肿等。据国内文献记载证实：氨中毒的病理变化，在早期 1～2d 内除肺水肿外，主要是小支气管的黏膜充血、水肿、坏死为主；在第 3～4d 时，可见肺组织感染，坏死病灶内有大量球菌丛生。晚期则可见肺化脓病症、纵膈气肿和气胸形成，肺呈实质化及其他脏器（心、肝、肾等）的损害。

1. 中毒特征

（1）急性氨中毒、氨灼伤的临床特征

是以呼吸道、眼黏膜、皮肤损伤为主的一种全身性疾病。

主要临床症状：可有不同程度的流泪、视物模糊、咽喉干、咽痛、声音嘶哑、咳嗽、咳痰（血丝痰、粉红色泡沫痰、血样痰）、胸闷、胸痛、气短、头痛、头晕、恶心、呕吐、乏力、晕厥等。

（2）中毒的种类

① 轻度中毒：吸入较高浓度的氨气，产生明显的上呼吸道及眼刺激症状和体征，肺部有干性啰音或胸部 X 光征象显示化学性支气管炎或支气管周边发炎的表现。血液气体分析在呼吸空气时，动脉血氧分压与预期值差距小于 1.3～1.6kPa（10～20mmHg）。

② 中度中毒：吸入高浓度的氨气后，立即出现咳嗽剧烈，呼吸困难，肺部有干、湿啰音或胸部 X 光征象显示化学性肺炎或间质性肺水肿表现，或伴有喉头水肿及肝损害。血液气体分析在吸入低含量氧气（< 50%）时，能维持动脉血氧分压 > 8.0kPa（60mmHg）。

③ 重度中毒：中度中毒症状体征加重，略大量粉红色泡沫痰，双肺满布干、湿啰音或胸部 X 光征象显示严重化学性肺炎或肺泡性肺水肿的表现。或有明显的喉头水肿，声门痉挛或支气管黏膜坏死脱落造成窒息，或伴有昏迷、休克；或伴有较重的心肌炎；并发气胸、纵膈气肿、气管穿孔等。血液气体分析在吸入高含量氧（> 50%）时，动脉血氧分压低于 8kPa（60mmHg）。

2. 其肺水肿及皮肤灼伤的临床特征及病理过程

（1）以呼吸道吸入导致肺损伤的典型肺水肿病理过程和临床特征

氨直接损害肺毛细血管内皮细胞，肺泡上层的表面活性物质被破坏，损伤了肺泡的表面张力而减少膨胀度，间接使液体容易积聚。由于毛细血管通透性增加，渗液先积聚在间质，使淋巴管负担过重加上毒物对淋巴管的直接破坏，因而回流受障，形成间质水肿。此外，因继发性缺氧及氨的毒性作用，使毛细血管痉挛或麻痹性扩张，更促使血管及肺泡上皮细胞的胞浆回缩，进一步加重伤害。加上病人烦躁不安，情绪紧张，使肌体提高了氧消耗量，增加静脉回流，继发性的提高肺血管内压，致使肺间水肿及肺泡水肿形成，出现以上临床过程。

（2）以皮肤灼伤为主的病理过程及临床特征

氨气和强氨水灼伤初期即有明显疼痛感，表浅灼伤面呈紫红色斑丘疹样改变，边缘如锯齿样，中间杂有Ⅱ°灼伤面时即成黄色水疱。溃烂后易继发感染，创面呈糜烂。液氨常加压运输，皮肤接触后所致灼伤可更严重。初期灼伤处皮肤苍白硬韧，如冻伤状态，随后表现碱性灼伤的临床特征：对创面通透性强，早期液化、创面愈程长，瘢痕反应严重。一般为Ⅰ°～Ⅱ°灼伤，尤以湿润及皱折皮肤处灼伤较重，如颈部、腋下、腹股沟及阴囊处。处理上应做好初期清创，尤以阴囊部位为要。曾有一例危重氨中毒伴 80％Ⅱ°灼伤患者，由于医疗不当，缺乏护理，发现阴囊灼伤部位粪便积存及蛆虫生长，灼伤部位细菌感染而致败血症，终因综合因素抢救无效而死亡的教训。

有时可出现神经、循环、消化等系统症状，其临床症状明显时，亦可作为诊断的依据。但要与上呼吸道感染，过敏性喉炎，慢性支气管炎急性发作，肺炎、支原体肺炎等呼吸系统疾病，或因吸入小量氨气诱发既往疾病相鉴别。其诊断按其侵犯部位可分为氨刺激反应、急性氨中毒、氨灼伤（眼、皮肤）。氨灼伤分述如下。

① 眼灼伤。

轻度：结膜充血、水肿、角膜浅层浑浊，可有上皮脱落。

中度：除轻度灼伤外，结膜明显水肿，角膜基质层浑浊，内皮可出现水肿，后弹力膜破壁，视力减退。

重度：上述病变范围广泛，结膜苍白，并有内眼炎症反应，晶状体出现浑浊，视力明显减退或可导致失明。

② 皮肤灼伤。

轻度：总面积在 10％以下的Ⅱ°灼伤；

中度：总面积在 11％～30％或Ⅲ°灼伤在 10％以下；

重度：总面积在 31％～50％或Ⅲ°灼伤在 10％～20％；

极重度：总面积在 50％以上或Ⅲ°灼伤在 20％以上。

医疗抢救的任务是：现场抢救、明确诊断；并做好诊断分级标准，制订抢救方案，做好分级抢救管理，决定是否出院及劳动能力鉴定；作好抢救的技术总结，特别是对危重病人的抢救经验和教训。

二、现场抢救技术措施

1. 抢救措施

① 终止氨（液氨）的继续作用，防止氨继续入侵，立即清除污染的衣服和皮肤，要防止被氨污染的衣服从头面部脱出（这可能加重呼吸道吸入及眼和颜面灼伤），应把外套之衣物剪开，首先用大量清水彻底冲洗（要防止头发冲洗的污水再次流入眼内，造成重复灼伤），然后用 2％～4％硼酸水湿敷被污染的皮肤。

② 保持病人呼吸道畅通，如出现喉痉挛或窒息者应立即作气管切开术。

③ 护送病人住院，在护送过程中，要随时注意病人生命体征（T、P、R、BP），不要远途颠簸运送，这将会加重病变恶化。休克病人护送时，应取平卧位，头部稍低，昏迷者要

保持呼吸道畅通。

2. 喉梗阻和肺水肿的抢救处理

积极防治喉梗阻及肺水肿，是抢救氨中毒成功的关键，立即给予氧气，吸出呼吸道分泌物，烦躁不安者如无禁忌，可小心使用镇静剂。

关于气管切开，在氨中毒发展至吸入性肺炎或急性肺水肿等下呼吸道阻塞时，虽有Ⅱ°以上喉梗阻，不必即刻把气管切开，可用大剂量类固醇以减轻肺水肿，脑水肿，积极抢救呼吸衰竭等措施，亦能达到良好效果。但在中毒早期出现严重喉梗阻等，为了尽快排出呼吸道分泌物，改善通气，避免窒息，或大量血性泡沫痰自口鼻涌出，明显影响呼吸功能时，气管切开应为原则。

关于肺水肿，氨中毒致死的主要原因之一是肺水肿，积极预防和正确处理肺水肿，不仅能降低死亡率，且能减少后遗症。故急性中毒期应严密观察 24～48h，以便及早发现肺水肿，做好预防性治疗肺水肿的有关措施。

3. 眼灼伤

氨的水化物属于弱碱（氢氧化铵），溶于水和脂肪，而眼组织较薄弱，可造成化学性眼炎。氨灼伤眼部的早期角膜颜色无显著改变，结膜充血或现灰白色。氨损伤眼球可引起虹膜睫状体炎，瞳孔缩小，房水中有渗出物，逐渐发生晶体浑浊，如处理不当，可致角膜坏死，组织脱落，出现溃疡甚至穿孔，重度眼灼伤还可并发青光眼或失明。

（1）现场处理

尽快用大量清水冲洗，持续时间按灼伤情况而定，一般 10min 左右，冲洗液不要压力过大，冲洗及时才有效。然后用 1%～2%硼酸溶液或 2%枸橼酸溶液再次冲洗中和。现场冲洗是否及时和彻底是防止眼睛伤害的关键。

（2）眼科局部处理

冲洗后可用缓冲注射，常用维生素 C 100mg 或自家血 1～2mL 结膜下注射，可视病情重复注射。注射前先用 0.5%地卡因麻醉液滴眼，作表面麻醉。用 1%阿托品或新福林点眼散瞳，每日 3～4 次，防止并发虹膜睫状体炎并可用 1%～5%狄奥宁滴眼。结膜囊灼伤应每日 2～3 次用点棒分离防止睑球粘连。早期应用抗生素眼药水以防感染，可用属微酸性的 0.5%氯霉素眼药水，急性期应数分钟使用一次。无角膜损伤时，可用类固醇眼药水与抗生素眼药水（膏）交替应用以减少局部渗出。

（3）全身用药

在角膜上皮损伤或溃疡未愈合前，肾上腺素类药物不宜用于眼部，但为减轻炎症，促进上皮愈合，可静脉或口服类固醇（地塞米松，氢化可的松或强的松）。角膜溃疡愈合后则可用 0.5%醋酸强的松眼药水滴眼，可减轻炎症疤痕增生。溃疡阶段须加强消毒隔离，严防感染，并注意改善眼组织的局部营养。可用维生素 C、B_2、A、D 等。

第三节　合成氨生产岗位的安全操作注意事项

一、间歇法造气安全操作注意事项

造气工段主要由吊炭岗位、操作岗位、巡检岗位构成，各岗位都应该严格遵守本岗位的安全操作要点。

（1）吊炭岗位

本岗位的工作任务是保证造气炉的炭块供应，在实际操作过程中应做到以下几点。

① 在放罐时要先确认楼下是否有人，在确认无人的情况下，方可放下罐。

② 在吊炭的时候要集中注意力，防止罐挂到二楼楼板。防止罐顶到三楼大梁。左右运行时严禁有人在罐前行走或停留。

③ 在操作电葫芦时，严禁与他人谈笑，严禁一只手操作电动葫芦，严禁注意力不集中操作电动葫芦。

（2）操作岗位

主操作工主要是操作和控制工艺条件，要求严把操作条件控制在指标内，认真及时的观察工艺条件的变化，及时准确的记录报表。

在实际操作过程中要注意以下几点。

① 在炉况正常的条件下，要尽量做到调节幅度要小，发现问题要早，早发现早处理。

② 严格控制下行煤气温度。

③ 每班要保证四次以上下灰，下灰时班长必须在场。由下灰的质量和数量来调节工艺参数，下灰时必须捅炉，根据炉况来调节工艺参数。

④ 每次下完灰，包炉工都要检查吸引阀是否关好。

⑤ 主操作工要主动与合成分析工要合成分析数据，及时掌握合成氢气与氢氮比的波动情况，及时与合成主操联系询问合成氢的波动趋势，尽量减少合成氢的大幅度波动。

⑥ 当蒸汽、煤质等原料发生变化时，及时与当班班长或调度联系，首先保证炉况正常。

⑦ 及时、准确的通知吹风气岗位所送吹风气的台数与炉号。

⑧ 如气柜降至低线指标时，主操要及时与当班班长、调度联系，绝对不允许气柜抽负的情况发生。

⑨ 微机操作面板除主操外，任何人不得调节操作参数。

（3）巡检岗位

主要是巡检各阀门、气管、油管等，在实际工作中要注意以下几点。

① 操作工必须做到1h一次巡检，工作重点在油管、溢流水封、阀门起落是否正常。

② 坚决杜绝炉底带水。

③ 在下灰时，要做到联系准确到位，确认圆门、大、小集尘器关好后方可给信号开炉，坚决杜绝打错圆门的现象发生。

④ 大、小集尘器要严格定时、定期清理。

二、吹风气余热锅炉回收岗位的安全操作注意事项

① 操作人员要按规定执行工艺技术操作要点。

② 进入岗位要按规定执行穿戴好个人防护用品。

③ 设备、管道阀门使用前，必须与有关岗位联系，仔细检查在检修时所加的盲板是否拆除，检修的紧固件是否紧固可靠，确认无误后再开车。

④ 各种安全防护装置、仪表及指示器，消防及防护器材等不准任意挪动或拆除。

⑤ 操作人员必须掌握气防、消防知识，并会使用气防、消防器材。

⑥ 各容器及管道有法兰、机器管口、安全阀等漏气时，不可在有压力的情况下拧紧螺栓。如必须堵漏应报告车间，首先将压力降低至规定的范围，才可去拧紧螺栓。在未处理前应设立明显标志。

⑦ 如遇爆炸、着火事故发生，必须先切断有关气源、电源后进行抢修。

⑧ 设备交出检修时，必须按车间签发的检修票上有关工艺处理条文执行，并检查对检修需加盲板处设立明显标志。

⑨ 严禁在岗位吸烟及一切违章动火，操作工有权检查本岗位范围内的动火手续及安全措施落实情况。

⑩ 不是自己分管的设备、工具等，不准动用。

⑪ 不经车间领导同意，禁止任何人员在本岗位进行任何试探性操作。

⑫ 非电工人员严禁修理电气设备、线路及开关。

⑬ 一旦发生事故，必须立即报告值班长，不得隐瞒或推托，要积极处理，以防事故扩大，重大事故必须保护现场。

三、脱硫净化岗位的安全操作注意事项

① 电除尘必需严格按"操作要点"进行操作。

② 正常操作时必须注意煤气中的 O_2，保证 O_2 含量<0.6%，否则不得送电。

③ 常或定期检测设备本体接地电阻值，确保人身安全。

④ 注意：

a. 电除尘器内进行检查、检修时，必需切断电源；

b. 在要检修的静电控制柜上挂上警示牌；

c. 若是在开车过程中处理某个静电，必需将要处理的静电前后水封死，水封上部的排污阀流出水为止；

d. 打开上下人孔，进行置换，（用风机或蒸汽）直至在上部取样合格为止，方可检修；

e. 检修期间前后水封必须有专人负责，1h 做一次分析，进入检修的人员必需带长管式防毒面具；

f. 在检修后开车时，首先打开前水封，打开除尘器上部放空阀，分析合格后，关放空，打后水封往系统送气。

四、净化岗位的安全操作注意事项

① 操作人员要严格执行工艺技术操作要点。

② 进入岗位要按规定穿戴好个人防护用品。

③ 设备、管道阀门使用前，必须与有关岗位联系，仔细检查在检修时所加的盲板是否拆除，检修的紧固件是否紧固可靠，确认无误后再开车。

④ 各种安全防护装置、仪表及指示器；消防及防护器材等不准任意挪动或拆除。

⑤ 操作人员必须掌握气防、消防知识，并会使用气防、消防器材。

⑥ 各容器及管道的法兰、机器管口、安全阀等漏气时，不可在有压力的情况下拧紧螺栓。在未处理前应设立明显标志。

⑦ 如遇爆炸、着火事故发生，必须马上切断有关气源、电源后进行抢修。

⑧ 设备交出检修时，必须按车间签发的检修票上有关工艺处理条文执行，并检查对检修需加盲板处设立明显标志。

⑨ 严禁在岗位吸烟及一切违章动火，操作工有权检查本岗位范围内的动火手续及安全措施落实情况。

⑩ 不是自己分管的设备、工具等，不准动用。

⑪ 不经车间领导同意，禁止任何人员在本岗位进行任何试探性操作。

⑫ 非电工人员严禁修理电气设备、线路及开关。

⑬ 一旦发生事故，必须立即报告值班领导。重大事故必须保护现场。

⑭ 静电岗位正常操作时。

a. 必须注意煤气中的 O_2，保证 O_2 含量 <0.6％，否则不得送电。

b. 经常或定期检测设备本体接地电阻值，确保人安全。

⑮ 检查、检修时电除尘器内部时注意事项。

a. 电除尘器内进行检查、检修时，必需切断电源。

b. 在要检修的静电控制柜上挂上警示牌。

c. 若是在开车过程中处理某个静电，必需将要处理的静电前后水封死，水封上部的排污阀流出水为止。

d. 打开上下人孔，进行置换，（用风机或蒸汽）直至在上部取样合格为止，方可检修。

五、半水煤气脱硫岗位的安全操作注意事项

① 操作人员要严格执行工艺技术操作要点。

② 进入岗位要按规定穿戴好个人防护用品。

③ 设备、管道阀门使用前，必须与有关岗位联系，仔细检查在检修时所加的盲板是否拆除，检修的紧固件是否紧固可靠，确认无误后再开车。

④ 各种安全防护装置、仪表及指示器，消防及防护器材等不准任意挪动或拆除。

⑤ 操作人员必须掌握气防、消防知识，并会使用气防、消防器材。

⑥ 各容器及管道的法兰、机器管口、安全阀等漏气时，不可在有压力的情况下拧紧螺栓。如必须堵漏应报告车间，首先将压力降低至规定的范围，才可去拧紧螺栓。在未处理前应设立明显标志。

⑦ 如遇爆炸、着火事故发生，必须先切断有关气源、电源后进行抢修。

⑧ 设备交出检修时，必须按车间签发的检修票上有关工艺处理条文执行，并检查对检修需加盲板处设立明显标志。

⑨ 严禁在岗位吸烟及一切违章动火，操作工有权检查本岗位范围内的动火手续及安全措施落实情况。

⑩ 不是自己分管的设备、工具等，不准动用。

⑪ 不经车间领导同意，禁止任何人员在本岗位进行任何试探性操作。

⑫ 非电工人员严禁修理电气设备、线路及开关。

⑬ 一旦发生事故，必须立即报告值班长，不得隐瞒或推托，要积极处理，以防事故扩大。重大事故必须保护现场。

六、变脱岗位的安全操作注意事项

① 操作人员要严格执行工艺技术操作要点。

② 进入岗位要按规定穿戴好个人防护用品。

③ 设备、管道阀门使用前，必须与有关岗位联系，仔细检查在检修时所加的盲板是否拆除，检修的紧固件是否紧固可靠，确认无误后再开车。

④ 各种安全防护装置、仪表及指示器，消防及防护器材等不准任意挪动或拆除。

⑤ 操作人员必须掌握消防知识，并会使用消防器材。

⑥ 各容器及管道的法兰、机器管口、安全阀等漏气时，不可在有压力的情况下拧紧螺栓。如必须堵漏应报告车间，首先将压力降低至规定的范围，才可去拧紧螺栓。在未处理前应设立明显标志。

⑦ 如遇爆炸、着火事故发生，必须先切断有关气源、电源后进行抢修。

⑧ 设备交出检修时，必须按车间签发的检修票上有关工艺处理条文执行，并检查对检修需加盲板处设立明显标志。

⑨ 严禁在岗位吸烟及一切违章动火，操作工有权检查本岗位范围内的动火手续及安全措施落实情况。

⑩ 不是自己分管的设备、工具等，不准动用。

⑪ 不经车间领导同意，禁止任何人员在本岗位进行任何试探性操作。

⑫ 非电工人员严禁修理电气设备、线路及开关。

⑬ 一旦发生事故，必须立即报告值班长，不得隐瞒或推托，要积极处理，以防事故扩大。重大事故必须保护现场。

七、脱碳岗位的安全操作注意事项

① 操作人员要按规定执行工艺技术操作要点。

② 进入岗位要按规定执行穿戴好个人防护用品。

③ 设备、管道阀门使用前，必须与有关岗位联系，仔细检查在检修时所加的盲板是否拆除，检修的紧固件是否紧固可靠，确认无误后再开车。

④ 各种安全防护装置、仪表及指示器，消防及防护器材等不准任意挪动或拆除。

⑤ 操作人员必须掌握气防、消防知识，并会使用气防、消防器材。

⑥ 各容器及管道有法兰、机器管口、安全阀等漏气时，不可在有压力的情况下拧紧螺栓。如必须堵漏应报告车间，首先将压力降低至规定的范围，才可去拧紧螺栓。在未处理前应设立明显标志。

⑦ 如遇爆炸、着火事故发生，必须先切断有关气源、电源后进行抢修。

⑧ 设备交出检修时，必须按车间签发的检修票上有关工艺处理条文执行，并检查对检修需加盲板处设立明显标志。

⑨ 严禁在岗位吸烟及一切违章动火，操作工有权检查本岗位范围内的动火手续及安全措施落实情况。

⑩ 不是自己分管的设备、工具等，不准动用。

⑪ 不经车间领导同意，禁止任何人员在本岗位进行任何试探性操作。

⑫ 非电工人员严禁修理电气设备、线路及开关。

⑬ 一旦发生事故，必须立即报告值班长，不得隐瞒或推托，要积极处理，以防事故扩大，重大事故必须保护现场。

八、硫黄的制取岗位的安全操作注意事项

① 操作人员必须严格执行工艺指标，严禁超压。

② 操作人员必须掌握安全消防知识。

③ 各管道、阀门必需畅通、开关灵活。

④ 各压力表必须齐全好用。

⑤ 人在放硫时必须站在放硫阀一侧，以防烫伤。

九、压缩岗位的安全操作注意事项

① 应设置本系统入口压力低限报警装置和罗茨机与压缩机停车联锁装置。

② 压缩机去变换、脱碳、精炼（醇化）、合成（烃化）等工序的工艺管道上应装止逆阀。

③ 压缩机各段出口管道上应安装安全阀，并定期校验，确保阀门灵敏可靠。

④ 缩机总集油器上回气阀应保持常开，严禁憋压。

⑤ 要确保各压力、温度、电流、电压、报警等仪表控制装置在有效期内，并灵敏、准确、可靠。

⑥ 严格执行开停车操作要点。

⑦ 禁止带负荷启动压缩机。

⑧ 水压、油压保持正常，有关管线要畅通。

⑨ 汽缸夹套断水时，禁止立即补加冷却水，应停车自然冷却后，再进行处理。

⑩ 严格控制润滑油的油位及加油量，确保压缩机各部件供油正常。

⑪ 更换压缩机汽缸活门，必须确认压尽方可作业，更换过程中要加强通风，不得撞击，防止煤气中毒及发生着火和爆炸事故。

⑫ 排油水，严禁过猛过快，防止大量串气，禁止数台压缩机同时排放油水。

⑬ 压缩机开机停机、倒机过程中，升压或卸压必须缓慢各段压力要平稳，防止气体倒流，高压气串入低压系统。升压或卸压，必须缓慢。

⑭ 压缩机倒机时，要认真检查相关的各段间近路阀是否关严，不能内漏，以确保其他工序的正常操作。

⑮ 压缩机空气试压或试车，必须严格遵守操作要点进行特别要注意以下几点：

a. 与正在生产系统用盲板隔绝，压缩机系统内可燃气已置换彻底，各段出口压力，温度均不得超过规定指标。

b. 空气试压的时间不能过长，并严密监视控制压缩比和各段出口温度。

c. 如采用静电除焦器设备的，必须设置半水煤气氧气自动分析仪，且与静电除焦控制柜联锁，一旦氧含量超过 0.8%，电路即自动断开，确保静电除焦设备安全运行。

⑯ 必须严格各段进口产生负压，各相关岗位应加液位控制防止抽空或带液。

⑰ 必须按操作法认真操作，加强岗位联系，严禁三超。

⑱ 压缩机开停机，大幅度加减负荷，应事先与有关工序联系。

十、铜洗岗位的安全操作注意事项

① 操作人员要按规定执行工艺技术操作要点。

② 进入岗位要按规定执行穿戴好个人防护用品。

③ 设备、管道阀门使用前，必须与有关岗位联系，仔细检查在检修时所加的盲板是否拆除，检修的紧固件是否紧固可靠，确认无误后再开车。

④ 各种安全防护装置、仪表及指示器，消防及防护器材等不准任意挪动或拆除。

⑤ 操作人员必须掌握气防、消防知识，并会使用气防、消防器材。

⑥ 各容器及管道有法兰、机器管口、安全阀等漏气时，不可在有压力的情况下拧紧螺栓。如必须堵漏应报告车间，首先将压力降低至规定的范围，才可去拧紧螺栓。在未处理前应设立明显标志。

⑦ 如遇爆炸、着火事故发生，必须先切断有关气源、电源后进行抢修。

⑧ 设备交出检修时，必须按车间签发的检修票上有关工艺处理条文执行，并检查对检修需加盲板处设立明显标志。

⑨ 生产需要开用塔电炉时，首先必须保证安全气量。

⑩ 反应器检修时，必须保证塔内正压，对需用的氮气含杂质 $\leqslant 5 \times 10^{-5}$，以防催化剂氧化超温。

⑪ 补气升压和放空卸压，严防倒气，升降压不得快，以免损坏设备或引起静电着火。

⑫ 严禁在岗位吸烟及一切违章动火，操作工有权检查本岗位范围内的动火手续及安全措施落实情况。

⑬ 不是自己分管的设备、工具等，不准动用。

⑭ 不经车间领导同意，禁止任何人员在本岗位进行任何试探性操作。

⑮ 非电工人员严禁修理电气设备、线路及开关。

⑯ 一旦发生事故，必须立即报告值班长，不得隐瞒或推托，要积极处理，以防事故扩大，重大事故必须保护现场。

十一、双甲精制岗位的安全操作注意事项

① 操作人员要严格执行工艺技术操作要点。

② 进入岗位要按规定穿戴好个人防护用品。

③ 设备、管道阀门使用前，必须与有关岗位联系，仔细检查在检修时所加的盲板是否拆除，检修的紧固件是否紧固可靠，确认无误后再开车。

④ 各种安全防护装置、仪表及指示器，消防及防护器材等不准任意挪动或拆除。

⑤ 操作人员必须掌握气防、消防知识，并会使用气防、消防器材。

⑥ 各容器及管道的法兰、机器管口、安全阀等漏气时，不可在有压力的情况下拧紧螺栓。如必须堵漏应报告车间，首先将压力降低至规定的范围，才可去拧紧螺栓。在未处理前应设立明显标志。

⑦ 如遇爆炸、着火事故发生，必须先切断有关气源、电源后进行抢修。

⑧ 设备交出检修时，必须按车间签发的检修票上有关工艺处理条文执行，并检查对检修需加盲板处设立明显标志。

⑨ 生产需要开用塔电炉时，首先必须保证安全气量。

⑩ 反应器检修时，必须保证塔内正压，对需用的氮气含杂质 $\leqslant 5 \times 10^{-5}$，以防催化剂氧化超温，特别是醇烃化塔必须用氮气置换彻底，严防发生羰基镍（铁）中毒事故。

⑪ 开关甲醇阀门时，应戴好面罩或眼镜及手套等，面部不要正对阀门，以防甲醇直接和人体接触。

⑫ 补气升压和放空卸压，严防倒气，升降压不得过快，以免损坏设备或引起静电着火。

⑬ 双甲工段属特级防火，厂房内不存放易燃物质，地沟保持畅通，防止可燃气体、液体积聚，加强厂房内的通风。

⑭ 严禁在岗位吸烟及一切违章动火，操作工有权检查本岗位范围内的动火手续及安全措施落实情况。

⑮ 不是自己分管的设备、工具等，不准动用。

⑯ 不经车间领导同意，禁止任何人员在本岗位进行任何试探性操作。

⑰ 非电工人员严禁修理电气设备、线路及开关。

⑱ 一旦发生事故，必须立即报告值班长，不得隐瞒或推托，要积极处理，以防事故扩

大。重大事故必须保护现场。

十二、甲醇精馏岗位的安全生产注意事项

1. 甲醇中毒的预防

甲醇在常温下为无色透明液体，稍有酒精的芳香，甲醇为神经性毒物，经呼吸道、肠道皮肤具有明显的麻醉作用，人误饮 5～10mL 即可导致严重中毒，因此在生产过程中采取措施防止毒物对工作环境的污染，减少接触机会，具体措施如下几点。

① 防止甲醇泄漏是预防中毒的根本措施，提高阀门、泵、法兰的密封性能，发现跑、冒、滴、漏要立即处理，必要时停车抢修。

② 加强厂房内的通风，防止少量毒气在环境中积累。

③ 取样分析样品要妥善保存、处理，跑、冒、滴、漏液体要引走，不得在地沟下水道积累。

④ 在有毒环境中工作中，要戴防毒面具，接触甲醇分析取样时要带好防护用具。

2. 甲醇生产的防火、防爆

① 甲醇常温下是液体，极易燃烧，用水稀释的甲醇在一定温度下仍能燃烧，水分含量 15％甲醇在 500℃情况下就能引起自燃着火。

② 甲醇的防爆首要问题是防火，要从防火做起，储存甲醇罐，管线附近要严禁火源，应有明显标记，厂房内不要存放易燃物，地沟要保持畅通，防止可燃液体积累在地沟内，备有必需的防护器材和设施。

十三、合成岗位的安全操作注意事项

① 操作人员要严格执行工艺技术操作要点。

② 进入岗位要按规定穿戴好个人防护用品。

③ 设备、管道阀门使用前，必须与有关岗位联系，仔细检查在检修时所加的盲板是否拆除，检修的紧固件是否紧固可靠，确认无误后再开车。

④ 各种安全防护装置、仪表及指示器，消防及防护器材等不准任意挪动或拆除。

⑤ 操作人员必须掌握气防、消防知识，并会使用气防、消防器材。

⑥ 各容器及管道的法兰、机器管口、安全阀等漏气时，不可在有压力的情况下拧紧螺栓。如必须堵漏应报告车间，首先将压力降低至规定的范围，才可去拧紧螺栓。在未处理前应设立明显标志。

⑦ 如遇爆炸、着火事故发生，必须先切断有关气源、电源后进行抢修。

⑧ 设备交出检修时，必须按车间签发的检修票上有关工艺处理条文执行，并检查对检修需加盲板处设立明显标志。

⑨ 生产需要开用塔电炉时，首先必须保证安全气量。

⑩ 反应器检修时，必须保证塔内正压，对需用的氮气含杂质≤5×10⁻⁵，以防催化剂氧化超温，特别是醇烃化塔必须用氮气置换彻底，严防发生羰基镍（铁）中毒事故。

⑪ 开关甲醇阀门时，应戴好面罩或眼镜及手套等，面部不要正对阀门，以防甲醇直接和人体接触。

⑫ 补气升压和放空卸压，严防倒气，升降压不得过快，以免损坏设备或引起静电着火。

⑬ 双甲工段属特级防火，厂房内不存放易燃物质，地沟保持畅通，防止可燃气体、液体积聚，加强厂房内的通风。

⑭ 严禁在岗位吸烟及一切违章动火，操作工有权检查本岗位范围内的动火手续及安全措施落实情况。

⑮ 不是自己分管的设备、工具等，不准动用。

⑯ 不经车间领导同意，禁止任何人员在本岗位进行任何试探性操作。

⑰ 非电工人员严禁修理电气设备、线路及开关。

⑱ 一旦发生事故，必须立即报告值班长，不得隐瞒或推托，要积极处理，以防事故扩大。重大事故必须保护现场。

复 习 题

1. 氨中毒有何症状？如何急救？
2. 安全用电的注意事项是什么？
3. 机械伤害事故有哪一些？
4. 烧伤有哪些种类？如何救急？
5. 使用压力容器应注意的事项有哪些？

附表　某些气体的重要物理性质

名称	分子式	密度(0℃, 101.33kPa) /(kg/m³)	比热容 /[kJ/(kg·℃)]	黏度 μ /×10⁵Pa·s	沸点 (101.33kPa) /℃	汽化热 /(kJ/kg)	临界点 温度/℃	临界点 压力/kPa	热导率 /[W/(m·℃)]
空气	—	1.293	1.009	1.73	−195	197	−140.7	3768.4	0.0244
氧	O_2	1.429	0.653	2.03	−132.98	213	−118.82	5036.6	0.0240
氮	N_2	1.251	0.745	1.70	−195.78	199.2	−147.13	3392.5	0.0228
氢	H_2	0.0899	10.13	0.842	−252.75	454.2	−239.9	1296.6	0.163
氨	NH_3	0.771	0.67	0.918	−33.4	1373	132.4	11295	0.0215
一氧化碳	CO	1.250	0.754	1.66	−191.48	211	−140.2	3497.6	0.0226
二氧化碳	CO_2	1.976	0.653	1.37	−78.2	574	31.1	7384.8	0.0137
硫化氢	H_2S	1.539	0.804	1.166	−60.2	548	100.4	19136	0.0131
甲烷	CH_4	0.717	1.70	1.03	−161.58	511	−82.15	4619.3	0.0300

参 考 文 献

[1] 中国环球化学工程公司编. 氮肥工艺设计手册. 北京：化学工业出版社，1988.

[2] 惠中玉主编. 现代消防管理手册. 北京：企业管理出版社，1996.

[3] 陈五平主编. 合成氨（一）. 第 3 版. 北京：化学工业出版社，2002.

[4] 赵育祥主编. 合成氨生产工艺. 第 3 版. 北京：化学工业出版社，2005.

[5] 姚玉英，陈常贵，柴诚敬编. 化工原理（上册、下册）. 天津：天津大学出版社，1999.

[6] 化学工业部人事教育司和化学工业部教育培训中心编. 安全与防护. 北京：化学工业出版社，1996.

[7] 刘道德主编. 化工厂的设计与改造. 长沙：中南工业大学出版社，1995.

[8] 许喜刚主编. 中型氮肥生产安全操作与事故. 北京：化学工业出版社，2000.

[9] 孙广庭. 吴玉峰等编. 中型合成氨厂生产工艺与操作问答. 北京：化学工业出版社，1985.

[10] 黄仕年主编. 化工机器. 北京：化学工业出版社，1988.

[11] 郭树才主编. 煤化工工艺学. 第 2 版. 北京：化学工业出版社，2006.

[12] 王莹. 安徽太和县液氨罐车爆炸始末. 化工劳动卫生通讯；3：39.

[13] 王莹. 急性重度氨中毒 15 例临床分析. 中华劳动卫生职业病杂志，1990.

[14] 胡才炳等. 一起急性氨中毒抢救体会. 职业医学，1993；20（5）：280.

[15] 张立仁. 急性重度氨中毒死亡病例报告. 职业医学，1987；14：3.

[16] 虞湘才. 抢救急性氨中毒 34 例. 人民军医，1980；1：46.

[17] NIOSH. criteria for recommended standard occupationaL：Exposure To Ammonia 1974；24-44.

[18] 中华人民共和国国家标准. 职业性急性氨中毒诊断标准及处理原则（GB-7800-1987）. 北京：中国标准出版社，1987.

[19] 张宝军，王斯晗，曲家波等. 合成氨催化剂技术进展及工业应用. 四川化工与腐蚀控制，2003，（5）.

[20] 房永彬. 合成氨催化剂的发展. 天津化工，2006，20（5）.

[21] 钱伯章. 合成氨催化剂的生产和技术. 精细石油化工进展，2003，4（11）.

[22] 钱伯章. 合成氨催化剂的生产和技术进展. 中氮肥，2003，（5）.

参 考 文 献

[1]　　　　　　　　　　　　　　　　1985.
[2]　　　　　　　　　　　　　　　　　　　　
[3]　　　　　　　　　　　　　　　　　　　2004.
[4]　　　　　　　　　　　　　　　　　　　　
[5]　　　　　　　　　　　　　　　　　　　　2008.
[6]　　　　　　　　　　　　　　　　　　　　
[7]　　　　　　　　　　　　　　　　　　2000.
[8]　　　　　　　　　　　　　　　　　　　　
[9]　　　　　　　　　　　　　1986.
[10]　　　　　　　　　　　　　　　　　
[11]　　　　　　　　　　　　　　　　
[12]　　　　　　　　　　　　　　　　　　
[13]　　　　　　　　　　　　　　　　　2000.
[14]　　　　　　　　　　　　　　　　
[15]　　　　　　　　　　　　1991(1).
[16] Kato T, Kurosaki. Rapid gravity recombination al l-on et al. Transport To Amazon. P. Gacha
[17]　　　　　　　　　　　　　　　　CRS Zhou 1997.　　　　　　　　
　　　1997.
[18]　　　　　　　　　　　　　　　　　　　　　
1977.　　　　　　　　　　　1999, 20:45-47.
[19]　　　　　　　　　　　　　　　　　　　　
Tashken'Izr.　　　　　　　　　　　2008.